中国虚拟水理论方法与实证研究

孙才志　郑德凤　邹　玮　著

中国财经出版传媒集团

经济科学出版社

Economic Science Press

图书在版编目（CIP）数据

中国虚拟水理论方法与实证研究/孙才志，郑德凤，

邹玮著．—北京：经济科学出版社，2018.5

ISBN 978 - 7 - 5141 - 9388 - 6

Ⅰ.①中…　Ⅱ.①孙…②郑…③邹…　Ⅲ.①水资源

管理－研究－中国　Ⅳ.①TV213.4

中国版本图书馆 CIP 数据核字（2018）第 121246 号

责任编辑：刘　莎　赵　岩
责任校对：隗立娜
版式设计：齐　杰
责任印制：邱　天

中国虚拟水理论方法与实证研究

孙才志　郑德凤　邹　玮　著

经济科学出版社出版、发行　新华书店经销

社址：北京市海淀区阜成路甲 28 号　邮编：100142

总编部电话：010 - 88191217　发行部电话：010 - 88191522

网址：www.esp.com.cn

电子邮件：esp@esp.com.cn

天猫网店：经济科学出版社旗舰店

网址：http://jjkxcbs.tmall.com

固安华明印业有限公司印装

710×1000　16 开　18.5 印张　300000 字

2019 年 1 月第 1 版　2019 年 1 月第 1 次印刷

ISBN 978 - 7 - 5141 - 9388 - 6　定价：45.00 元

（图书出现印装问题，本社负责调换。电话：010 - 88191510）

（版权所有　侵权必究　打击盗版　举报热线：010 - 88191661

QQ：2242791300　营销中心电话：010 - 88191537

电子邮箱：dbts@esp.com.cn）

内 容 简 介

在经济全球化和社会主义新农村建设背景下，借助于经济学中的比较优势理论、要素禀赋理论、资源流动理论、资源替代等理论对虚拟水与水足迹的量化方法展开研究，定量评价其在水资源、粮食安全保障中的作用，阐明虚拟水战略实施的重大意义。在理论研究基础上，利用计量经济学数学模型与地理学空间分析方法对虚拟水相关要素的时空演变规律进行研究，对其影响因素和驱动成因进行分析和探讨，为保障国家粮食与水安全等方面提供政策性启示。对中国虚拟水战略实施提出建设性意见与对策，为中国顺利实施虚拟水战略提供理论依据与参考借鉴。

本书可作为从事水资源经济与水资源管理研究工作的科研人员，以及从事资源、经济、水利、环境、地理、管理等有关专业的科技工作者和政府管理人员参考使用。

前　言

　　目前，经济全球化已经影响并渗透到各个国家与地区的经济社会发展进程之中，促进了资源配置的全球化趋势。随着全球化趋势持续发展，粮食安全和水安全作为关系到国计民生的重大问题，成为受世人瞩目的焦点。在此背景下，"充分利用国际与国内两个市场、两种资源"成为中国新经济政策、新资源环境政策的核心。尤其是工业反哺农业、城市支持农村的区域发展战略、国家雄厚的财政基础、日益增强的国际影响力以及中央集权下的强大国家战略能力，使中国具备了开展虚拟水战略的政策条件与物质基础。

　　虚拟水概念的引入，为分析和研究水资源与粮食安全问题提供了新的思路。针对中国水资源存在的诸多问题（水资源短缺、开发利用效率较低、时空分布不均、水资源利用不合理等现象），对虚拟水问题开展系统研究对缓解区域水资源压力，解决水资源安全、粮食安全等问题提供有益参考。虚拟水战略不同于传统方案，是从国家（区域）间贸易联系出发，运用系统分析方法探究与水资源利用相关的各种影响因素，抓住水的社会属性这一主线对水资源实施管理。在此基础上发展起来的水足迹理念，将实体水与虚拟水联系起来，它所表征的是真实的水资源量，是衡量一个国家（地区）水资源消费的有效工具，同样为研究和分析水资源问题提供了一种全新的视角。因此，在经济全球化和社会主义新农村建设的背景下，本书对虚拟水和水足迹理论展开理论与实证研究，定量评价其在水资源、粮食安全保障中的作用，旨在为相关学者开展研究以及政府部门制定水资源管理政策提供参考与借鉴。

　　本书是作者对中国虚拟水量化方法和相应的实证研究成果的系统总结，全书由孙才志、郑德凤、邹玮共同撰写，课题组研究生韩雪、陈丽新、汤玮佳、张蕾、陈栓、杨静、潘冰、刘淑彬、刘晓星、马奇飞、徐文瑾等在部分专题研究中进行了相关问题的计算工作，并参与了资料整理与编排工作。

　　本书的出版获得国家社会科学基金项目（项目编号：16AJY0009、17BJL105）、辽宁经济社会发展立项课题重点项目（项目编号：2018lslktzd－021）、辽宁省特聘教授专项经费的资助。在此向支持和关心著者研究工作的所有单位和个人表示衷心的感谢！同时感谢经济科学出版社在著作出版过程中给予的配合与支持。本书部分内容参考了相关学者的研究成果，已在参考文献中体现，对于书中所引用文献的众多作者表示诚挚谢意！限于著者水平有限，关于虚拟水和水足迹领域尚有很多方面有待深入研究，书中疏漏与不足之处敬请专家和读者批评指正。

目　　录

下篇　实证研究

第1章

绪 论

1.1 研究背景与研究意义

"三农"问题（即有关农业、农村、农民的问题）既是一个重大的现实问题，也是一个历史问题，中国共产党的第十七次全国代表大会（简称十七大）报告提出，要统筹城乡发展，推进社会主义新农村建设。社会主义新农村建设的基础是农业，农业生产的发展指的就是以粮食生产为中心的农业综合生产能力的提高，而农村水资源问题是制约农业综合生产能力提高的重要因素之一。同时"十一五"规划中又进一步明确了社会主义新农村建设的目标和要求，因此分析我国目前农村水资源现状，研究水资源不安全影响因素，加快解决社会主义新农村建设面临的水资源问题，对进一步实现这些目标和要求、建设社会主义新农村均具有重要意义（张允锋等，2006）。

在经济全球化和社会主义新农村建设的国内外历史背景下，粮食安全和水安全关系到国计民生，已成为备受世人瞩目的热点问题。虚拟水概念的引入为分析和研究水资源与粮食安全问题提供了新的思路（程国栋，2003）。虚拟水战略可以将水安全与粮食安全问题有机地结合起来。针对我国水资源存在的诸多问题（如水资源短缺，开发利用效率较低，时空分布不均，水资源利用不合理等现象），虚拟水的研究将会对缓解区域水资源压力，解决水资源安全、粮食安全等问题产生深远影响（柳长顺等，2005）。

1.1.1 社会主义新农村建设的主要内容

十八届五中全会提出新农村建设的总要求：生产发展、生活宽裕、乡风文明、村容整洁、管理民主。涉及了整个经济的发展、农民收入的提高、生活质量的提高，也涉及了农村整体面貌、环境的变化、农民素质的提高和农村的管理、民主政治的推进问题。

1. 社会主义新农村建设的实质

改革开放以来，我国经济建设和社会进步取得了举世瞩目的成就，但是城乡发展的速度和水平很不平衡，表现为城乡的差距仍在扩大，特别是城乡之间的经济差距不断加大（王梦奎，2004）。城乡差距主要表现在收入水平、消费水平以及财产之间的差距，社会福利差距以及就业、政府投入等六方面差距。因此，社会主义新农村建设的实质就是要统筹城乡发展，缩短城乡差距。

促进农民增收、推进城乡经济一体化发展，关键是要贯彻落实城乡统筹发展的方略，坚持"多予少取放活"的方针，既要从"三农"本身考虑问题、寻找出路，更要跳出"三农"，从经济社会发展全局思考问题、研究对策；既要大力挖掘农业和农村内部增收的潜力，又要在农业和农村外部寻求增收途径；既要从当前出发采取尽快见效的具体增收措施，又要着眼于长远寻求解决农民增收问题的治本之策；既要着眼于发展，培育新的增长点，又要加快改革步伐，解决深层次的矛盾和问题，解放和发展农村生产力（郭玮，2003）。

2. 社会主义新农村建设的核心

发展现代农业是中国社会主义新农村建设的首要任务和产业基础，是促进农民增加收入的基本途径（艾晓林，2009）。发展现代农业，要用现代物质条件装备农业，用现代科学技术改造农业，用现代产业体系提升农业，用现代经营形式推进农业，用现代发展理念引领农业，用培养新型农民发展农业，提高农业水利化、机械化和信息化水平，提高土地产出率、资源利用率和农业劳动生产率，提高农业素质、效益和竞争力。因此，从社会主义新农村建设要解决的根本问题分析，发展现代化农业，是社会主义新农村建设的核心，是解决农民增收的有效途径，是统筹城乡发展、缩短城乡差距的现实对策。

发展现代农业关键是提高粮食综合生产能力，经过长期建设，我国粮食综合生产能力已显著提高，但与全面建设小康社会的要求和人们对农产品不断增长的需求相比仍有很大差距，影响因素主要有：耕地不断减少和水资源短缺严重影响粮食安全，农业基础设施薄弱，抗灾能力不强，农业劳动生产率低，农业科技支撑能力不强。因此，只有发展现代农业才是提高粮食综合生产能力、保障粮食安全的根本措施，主要对策有：加大对现代农业建设的投入，加快构筑现代农业的产业体系，进一步改善农业内部结构，不断强化现代农业的科技支撑，加强培养新型农民（蒋勋功，2007）。

3. 社会主义新农村建设的重大意义

社会主义新农村建设，是推动我国农村新一轮的伟大变革。是一项历史性战略工程，是中国发展道路上的又一次战略提升；建设现代农业、增加农民收入的重要保障；缩小城乡差距，统筹城乡发展的重大举措；我们党执政为民和构建和谐社会的集中体现。社会主义新农村建设意义在于将开辟中国改革的新局面，为中国经济打开更广阔的新增长空间。

1.1.2 社会主义新农村建设与农村水资源不安全因素分析

1. 水资源定义及认识

水是人类生命之源，与人类生存环境和社会发展密切相关，是维护生态平衡的重要自然资源要素；同时也是稀缺性、战略性的经济资源，是评价一个国家综合国力的重要组成部分。一个地区水资源的供需平衡关系到地区经济发展和社会的稳定（姜文来，2000）。水资源安全是 21 世纪国家和流域安全的关键。虽然全球淡水资源总量能够满足当代世界的需求，但是由于水资源的时空分布不均，造成部分地区水资源异常匮乏。水资源短缺成为制约我国区域经济发展和生态环境恢复、改善的瓶颈。因此，如何有效地解决水资源供需矛盾是当今世界亟待解决的重大问题（宋新山等，2001）。而解决水资源问题的首要因素便是全面、正确地认识水资源的基本概念（如表 1 - 1 所示）。

表 1 - 1   水资源定义

概念出处	对水资源的定义
《大不列颠大百科全书》	水资源是指全部自然界中各种形态的水，包括气态水、液态水和固态水的量
《苏联水文学家 O. A. 斯宾格列尔（O. A. Spengel）》	水资源是某一区域的地表水（河流、湖泊、沼泽、冰川）和地下淡水储量
《水资源评价活动——国家评价手册》	水资源是指可以被利用的水资源，具有足够的数量和可用的质量，并能在某一地点（区）为满足某种用途而被利用
联合国教科文组织和世界气象组织	水资源是指可以被利用的水资源，具有足够的数量和可用的质量，并能在某一地点（区）为满足某种用途而被利用
《中国水利百科全书》	水资源是指地球上所有的气态、液态或固态的天然水，人类可以利用的水资源，主要指某一地区逐年可以恢复和更新的淡水资源
《中华人民共和国水法》	水资源包括地表水、地下水、空中水和海洋水
《中国自然资源丛书》	凡能为人类生产、生活直接利用的，在水循环过程中产生的地表、地下径流和由它们存留在陆地上可再生的水体
《环境科学词典》	特定时空下可利用的水，是可再利用资源，不论其质与量，水的可利用性是有限制条件的，是与科技水平相关的

通过对比分析不同专家学者给出的水资源概念，同时结合笔者对水资源研究的认识，认为水资源是指已经被利用的和未来可能被利用的，能够不断循环、补给更新，长期安全稳定地供给人类生产生活用水的淡水资源，主要包括地表水和地下水。此概念相较于以上专家学者们所提出的水资源概念，内涵更为苛刻。不仅对水资源数量和连续性（即可持续性）提出了要求，而且对水资源供给质量的安全性也提出了要求。

从虚拟水的概念可知，水资源不仅包括地表固态水和液态水，同样也包括大气圈和地下水，不仅包括以分子 H_2O 游离态或化合态存在的实体水，同样也包含存在于生物圈（生物体）内的水，同时也包括产品和材料（如煤炭、石油、天然气）在形成过程中所需要和消耗的水资源。因此，虚拟水作为水资源概念的一种创新和补充，可将水资源理解为：可以利用的实体水或存在于其他可以利用物质中的虚拟水，这种水既包括存在于地球、大气圈和生物圈内各种物质和生命体内的实体水，也包括可以利用或有可能被利用的物质、材料在形成过程中所消耗的水。因此从广义上讲，一个国家的粮食、森林、动植物乃至石油煤炭等材料都将被视为广义水资源（韩宇平等，2011）。

2. 社会主义新农村建设与水资源的重要关系

第一，水资源是农业综合生产能力提高、保障粮食安全的重要基础条件。社会主义新农村建设的关键是提高我国农业综合实力，而农业综合生产能力是农业综合实力的一个重要方面。水资源作为人类文明发展的基础性资源，是农业和整个经济建设的生命线。在我国现阶段面临着水资源缺乏和污染日趋严重的压力，是制约我国农业综合生产能力提高的主要因素之一（谭融等，2006）。我国农业综合生产能力的影响因素主要有：农业基础设施薄弱，导致抗灾能力不强，以及农业劳动生产率低，农业科技支撑能力不强，特别是水资源安全问题以及水资源与耕地分布不匹配严重影响我国农业综合生产能力的提高，从而危及粮食安全。

第二，改善农村生态环境、发展生态农业离不开水资源的合理利用（王晓宇，2008）。新农村建设要求村容整洁，主要是为农村地区提供更好的生产、生活、生态条件。就我国生态环境保护和生态农业发展而言，水资源既是重要的自然资源，是生态环境的控制性因素之一；又是农业生产的重要基础资源，是生态农业建设的重要组成部分。要改善农村生态环境、发展生态农业，就必须在一个流域、一个区域甚至更大的范围内，统筹考虑水污染、水土流失、草原退化与沙化等一系列问题的防治措施，开展清洁的小流域治理、建设牧区水利试点项目、小水电代燃料试点项目、退耕还林、退牧还草等生态工程项目，从而在更大范围内保护和改善生态环境，为村民营造一个良好的人居环境。实施上述各种工程和项目，都离不开水资源的合理利用。因此，只有合理利用水资源，保护和改善农村生态环境，才能更好推动社会主义新农村建设。

3. 我国社会主义新农村建设面临的水资源问题

我国水资源不安全因素主要包括自然因素和人为因素（孙才志等，2008）。从自然因素分析：我国水资源总量丰富，但由于空间分布不均匀，加之全球气候变暖导致了我国洪涝灾害和干旱频繁发生，严重影响农村水资源的供给。从人为因素分析：由于我国局部地区水资源的不合理开发利用，导致了水资源浪费、水土流失严重以及农村水资源污染等问题。同时，农业基础设施薄弱，导致灌溉效率低，污水灌溉问题显著；水资源在各产业部门优化配置不合理、水资源管理水平不高以及相关政策不够健全，导致我国水资源总量不断下降。并且，农村饮用水安全问题也很严重。这些不安全因素对我国农村水资源的影响都不容忽视。

总体来看，我国水资源的基本现状是水资源总量丰富，但人均水资源量偏低，并且水资源分布极不均衡，与人口、耕地资源的分布不相匹配，水资源在各产业部门优化配置不合理，水的供需矛盾非常突出。通过对农村水资源不安全因素分析可得出，我国农村水资源短缺、污染严重以及工农业用水矛盾突出，从而严重威胁农村饮用水和粮食安全，是我国社会主义新农村建设过程中亟待解决的重要问题之一，在推进新农村建设过程中，需要采用一系列措施保障农村水资源安全（陶洁等，2009）。因此，加强对农村水资源的重视是必要的，也是紧迫的。我们应以建设社会主义新农村为契机，合理开发利用农村水资源，做好水资源的保障措施，实现水资源的可持续利用，促进社会和谐发展（董克宝，2007）。

1.1.3 中国的粮食安全

1. 粮食安全的内涵

我国学者对粮食安全这个概念进行了深入的探讨，吴天锡（2001）认为粮食安全包括国家粮食安全、家庭粮食安全、营养安全这三个层面上的内容。吴志华等（2003）则通过对我国粮食安全成本的实证分析后认为，反映粮食安全的本质要求并比较实用的粮食安全概念应该是：一个国家或地区为保证任何人在任何时候都能得到与其生存与健康相适应的足够食品，而对粮食生产、流通与消费进行动态、有效平衡的政治经济活动。王志标（2008）从数量关系定义粮食安全，提出在处理粮食安全问题时要考虑到宏观与微观两个层面；宏观层面要保证粮食总供给的可持续性，微观层面要加强制度保障和分配的公平性。于晓华等（2012）认为"粮食安全"的定义存在一定模糊性，中国政府必须区分食物安全、口粮安全以及饲料安全。

粮食安全是一个历史的、发展的概念，是一个包含着制度因素、发展因素以及社会因素在内的广泛概念。不同的历史时期以及不同的国家或地区，由于经济发展水平不同，消费观念不同，对粮食安全的理解可能有很大的差异。同时，在当今时代，发达国家和发展中国家所面临的粮食安全形势也是不同的，对于发达国家来说，一般意义上的粮食数量安全问题已经基本解决，他们把更多的注意力放在了卫生、检疫、营养、生态环境甚至资源保护等粮食安全的质量问题上来；而对于大多数发展中国家来说，温饱问题才刚刚解决，粮食占有水平还不高，调整食物结构的余地不大；而在少数比较贫困的国家，则存在着普遍的饥饿和营养不良问题，所谓的粮食安全问题对于这些国家来说完全是一个数量安全问题。而本书的重点也主要集中于后者，即我们关心的主要是粮食的供应是否有保障，以及所有的人是否都能获得满足生活和发展所必需的粮食。

2. 我国粮食安全的现状

（1）粮食总量特征。如图 1-1 所示粮食产量除了在 2003 年这个时间点明显下降外，2004～2015 年粮食产量基本呈平稳的上升趋势。2000 年粮食产量为 46217.50 万吨，2015 年粮食产量为 62143.92 万吨，增加了 15926.42 万吨，增长率为 34.46%。从粮食总产量的增长幅度来看（如图 1-2 所示），除了 2001 和 2003 年增长率低于 100%，其他时期都在 100%～110% 之间浮动；2009～2011 年粮食产量在持续增长，其他时期没有粮食产量增长连续超过两年的，除了 2004～2007 年、2011～2014 年出现了连续四年的粮食减产之外，其他时期也没有连续超过两年的粮食产量减少，基本上在短期粮食增长之后就会出现粮食产量的下滑，其中，增长最快的是 2004 年，增长率为 109.00%，产量下降最大的是 2003 年，增长率为 94.23%。

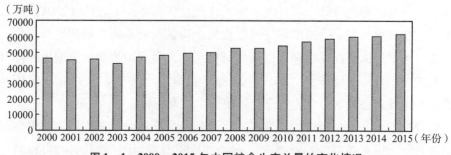

图 1 - 1   2000 ~ 2015 年中国粮食生产总量的变化情况

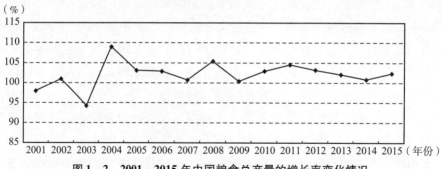

图 1 - 2   2001 ~ 2015 年中国粮食总产量的增长率变化情况

（2）粮食结构特征。首先考察粮食产量的产品结构，如图 1 - 3 所示，给出了 2000 ~ 2015 年我国五种粮食的产量变化趋势，这五种粮食是稻谷、小麦、玉米、大豆和薯类。可以看出，2000 ~ 2012 年，我国五种粮食产量从大到小的排序依次是：稻谷、玉米、小麦、薯类和大豆，但 2012 年之后，玉米产量超过了稻谷产量，粮食产量的品种排序变成了：玉米、稻谷、小麦、薯类和大豆。在 2000 ~ 2015 年的考察期内，尽管存在着差异和波动，但这五种粮食品种的产量都有了一定程度的上升。其中，玉米和小麦的产量增长最为显著，豆类和薯类的增长相对较小。

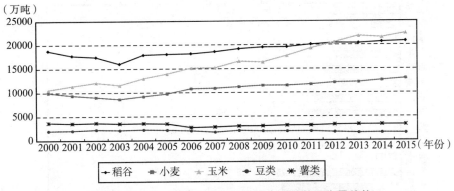

图1-3 2000～2015年中国各类粮食品种的总产量趋势

其次，分析我国粮食产量的地区结构。如图1-4所示，展示了2015年我国各地区占全国粮食产量的比重。粮食产量占比超过8%的有2个省份：河南、黑龙江；占比居于6%～8%的有1个省份：山东；占比居于4%～6%的有8个省份：湖南、湖北、安徽、江苏、四川、吉林、内蒙古、河北；占比在2%～4%之间有6个省区市，分别是广东、新疆、广西、云南、辽宁、江西；其他省（市）的占比均小于2%的。这说明，我国粮食生产主要集中在中部的河南、湖北、湖南、安徽，东部的江苏、山东，东北的吉林、黑龙江，西部的四川。

最后，将粮食地区和产品结构相结合，可得表1-2。如表1-2所示，就粮食而言，产量占比居前六位的是黑龙江、河南、山东、吉林、安徽和江苏，占比总数为45.12%，这六个地区对我国的粮食生产具有举足轻重的作用。就品种而言，稻谷居于前六位的省份占比总和为58.53%，小麦为81.16%，玉米为63.11%，大豆为61.91%，薯类为51.72%。这说明，我国粮食生产在地区上比较集中，这在小麦和大豆中体现得最明显，河南的小麦生产占比为26.89%，而黑龙江的大豆生产占比为27.51%。

通过对21世纪以来我国的粮食生产状况的概述，发现粮食总量有增长的趋势，但却经常出现波动，增长率也在逐渐降低；稻谷、小麦和玉米是粮食生产的主要品种，它们的变化趋势不一致；在地区意义上，粮食生产主要集中在中部和东北省份。因此，我国粮食生产的特征是：总量增长但增长不稳定，产品集中但变化有差异，地区集聚但生产不平衡。

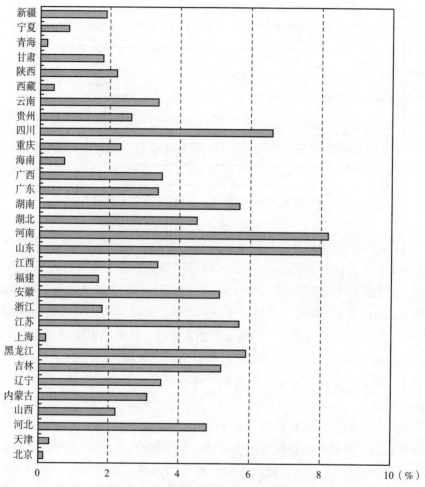

图 1-4　2015 年中国各地区粮食产量占全国粮食产量的比重

表 1-2　　　　　2015 年中国各地区不同粮食产量占比的情况　　　　单位：%

品种	第一位	第二位	第三位	第四位	第五位	第六位	合计
粮食	黑龙江 (10.30)	河南 (9.88)	山东 (7.69)	吉林 (5.79)	安徽 (5.77)	江苏 (5.69)	45.12
稻谷	湖南 (12.70)	黑龙江 (10.56)	江西 (9.74)	江苏 (9.38)	湖北 (8.69)	四川 (7.45)	58.53

续表

品种	第一位	第二位	第三位	第四位	第五位	第六位	合计
小麦	河南 (26.89)	山东 (18.03)	河北 (11.02)	安徽 (10.84)	江苏 (9.02)	新疆 (5.36)	81.16
玉米	黑龙江 (15.78)	吉林 (12.49)	内蒙古 (10.02)	山东 (9.13)	河南 (8.25)	河北 (7.44)	63.11
大豆	黑龙江 (27.51)	云南 (8.58)	安徽 (8.43)	内蒙古 (6.48)	四川 (6.28)	江苏 (4.63)	61.91
薯类	四川 (15.52)	重庆 (9.22)	贵州 (9.14)	甘肃 (6.77)	云南 (5.83)	山东 (5.23)	51.72

资料来源：根据《中国农村统计年鉴 2015》"各地区分品种粮食作物产量"数据计算得出。

3. 威胁我国粮食安全的主要因素

（1）粮食安全不是短期问题，而是长期问题。对我国粮食安全问题的一个基本判断是：短期无虑，长期堪忧。在短期内，粮食生产出现一定程度的波动，是很正常的。这种波动的原因可以分为：①自然原因，包括各种自然灾害和病虫害等是客观外部原因；②经济原因，主要是生产者适应价格、成本和风险变化所做出的调整，是由生产者主观决策所决定的。与生产的波动不同，粮食消费需求是不断稳定增长的，每年增加幅度大致在 1% 上下。这种生产和需求变化的不对称，必然形成短期内供求的不平衡。调节短期内的供求平衡较为容易，一是靠国内储备，二是靠进出口调剂。

就长期发展趋势看，我国粮食安全问题非常严峻。在需求方面，随着人口的自然增加、人均收入水平的增加、国民经济的不断发展，对粮食和其他农产品的需求将不断上涨，这种趋势是明确的、持续性的、刚性的、不可逆转的。而在生产方面，却是不确定的：耕地面积减少，水资源短缺，生态条件恶化，所有这些因素都使得我国农业外延扩大再生产的潜力极为有限。在农业内部，通过挤占其他作物面积来扩大粮食面积的潜力，无论是从自然还是从经济角度，可行性都很小。增加国内粮食生产的唯一出路是提高单产，而单产的提高潜力能在多大程度上被挖掘出来，取决于一系列不确定的因素（王雅鹏，2008）。

（2）粮食安全主要不是流通问题，而是生产问题。通过储备、合理分配等流通环节的政策，对于解决粮食安全问题，具有一定的作用。但这种作用是很有限的：第一，只能是短期的。国家粮食储备系统无论如何健全和庞大，都不可能解决长期性粮食安全问题；并且国内外的历史经验都表明，储备的成本代价极为高昂，过度的储备是对国家财政资源的严重浪费。第二，短期市场措施常常损害长远发展利益。为了实现短期内粮食供求平衡所采取的一些政策，往往与市场规律相违背，例如垄断市场，限制农民销售粮食的权利，限制非国有经营部门的市场准入等。这些措施会压制农民的粮食生产积极性，降低市场流通效率，最终对长期粮食安全形成损害。一些部门由于受长期计划经济观念的影响，一遇到粮食供求关系紧张，就往往倾向于采取旧的做法，想从市场管制上找出路。实际上这是饮鸩止渴，反而会加剧短缺。另外也有一种观念，认为只有国有粮食部门才能够发挥稳定市场、保障供给的作用，主张在粮食流通体制改革中要保证国有部门的主渠道作用。这也是不正确的。无论什么渠道，不过是渠道而已；没有充足的粮食生产作为源头的话，都不能保证粮食市场供应。反之，只要有了充足的生产，无论通过什么渠道，总是会输送到消费者那里去的。关键是生产水平和生产能力（张晓山，2008）。美国和欧盟都没有国家粮食安全储备制度，也没有国有粮食部门的主渠道，却没有粮食安全问题，根本性的原因就是国内生产能力强大，足以保证粮食安全。

（3）粮食安全不是谷物问题，而是食物问题。这不是一个单纯术语和称谓问题。在现实生活中，粮食安全中的"粮食"是大粮食概念，是食物概念，而不仅仅是谷物。毫无疑问，谷物安全是食物安全的基础。但谷物安全对食物安全的重要性，现在比起30年前，已经不可同日而语。城乡居民家庭的食品消费日益多样化，谷物的比重已经大大下降（郭庭双等，2008）。近年粮食产量的下降，原因之一是结构调整，而结构调整引起食物供给结构变化，总食品供给量并不一定发生变化。因为结构调整引起粮食产量下降的同时，其他食品的生产是增加的。从生产方面看，任何农产品生产效率的提高，都会促进粮食安全保障。例如，如果棉花或者糖料的单产提高了，那么就可以节省出更多的土地用于粮食生产。

（4）粮食安全主要不是价格问题，而是数量问题。人们对粮食安全问题的高度关注，是从粮食价格上涨引发的。但是，粮食安全问题主要是数量问题，而不是价格问题。粮食价格上涨，对于城镇消费者会有一定的影响，但是并没有超出承受能力。目前，我国城镇居民口粮消费支出占收入的比重，平均为 2.5%，最低收入户组平均为 7%。如果按照 2003 年的水平，粮食价格上涨 50%，城镇居民用于口粮消费和畜产品消费支出仅在 4% 左右，即使按最低收入组支持情况计算，也只有 9%。而 2003 年城镇居民人均收入增长率为 9% 实际上，消费者对粮食问题的关注，主要考虑的是数量而不是价格，也就是说，消费者更担心粮食出现短缺和供应断档情况。从理论上看，粮食的需求弹性很小，在我国现在的收入水平下，城镇消费者并不会因为粮食涨价就减少购买量；与此相反，在粮食价格出现上涨趋势时，人们反而会因为担心供应不足而增加购买量，结果会进一步刺激了价格的上涨。个别地方出现的短暂抢购，就是这样的结果。因此，关注粮食安全问题，应当着眼于供给数量，而不是供给价格。在短缺趋势出现时，价格上涨不仅是必然的，而且是必需的。只要价格上涨没有超出一般消费者的经济承受能力，就应当允许并利用价格上涨，来刺激供给的增加（吴娟，2012）。

（5）粮食安全不是局部性问题，而是全局性问题。粮食安全问题是全国一盘棋，不能各自为战。一方面，全国是一个统一的市场，粮食供求的平衡也是全国性的。解决粮食安全问题，需要每个地区都做出努力和贡献。毫无疑问，粮食主产区将起着非常重要的作用，但是其他地区也同样不可忽视，否则就会影响到全局（龙方，2007）。另一方面，又不能一刀切，对各个地区都提出自给率目标。各个地方的自然和经济条件很不相同，具有各自的比较优势。农业部提出的优势农产品区域布局规划，综合了各地的自然和经济条件，反映了比较优势的原则，在抓粮食安全的形势下仍然是具有重要指导意义的。如果各地不顾自身的自然和经济特点，片面地强调谷物生产，违背比较优势原则，就会起到适得其反的效果（姜军阳，2011）。

（6）粮食安全不是农民的目标，而是政府的目标。粮食安全是一个国家的农业政策目标，却不是农民生产者的目标。对于每一个农民来说，最关心的是如何提高收入，这是社会经济规律。无论宣传教育工作如何出色，都不能使得绝大多数农民自愿地、宁愿减少收入也要种植粮食，通过法律或行政性的强制性手段，只能在非常有限的范围内有效。可以通过法律规定耕地上不能干什么，例如不能盖房子、挖鱼塘等，却不能通过法律规定农民在耕地上必须种植粮食或者必须种植多少比例的粮食。那样的规定是向计划经济的倒退，也无法监督执行。此外，即使一家一户的农民愿意增加粮食生产，也受到技术、投资、市场服务等方面的限制，需要政府提供相应的公共服务。因此，真正要解决保障粮食安全问题，关键在于政府职能的发挥。国家应当通过有效的政策措施，通过市场机制或者补贴机制，让农民有增加粮食生产的主观积极性；通过各种服务和帮助，让农民有增加粮食生产的客观可能性（李方旺，2012）。

1.1.4 虚拟水战略的实践意义

虚拟水战略不同于传统方案，是从国家间贸易出发，运用系统分析的方法探究与问题相关的各影响因素，抓住了水的社会属性这条主线对水资源实施管理。对于水资源分配模式与经济发展模式不一致的国家或地区，虚拟水贸易显得尤为重要。虚拟水贸易本身提供了水资源的一种替代供应途径，并且不会产生直接的生态环境后果，能较好地减轻局部地区水资源紧缺的压力。对参与虚拟水贸易的国家或地区来说，还能增强这些国家和地区粮食安全的相互依赖性，减轻国家或地区之间因为水或粮食问题所引起的直接冲突，创造持久友好的外交合作关系（张志强等，2004）。虚拟水战略已日益引起缺水国家或地区政府、水资源管理部门的重视，并开始在水资源战略管理中应用。通过虚拟水的研究，还可以评价当前农业全球布局对于水资源利用是否合理、粮食流通是否提高了水资源总体使用效率、粮食贸易是否促进了全球水资源的节省（马静等，2004）。虚拟水和水足迹的研究现实意义表现在以下几个方面。

1. 增强水安全、解决水短缺问题的有效工具

从水安全的角度来看，对于缺水地区而言，虚拟水的净进口可以缓解地区自身的水资源压力，因此虚拟水可以被看作一种新的可供选择的替代水源，这种补充性的额外水源利用可以被看作一种提高区域水安全的工具。甚至在虚拟水概念提出之初，它就作为一个政治性的争论被提出，学者托尼·艾伦

（Tony Allan，1998）认为虚拟水贸易可以作为一种解决地缘政治问题和阻止水争端的有效工具。除政治方面之外，在经济领域同样被艾伦（Allan，2003）所重视，水资源短缺与粮食安全的矛盾，对于区域甚至国家来说完全可以通过虚拟水战略来解决。尤其对于水资源短缺地区而言，水资源的短缺极大地影响到区域内的粮食生产和安全，而采取虚拟水贸易战略通过水—粮食—贸易三者之间的链条关系，从富水地区或国家进口虚拟水（粮食等农产品）来缓解流域内的水资源供应压力，不失为一条保障水安全和粮食安全的非常有效的途径，并已经在水资源短缺的国家或地区如中东和南非地区得到了一定的实际运用。

虚拟水贸易对于那些水资源紧缺的地区来说，本身提供了水资源的一种替代供应途径，并且不会产生恶劣的环境后果，能较好地减轻区域水资源紧缺的压力（刘宝勤等，2006）。当世界或地区粮食价格低于缺水地区自身的生产成本的时候，虚拟水战略的优势就更加明显。虚拟水贸易非常适合作为干旱或半干旱地区的一项现实的战略措施，即通过贸易的形式保障缺水地区水资源和粮食的安全（徐中民等，2003）。

2. 提高全球水资源配置效率

虚拟水对全球水资源配置的效率方面发挥着重要的作用。在提高可利用水资源的经济效率方面，存在三种不同层次的制定决策，如图 1 – 5 所示。全球水资源总的利用效率可分解为局地水利用效率、中尺度的水配置效率及全球尺度水利用效率。第一层次为局地水资源利用效率，即水资源利用的用户层。该层中水价和利用技术发挥着关键作用。通过提高节水意识、提高水价、改善节水技术等，以此来达到提高局地水资源利用效率的目的。第二层次是高效配置可利用的水资源，将其分配到不同的经济部门（包括公共卫生和环保部门）。水可用于不同商品和不同服务行业的生产和消费过程，通常意味着牺牲一个部门水资源来满足其他部门的需求。水资源配置效率取决于水资源分配到不同部门所产生的价值。水是公共商品，在国家或流域尺度上配置水资源是政府部门的主要职责，负责在水资源短缺或供水受限的情况下满足各个不同部门的水资源需求。第三层次为全球尺度的水利用效率。在一个开放的经济社会国家可以进口其他国家生产的商品（生产该商品的资源在国内很贫乏），出口本国优势资源生产的商品，来实现其发展战略。因此一个水短缺的国家，可以通过进口高耗水产品，即水密集型的产品；出口耗水少的产品，即水稀疏型的产品，来缓解本国水资源压力。对于水资源丰富的国家，通过虚拟水的出口可以壮大其经济实力；对于水缺乏的国家，通过进口水密集型产品获得水安全，这种现象与通常进口代价昂贵的真实水相对应，称为"虚拟水"进口。因此，国家间、洲际间的虚拟水交易被当作提高全球水利用效率的有效工具。

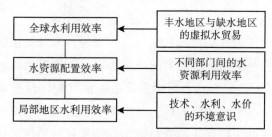

图 1-5 水资源利用效率层次分析示意图

对提高当地的水资源利用效率而言，胡克斯特拉等（Hoekstrah et al., 2002）认为，水价和水技术可以作为一种提高水资源利用效率和水资源高效配置的手段，而且在流域尺度上水资源按效益最大化重新配置也可以提高水资源利用效率。从经济学的观点来看，地球上生产水资源集约型的产品一般要求位于水相对来说丰沛和易获得的地方，在这些地方相对来说水较为廉价且单位产品需水量也较少，而且水资源利用的负外部性也相对小。因此，从需水型产品相对较多的地区向需水型产品较少的地区出口虚拟水，意味着贫水地区实体水资源的储备和节约；按照国际贸易理论，国家出口的产品应当是其生产中具有相对或比较优势的产品，而进口的产品则应当是具有比较劣势的产品，就意味着全球或全国范围内水资源的真正集约利用。所以说，虚拟水贸易可以视为一种有效配置全球和国家（地区）间水资源利用效率的工具。例如从法国出口到埃及 1 千克玉米，可以节省 0.52 立方米的水，因为在法国生产 1 千克玉米需要 0.6 立方米水，而在埃及却需要 1.12 立方米（Renault, 2003）。

3. 虚拟调水成本低廉

国家内部及国家之间的粮食贸易为流域间水资源迁移开辟了新通道这种粮食贸易的虚拟水流动具有很强的可操作、可持续性，是一种环境上的替代方法（Velázquez E. An，2006）。对中国而言尤其具有参考价值。由于工程调水耗资巨大，水价太高，农民负担不起；另外，调水工程对生态环境破坏极其严重。如果单纯依靠"南水北调"来缓解我国部分地区的缺水矛盾，且不论调水是否可行，就成本而言这部分实体水用于生产粮食也是不现实的，生产者和消费者都很难接受。因此，从经济方面考虑用南水北调来发展北方贫水区的农业生产难于运行。而虚拟水交易，则可大大降低成本，在经济、环境和粮食安全等方面都具有明显的优势（Guan D. B. et al.，2007）。贸易中的虚拟水流交换的不是实体水，而是虚拟形式存在于农产品和畜产品中，缓解了地区水资源危机，同时也不会造成生态环境的破坏。

节水是解决水资源短缺问题行之有效的工具之一，但这种措施存在着比较成本的问题。如常规节水技术成本低，节水效率较低，且基础设施投资和维护成本太高。一般说来，一项农业新技术的推广不仅应有技术上的合理性，还应有经济上的可行性，若节水技术的成本接近于由此所带来的经济效益，是难以推广的。而通过进口农产品，即通过虚拟水流动，不仅在一定程度上缓解当地水资源压力，且能节省农业基础设施的维护费用，间接提高农民的收入。

4. 提供水资源迁移、储存和利用新手段

最优化生产问题不仅是一个明智选择生产地点的问题，而且是一个恰当选择生产时机的问题。水资源的合理开发利用正是这样一个最优化生产问题，涉及空间问题和时间问题。为了克服一些时段和一些区域的水资源短缺，通常通过修建人工水利设施来调节水资源在时间和空间上分布不平衡的矛盾，这是以迁移实体水的形式来解决问题。相对于目前中国大力兴建的跨流域调水工程而言，虚拟水贸易具有更易操作、更为便捷且成本较低的特点（吴普特等，2010）。以虚拟的形式储存水资源，将水储存在粮食中，通过调配粮食来解决水资源在时间和空间上分配不平衡所引起的一系列问题（如旱灾缺水引起粮食减产）等。调配虚拟水相比调配实体水而言，从经济效益和环境效益的角度来看都具有明显的优越性。此外，对原本不能形成径流的土壤水资源（土壤水库），可以通过虚拟水的形式将其储集于依靠土壤水生产的产品中进行调配、转化和迁移。因此，对诸如"南水北调"这类一次性投资巨大且需要长期维持投资的大型骨干跨流域调水工程的可行性研究中，我们可借鉴国际上缺水国家所采用的这种虚拟水贸易战略，对传统的通过调用实体水来维持或扩大高耗水农业生产区域的水资源配置思路予以重新审视。

5. 增强节水意识，优化消费结构

虚拟水的实践应用还在于：某种产品的虚拟水含量可以明确地告诉人们消费这种产品对环境的影响。为此，人们引入了水足迹的概念，来真实反映人类对水资源消费利用的状况，它不仅拓宽了传统水资源价值体系的外延和内涵，而且基于虚拟水消费的水足迹定量衡量也为人类对水资源的实际占用提供了一个崭新的视角。因此，水足迹可以被看作衡量人类对水资源系统影响程度的有力工具。所以，知道产品的虚拟水含量使人们认识到生产这些产品所需要的水资源数量，使人们意识到生产和消费活动对水资源系统的影响，从而促使消费者优化的消费结构，提高节水意识，更科学合理地利用水资源，提高水资源的使用价值（尚海洋等，2009）。

人类的饮食结构对水资源有着巨大的影响。随着人们生活水平的提高，将会消费更多的肉、蛋、奶，消耗更多的饲料粮。而且，从粮食向肉类的转化要比从草向肉类的转化消耗更多的能量与资源。研究表明，生产 1 千克猪肉需要 4 千克粮食，生产 1 千克鸡肉需要 2 千克粮食。因此，生产更多的畜禽产品就意味着消耗更多的饲料粮食，而要生产这些饲料粮食，则需要更多的水。据估计，如果目前世界上所有的人都采用西方发达国家肉食较多的饮食结构，那么食物生产所消耗的水资源将需要增加 75%。由此可见，合理的饮食和消费结构对水资源的影响也是不容忽视的，基于此就更应加强对虚拟水概念的宣传，增强人们的节水意识。

6. 促进水资源管理观念和制度创新

水资源管理的目的是为了规范在水资源短缺情况下人们的生产和生活方

式。从当前国内外的研究和实际应用来看，采用的水资源管理包括供给管理和需求管理两个方面，基本的管理途径有工程建设、终端利用效率和配置效率3种，相应的管理战略和管理阶段可分为4个层次。①供给管理。包括开辟新水源、大规模远距离调水等，其目标是提供更多的水资源，但通常成本巨大；②技术性节水管理。这是水资源需求管理的第一步，其目标是提高水资源的利用效率，但通常节水数量有限；③内部结构性管理。这是水资源需求管理的更高层次涉及区域内部社会结构变化等问题，如结构性节水；④社会化管理。这是水资源需求管理的最高层次，即认识到水资源的社会属性，以水资源的社会属性为主线，充分利用各种外部资源来缓解局地水资源的紧缺。水资源管理的最终目的是为了跨越水资源短缺的障碍。社会化管理阶段的出现意味着水资源管理问题域范围的扩大，管理的着眼点从克服自然资源的短缺（第一类资源短缺）转向克服社会资源的短缺（第二类资源短缺）。在这种意义上，能否调动足够的社会资源的能力（社会适应性能力）来克服第一类资源的短缺，就成为水资源短缺问题能否解决的关键。

虚拟水战略拓展了水资源研究的问题域范围，属于水资源社会化管理层次。由于人口增长是水资源短缺的最原始驱动力，粮食作为人类的生活必需品携带有大量的虚拟水，是当前世界贸易中数量最大的商品，因此，人口—粮食—贸易之间的连接关系就成为虚拟水分析的主线；从另一个角度来看，也就是从水的社会属性这条主线来进行水资源管理（柳文华等，2005）。因此，虚拟水概念将水资源管理问题从对水资源的生产领域管理引向了对水资源消费领域的管理，以水—粮食—贸易为主线的虚拟水贸易通过粮食贸易将水资源管理问题拓展到社会经济系统中，这显然增加了水资源管理的决策空间，必将引起水资源管理的观念创新和制度创新。

虚拟水战略作为一项新举措，将水资源问题引入社会经济系统中的对外贸易领域，拓展了解决水资源短缺问题的选择范围，开辟了循环经济中的对外贸易研究领域。对虚拟水贸易量的定量统计有助于认清我国水资源多方位的利用情况，对如何更好地运用两个市场、两种资源起到积极的指导作用。虽然虚拟水战略是一种较为有效的水资源短缺的缓解途径，但由于其涉及的方面较多，应用起来非常复杂，在实际运用过程中会受到很多因素的干扰，必须运筹帷幄、综合考虑（孙才志等，2010）。

1.2　国内外研究进展

1.2.1　虚拟水研究进展

1. 国外研究进展

（1）产品虚拟水的量化研究。由于不同产品生产流程，生产地点、时间、衡量的尺度（流域尺度或农田尺度）、生产方法、用水效率、中间产品用水量等计算方法的差异，尤其是涉及加工产品和副产品时，产品虚拟水含量研究计算十分复杂，测算的结果差别很大，如当前测算的小麦、稻谷和玉米的虚拟水含量的变化范围分别为 0.116 万～0.2 万立方米/吨，0.14 万～0.36 万立方米/吨，450 万～1900 万立方米/吨（A. Y. Hoekstra，2003）。目前，国外比较成熟的虚拟水量化方法有两种，一种是 A. K. 查帕盖恩等（A. K. chapagain et al.，2003）建立的"生产树"法，另一种是齐默等（zimmer et al.，2003）基于对不同产品类型区分的计算方法。从产品种类而言，农作物的虚拟水量化已有相对成熟的计算体系，农作物虚拟水包括生长过程中所需的灌溉水和土壤水，畜产品和工业品虚拟水的量化尚处于探索阶段。A. K. 查帕盖恩（2003）、A. Y. 胡克斯特拉（2003）曾分析了荷兰咖啡和茶的虚拟水计算过程，估算出 1995～1999 年间荷兰咖啡和茶贸易中的虚拟水量。O. P. 辛等（O. P. Sing et al.，2004）量化了古吉拉特邦不同地区作物的产量及其虚拟水含量，并从农业和经济两个方面评价了作物灌溉的用水效率，计算了古吉拉特邦不同地区牛奶虚拟水的贸易量。

（2）粮食安全与虚拟水战略研究。"虚拟水"概念的提出最初目的并不是为了量化产品的虚拟水总量。以"虚拟"的形式蕴涵在产品当中以便于运输的特点，使产品贸易变成了一种缓解局部水资源短缺的有效工具。缺水国家或地区可以通过贸易的方式从富水的国家或地区购买水密集产品（尤其是粮食）来获得水和粮食的安全，即 "虚拟水战略"。通过该战略来科学地制定应对措施，成为虚拟水研究的核心问题。丹尼斯·维切恩斯（Dennis Wichelns，2001）以埃及为例，阐述了虚拟水对获得粮食安全这一目标的作用。安东·伯尔（Anton Earl，2001）分析计算了近年来南非部分国家农产品虚拟水进出口量的变化情况，揭示出虚拟水在南非粮食安全中的保障作用。

（3）虚拟水战略对水资源管理、生态、经济和社会文化的影响研究。虚拟水战略运用系统宏观的方法探寻与问题相关的各影响因素，从问题范围外探究解决区域内部水资源问题的应对策略，为缺水地区缓解水资源短缺的矛盾提供了更多的机会。贸易中的虚拟水流动在中东地区（FAO，1997），埃及（Wichelns，2001），以色列（Yegnes，2001），日本（Oki et al.，2003）等地区已经有了相应的研究成果。

（4）全球虚拟水贸易量计算。随着计量方法的成熟，虚拟水的标准化研究越来越普遍（Bettina et al.，2004）。希勒尔（Hllel）指出虚拟水所包含的范围不仅局限于粮食，它还应包括各种生产所需要的水资源量。联合国粮农组织（FAO）、世界水资源委员会（WWC）、荷兰国际水文和环境工程研究所（IHE）以及日本的一个研究组分别对贸易中的全球虚拟水流量进行了独立的研究：IHE 以产品生产地为基准，估算出 1995~1999 年间全球贸易中虚拟水流量为 1.04×10^{12} 立方米/年，其中，67% 为农产品贸易，23% 为畜产品贸易，10% 为工业品贸易；WWC 和 FAO 以产品使用地为基准，估算出 2000 年全球贸易中虚拟水流量为 1.34×10^{12} 立方米，其中，60% 为农产品贸易，14% 为鱼类和海洋产品贸易，26% 为其他动物产品（包括肉类）贸易。日本的研究组从生产地和消费地两种角度出发，分别对 2000 年全球贸易的虚拟水流量进行了测算，由于考虑的产品种类较少，其估计结果低于 IHE、WWC 和 FAO 的数据。总体而言，上述研究均没有包括完整的产品门类，因此都可以认为是一种保守的估计（王新华等，2005）。但三组研究都表明，主要的虚拟水出口国是美国、加拿大、澳大利亚、阿根廷，而最大的虚拟水净进口国依次是日本、斯里兰卡、意大利、中国、德国。

（5）虚拟水贸易节水量和虚拟水储量研究。通常情况下，生产地的水资源生产力比消费地的要高，这意味着用生产地计算的产品真实虚拟水含量一般要低于用消费地计算的产品虚拟水含量。奥基等（Oki et al.，2003）估算了因全球粮食贸易大约能为全球节水 4.55×10^{11} 立方米/年，占全球总用水量的 8%。丹尼斯·维切恩斯（Dennis Wichelns，2003）估算了全世界谷物储量相当于 5.00×10^{11} 立方米/年虚拟水量，如加上储备的糖、肉类和食用油则达到 8.30×10^{11} 立方米/年，将占世界虚拟水总量的 14%。

（6）实施虚拟水战略的实证分析。随着"虚拟水"概念的普及和研究的不断深入，各国研究者分别以某些国家或地区为研究典型，估算出各国或地区虚拟水的贸易量（Chapagain et al.，2003；ElFadel et al.，2003；Hoekstra，2002；Hoekstra，2003；Oki et al.，2003；Zimmer et al.，2003），主要有：

对中东和北非地区虚拟水的研究：随着人口的激增和石油出口收入的增加，中东和北非地区对全球贸易的依赖性日益增强。1970～2000 年这 30 年间，在中东和北非地区，粮食进口数量每年以 10% 的速度递增，目前已成为全球最大的农产品进口地区。面对如此巨额的粮食进口，哈利德（Khaldi）等认为，这点反映出该地区矿产资源较为丰富，也说明了中东和北非地区在解决人口粮食问题上没有起到作用。托尼·艾伦（Tony Allan，2003）认为，中东和北非地区水资源短缺，不仅仅是由于自然禀赋的因素，更取决于政府适应资源短缺、制定措施、寻求替代品的能力。截至 2000 年，中东和北非地区年均进口粮食总量为 5×10^6 吨，其贸易进口中的虚拟水流动规模相当于尼罗河的年径流量，占该区淡水资源总量的 30%。研究表明，中东和北非是虚拟水贸易的巨大受益者。

对日本虚拟水的研究：奥基等计算出本国农、畜产品虚拟水含量；同时估算了日本在 2000 年虚拟水进口总量（包括通过工业产品进口的 1.3×10^9 立方米）约为 6.4×10^{10} 立方米（88% 来源于美国、澳大利亚和加拿大）大于日本当年的灌溉饮用水（约 5.9×10^{10} 立方米）。而且绝大多数进口主要是为了满足畜产品消费（如 70% 的玉米、几乎全部的大豆和一半的大麦均用于生产家畜饲料）。

对南部非洲发展共同体虚拟水的研究：理查德·梅斯纳（Richard Meissner）指出，干旱是导致南非共同体粮食短缺的直接原因，各成员国（除南非外）都受到了不同程度的影响。联合国粮农组织预测，2001 年南非共同体生产了 1.92×10^7 吨粮食，其缺口达 3.9×10^6 吨。为了使南非发展共同体的经济发展突破水资源短缺的瓶颈，各国普遍已签订了贸易协议，在不久的将来，博茨瓦纳、南非和纳米比亚这三个水资源较为短缺的国家，将会依靠强大的加工业成为虚拟水净进口国；而刚果、赞比亚和莱索托三个水资源相对丰富的国家均有望成为虚拟水净出口国。

孟加拉国与印度之间的虚拟水贸易：卡里米特（Karimetal，1996）、艾哈迈德（Ahmad，2000）、帕尔文等（Parveen et al.，2003）曾对孟加拉国粮食安全的影响因素进行过研究，认为水资源短缺是其最主要的制约因素，而孟印两国间的贸易发展使得孟加拉国每年约从印度进口 2.87×10^{10} 立方米虚拟水，占印度总虚拟水出口量的 17.8%，通过这种进口替代战略保障了孟加拉国的粮食安全。

对埃及虚拟水的研究：威克尔斯（Wichelns，2004）以埃及为例，将"虚拟水"概念与比较优势理论进行了有机的结合并进行实证研究，结果表明埃及年均进口小麦、玉米分别达 6.1×10^6 吨和 2.4×10^6 吨，若在埃及本国生产同等数量的小麦和玉米，则需要耕地和水资源分别为 1.2×10^6 公顷、4.6×10^9 立方米和 4×10^5 公顷、2.7×10^9 立方米，共 7.3×10^9 立方米水资源，相当于埃及现有农田面积的 48%、尼罗河每年水资源利用量的 13%。

综上所述，国外对虚拟水的研究主要集中在粮食问题上，通过贸易中的虚拟水流动将世界粮食和本国的水资源有机结合起来，并取得了巨大成就，同时虚拟水在流域水资源管理中的运用尚处于一个探索阶段。

2. 国内研究进展

虚拟水贸易与虚拟水战略已成为国际上的一个前沿研究领域。自引入我国以来，虚拟水在解决我国水资源短缺与粮食安全及生态环境等问题中得到初步应用。程国栋首先以西北干旱区为例，量化了 2000 年西北各省（区）虚拟水消费总量。从而提出：目前全国粮食供求处于基本平衡状况，在能够满足西北缺粮省（区）粮食调入的情况下，运用"虚拟水战略"来缓解缺水地区水资源与生态压力，实现区域水资源的可持续利用，保障西北地区的生态安全。同时，程国栋运用三种不同情况对虚拟水的效益进行初步测算，结果表明"虚拟水战略"对地区经济增长有明显的促进作用。

随后对虚拟水理论及其研究意义国内部分学者做了进一步的阐述。钟华平等（2004）通过对贸易中虚拟水流动的作用分析，阐述了虚拟水与水安全的相互关系；曹建廷等（2004）曾对国际贸易中的虚拟水流动做了简要的介绍和分析；马静等（2004）曾对贸易中的虚拟水流动与跨流域调水工程的进行了比较，对虚拟水贸易在缓解水资源危机的优越性予以肯定；柯兵等（2004）将"虚拟水"在解决农业生产和粮食安全的作用上进行了一定的阐述，指出虚拟水是解决农业用水问题中较为行之有效的新途径。

部分研究者已将虚拟水的理论和计算方法应用到实证研究中：罗贞礼等（2004）运用联合国粮农组织（FAO）推荐的 CropWat 模型对郴州市农产品虚拟水作了量化分析。龙爱华等（2004）将虚拟水的理论方法应用到西北四省区，介绍了当前国际虚拟水研究进展，阐述了当前农作物和动物产品虚拟水含量的计算方法，结果表明，2000 年西北 4 省（区）总的虚拟水消费为 54913×108 立方米，人均 637.78 立方米/年和 1747 升/日，分析了虚拟水贸易是解决干旱区水资源、粮食安全较为行之有效的方法。王红瑞等（2007）对北京市主要农作物的需水量进行计算并分析了北京农业虚拟水结构变化和贸易研究，研究结果表明：总体上 1990~2004 年农作物虚拟水总量呈下降趋势；北京是一个农产品净进口地区，年平均净进口 2.37 亿立方米，占北京市年水资源总量的 5.93%，这对北京水资源短缺的状况起到了一定的作用。王新华（2004，2006）对中部四省（河南、江西、湖北、湖南）虚拟水贸易以及消费模式对虚拟水消费的影响进行研究，结果表明：①中部四省都是虚拟水净出区，输出量在 151.37 亿~376.47 亿立方米之间，且超出农业生产总用水量，可是中部四省的水资源并不丰富，这就加大了当地的供需矛盾，对环境产生不利的影响；②1985~2002 年间，我国城乡居民的消费模式呈现出多样化，人均肉蛋奶和副食品的消费增多，粮食和蔬菜的消费减少，消费结构的变化引起虚拟水消费总量增加了 746.35 亿立方米，这就进一步增加了水资源的压力。

我国水资源分配不均，缺水地区随着人口的增加和经济的发展，借助虚拟水贸易来解决水资源短缺问题将成为水管理的重要战略抉择。虚拟水贸易中的虚拟水流动研究对我国缺水地区乃至国家新时期生态环境和社会经济可持续发展都具有重要的理论和现实意义。

1.2.2　水足迹研究进展

在虚拟水研究的基础上，胡克斯特拉进一步提出了"水足迹"（water footprint）概念用以描述人类消费对水资源系统的影响。其思想源自 1992 年加拿大经济学家威廉·瑞斯（William Rees）提出的"生态足迹"（ecological foot-print）。"足迹"概念是将特定地区经济社会发展对空间的占用（消费）情况形象、定量的表达。生态足迹理论依据人类对土地的依赖性将人类活动对生态系统的影响归结为对土地面积的占用，而水足迹则是通过虚拟水概念的介入来描述人类消费对水资源系统的影响。水足迹概念将虚拟水与实体水统一起来，反映了人类消费对水资源系统的真实占用情况。

1. 国外研究进展

胡克斯特拉等（2007）对 1997~2001 年全球所有国家的水足迹进行了计算，结果表明，全球总水足迹约为 74500 亿立方米，人均 1240 立方米/年；印度的水足迹总量最大，其次是中国和美国；而人均水足迹占有量美国最高，为 2480 立方米/年，其次是希腊、意大利、西班牙等南欧的一些国家。而中国的人均水足迹仅为 700 立方米/年，相对较小；还指出影响水足迹的主要因素有：GDP，消费模式，气候以及水的利用效率（主要在农业方面）。

范等（Van Oel et al., 2009）对荷兰书足迹进行计算得出人均水足迹为 2300 立方米/年，是世界人均水平的两倍，其中 67% 属于农产品消费，31% 属于工业产品消费，2% 为国内生活用水。

胡克斯特拉等（2003）还对不同的消费模式的多引起的水足迹变化进行对比：喝茶和喝咖啡。一杯咖啡所消耗的虚拟水大约为 140 升，而一杯茶的虚拟水含量为 34 升，也就是说喝掉一杯咖啡所消耗的水足迹是一杯茶的 4 倍还多。所以说，不同人群的消费习惯对水足迹的消费是大不相同的，它会对水资源产生重要的影响。

查普洛等（2006）对全球范围内棉花消费的水足迹进行计算，研究表明：1997~2001 年期间全球棉花所耗费的水足迹平均为 2560 亿立方米/年，其中印度消耗的水足迹最多，达到 480 亿立方米/年，其次是中国和哈萨克斯坦分别为 27.5 亿立方米/年、25.4 亿立方米/年。而单位棉花虚拟水含量排名前三位的是：印度、阿根廷和土库曼斯坦，分别是 8662 立方米/吨，7700 立方米/吨，6010 立方米/吨。

2. 国内研究进展

自从国内学者龙爱华、徐中民等引入水足迹的概念，研究的方面主要在水足迹的计算分析，力图解决我国水资源短缺、粮食安全、生态环境问题等方面，但研究还处在初级阶段，研究案例不是很多，尤其是在虚拟水的计算中，把水污染足迹计算在内的还很少见。

龙爱华等（2003）对西北四省（区）2000年的水资源足迹进行研究，结果表明：2000年西北四省（区）的总水足迹为613.3亿立方米，人均水足迹为712.3立方米/人/年和1952升/人/日，实体水资源消费33.3亿立方米，仅占全部水足迹的5.42%；居民主要产品虚拟水消费量为580亿立方米，占总足迹的94.58%。由此可见，西北四省虚拟水的占有量很大，而且的居民消费虚拟水占有很大的比例。由此我们可以通过虚拟水贸易（尤其是粮食的贸易）来解决当地严重缺水的状况，这为水资源的管理体制提供了一种新思路。

王新华等（2005）对中国2000年人均水足迹进行分析得出：全国平均人均水足迹为601立方米/人/年，其中青海省人均水足迹最大，为935.75立方米/人/年，广西最小，为466.31立方米/人/年，西北部省份人均水足迹较大，而南部和中东部省份较小，还提出了减少水足迹的三条途径：提高水分生产率；转变消费模式；虚拟水战略。

张志强等（2005）以甘肃省为例计算并分析了1989～2003年的水足迹及其变化。研究表明：自1989年以来甘肃省的水资源足迹基本保持稳定，在220亿～240亿立方米/年，总体上呈现微量下降的趋势；随着居民消费多样化的增加人均虚拟水消费量不断呈现下降趋势，因此，增加消费结构的多样性有利于减少水足迹的消费，对缓解当地水资源压力有一定促进作用。

徐中民等（2006）对2000年水足迹进行计算，并利用STIRPAT模型对影响水足迹的因素进行分析。研究表明：2000年中国消费水足迹7678.45亿立方米，人均609.3立方米/年；人口数量是水足迹的一个主要驱动因子，富裕程度的提高会增加水足迹的消费数量，气候和区位条件对水足迹有显著作用，提高土地生产能力能可以缓解我国水资源短缺的压力。

戚瑞等（2011）引入水足迹理论，以大连市为例，对大连市的区域水足迹结构指标、区域水足迹效益指标、区域水资源生态安全指标和水足迹可持续性能指标进行计算和分析，结果表明：大连市水资源贫瘠，对外依赖度高；大连市水足迹效益整体水平高；大连市水资源生态安全状况不容乐观；大连市水资源利用呈现可持续性。本书为解决区域水资源短缺问题，制定水资源的可持续发展战略提供了一定的科学依据。

水足迹的概念是把虚拟水和实体水联系起来，它拓宽了传统水资源体系的内涵，是一个全新的概念，为分析和研究一个国家或地区的水资源的真实占有提供了一种新思路。因此我们有必要通过人类消费的真实用水情况对水资源进行研究和分析，这样可以使对水资源的评价更贴近实际，更加真实化，从而为水资源的管理体系提供一定的理论基础。

1.3　主要研究内容

本书共分为 10 章，第 1 章　绪论。首先，基于社会主义新农村建设的历史背景下，分析社会主义新农村建设的主要内容、农村水资源不安全因素和中国的粮食安全，旨在对虚拟水战略在中国实施的背景有一定的认识，为虚拟水战略的研究奠定基础；其次，介绍虚拟水与水足迹的国内外研究现状；最后，在此基础上，介绍本书的主要研究内容。

第 2 章　虚拟水基础理论研究。借助于经济学中的资源禀赋论、资源流动论、资源替代论、比较优势理论来阐述虚拟水的理论基础，并对其进行经济学解释，以此促进虚拟水理论在解决我国水资源、粮食问题，保障国家和区域水资源、粮食安全方面发挥实际作用。

第 3 章　虚拟水与水足迹的内涵与衡量方法。主要介绍虚拟水与水足迹的内涵及量化方法。

第 4 章　中国农产品虚拟水与资源环境经济要素匹配的时空差异分析。在对我国各地区农畜产品虚拟水的量化计算基础上，通过引入基尼系数和不平衡指数，对我国各地区农产品虚拟水和其相关要素进行区域差异的分析，目的是为了研究农产品虚拟水与各地区资源、环境以及社会经济要素的相关程度，从而找出制约和影响农产品虚拟水发展的重要因素。

第 5 章　中国农畜产品虚拟水规模分布的时空演变研究。借助分形模型对我国地均农产品和人均农畜产品虚拟水的时空分布特征进行研究，分析地均农产品和人均农畜虚拟水规模—位序分布特征，旨在揭示地均农产品虚拟水背后所隐藏的农业集约化程度的时空分异特征规律。

第6章　中国膳食虚拟水消费特征与区域差异的驱动因素分析。利用虚拟水的量化方法将居民消费的各种食物转换成对水资源的消费需求，揭示我国不同区域城乡居民的虚拟水消费特征的时空演变规律，使用 PLS 的方法求解膳食虚拟水的 STIRPAT 模型参数，对八大区域的驱动因素予以对比分析，同时引入脱钩模型衡量中国经济发展对膳食虚拟水消费的依赖程度。

第7章　中国农产品虚拟水区域差异的空间分解与成因分析。通过运用锡尔指数对中国八大区域虚拟水—耕地资源时空差异进行分解，找出影响中国农产品虚拟水区域总差异整体以及东、中、西三大地带、南北方、八大区域之间虚拟水—耕地资源的区域差异的主导因素，揭示地均农产品虚拟水区域差异来源以及差异背后体现的农业集约化空间分解的特征规律。

第8章　中国粮食贸易中虚拟水要素流动格局成因分析。对国内与国际粮食贸易所隐含的虚拟水流动状况进行了估算，对其空间分布格局进行了多角度成因分析，并利用改进的 DEA 方法计算粮食虚拟水的资源利用相对效率，在对其分布规律进行时空分析的基础上，探讨粮食虚拟水流动格局的发展潜力，进而分析"虚拟水战略"在我国的适用性及中国粮食安全对策。

第9章　中国区域农作物绿水占用指数估算及时空差异分析。通过对"农作物绿水占用指数"及农作物绿水量占农作物虚拟水量比重的计算，揭示我国各省级区域农业生态系统与陆地生态系统及工业、生活间绿、蓝水资源的分配情况，利用空间自相关分析方法，对该指数区域分异的时空演变规律进行探索，并对演变原因做出解释，同时对中国农村水资源安全保障对策进行研究。

第10章　中国水足迹时空格局及驱动因素分析。对 2000～2015 年中国31 个省、市（自治区）的水足迹进行了计算和分析，并对水资源压力指数、虚拟水消费结构多样性以及水足迹强度进行分析，利用探索性数据分析模型（ESDA）对中国省际水足迹强度的空间关联格局分析，通过偏最小二乘法回归模型对影响水足迹强度的因子进行选取和分析，得出对水足迹强度影响大的驱动因子。最后对中国水资源可持续利用提出建议和对策。

上篇　基础理论

第 2 章

虚拟水基础理论研究

2.1 比较优势理论

比较优势理论的提出是西方传统国际贸易理论体系建立的标志，这一理论的问世，具有划时代的意义。虽然比较优势理论是针对国际贸易的互利基础和原则提出来的，但比较优势概念和比较优势理论现已成为日常生活中经常使用的普遍原则，从而也成为经济学中解释力很强的理论工具之一。

比较优势理论是在绝对优势理论基础上提出来的，并且在实践中不断得到检验和提炼，在后续理论中不断得到修正和补充，逐渐发展和成熟。

2.1.1 比较优势理论内容

1. 绝对优势理论

一般认为，经济学中的优势分析是从英国古典经济学家亚当·斯密（Adam Smith）开始的。他是资产阶级经济学古典学派的主要奠基人之一，是国际分工理论的创始者，也是倡导自由贸易的带头人。在亚当·斯密"经济人"假设中，交换行为是人类趋利避害的本性所致。他认为，人们从交换中取得的利益，与劳动中取得的利益相比不知多多少倍。而要在交换中真正取得利益，必须扬长避短，即发挥自己的优势。

绝对优势是指劳动生产率占有绝对优势，或生产商品所耗费的劳动成本绝对低于其他经济体。绝对优势原理的主要内容可概况为：一个经济体，在某种产品的生产上占有绝对优势，它就应该从事这种产品的生产；若各个经济体都遵循该原则进行生产，并相互交换的话，双方都能从交换中获得绝对利益，从而整个世界也可以获得分工的好处。绝对优势原理不仅丰富了经济学理论，而且对自由贸易的推进，全球经济的互动与发展做出了巨大的贡献。当然，由于时代的局限性，绝对优势理论也有很多不足和缺点，但是它为比较优势理论铺平了道路，并且在李嘉图那里得到了全面的继承、修正和发展。

2. 大卫·李嘉图（David Ricardo）与比较优势理论

李嘉图提出的比较优势理论认为，国际贸易的基础是生产技术的相对差别（而非绝对差别），以及由此产生的相对成本的差别。每个国家都应根据"两利相权取其重，两弊相权取其轻"的方式集中生产并出口其具有"比较优势"的产品，进口其具有"比较劣势"的产品，这样，进行交易的双方彼此都能获益。比较优势理论在更普遍的意义的基础上解释了对外贸易产生的基础，大大发展了绝对优势理论。事实上，我国古代田忌赛马的故事也反映了比较优势原理。田忌所代表的一方的上、中、下三批马，每个层次的质量都劣于齐王的马。但是，田忌用完全没有优势的下马对齐王有完全优势的上马，再用拥有相对比较优势的上、中马对付齐王的中、下马，结果稳赢。

3. 比较优势理论的主要假定前提

大卫·李嘉图的比较优势理论以一系列简单的假定为前提，主要为：
①两个国家，两种产品或两种要素；②以两国的真实劳动成本差异为基础，并假定所有劳动都是同质的；③所有生产要素都实现充分就业，它们在国内完全流动，在国际之间不能流动；④劳动生产率保持不变；⑤世界市场是完全竞争的；⑥实行自由贸易；⑦贸易方式是直接的物物交换，没有货币媒介的参与；⑧没有运输费用；⑨不存在技术进步和经济发展，国际经济是静态的。

4. 比较优势理论的内容

大卫·李嘉图以上述假定为前提，继承和发展了亚当·斯密的理论，提出了比较优势理论。亚当·斯密认为由于自然禀赋和后天的有利条件不同，各国均有一种产品的生产成本低于他国而具有绝对优势，按绝对优势原则进行分工和交换，各国均可获益。大卫·李嘉图发展了亚当·斯密的观点，认为各国不一定要专门生产劳动成本绝对低（即绝对有利）的产品，而只要专门生产劳动成本相对低（即利益较大或不利较小）的产品，便可进行对外贸易，并能从中获益和实现社会劳动的节约。

李嘉图由个人推及国家，认为国家间也应该按"两优取其重，两劣取其轻"的比较优势原则进行分工。如果一个国家在两种商品的生产上都处于绝对有利的地位，但有利的程度不同，在此情况下，前者应专门生产最有利（即有利程度最大）的商品，后者应专门生产其不利最小的商品，通过对外贸易，双方都能取得比自己以等量劳动所能生产的更多的产品，从而实现社会劳动的节约，给贸易双方都带来利益。

5. 比较优势理论的进一步分析

现举三个特例来阐述各国如何确定各自的比较优势并解释参与自由贸易的各个国家如何从中获益。特例 1 所建立的经验框架将被用于所有特例中。它解释了一个国家如果在两种农作物的生产上都具有绝对优势，如何在其中一种农作物中得到比较优势。特例 1 中土地都是两个国家的稀缺资源。特例 2 中水是稀缺资源，并且缺水的国家却在富含水分的农作物的生产中具有比较优势。对这一事例的扩展恰恰解释了生产技术对比较优势的决定因素。特例 3 描述两个国家拥有相同的技术，但是具有不同的资源禀赋。在一个国家，水资源是有限的，而另一个国家土地资源是有限的。这种特定环节的扩展解释了相关稀缺资源的交换是如何改变国家之间的比较优势的。需要说明的是，这三个特例都是线性分析。

特例 1：两个国家的土地都是稀缺资源，并且拥有不同的生产技术。

考虑这样两个国家，每个国家有 10 公顷农田。A 国由于技术先进每公顷土地可以生产 6 吨的大米或者 2 吨的棉花，而 B 国每公顷土地只能生产 4 吨大米或者 1 吨棉花。A 国有较高的生产系数，在生产大米和棉花方面都具有绝对优势。在 A 国，每一公顷的土地都可用来生产 6 吨大米或者 2 吨的棉花。因此，生产 1 吨棉花的机会成本为 3 吨大米，而生产 1 吨大米的机会成本为

0.33 吨棉花。类似的分析方法用于 B 国可得出，B 国生产 1 吨棉花的机会成本是 4 吨大米，生产 1 吨大米的机会成本是 0.25 吨棉花，具体如表 2-1 所示。

表 2-1　　两个土地稀缺、生产技术不同的国家生产的机会成本和比较优势

国家	农作物	生产（吨/公顷）	最大区域（公顷）	最大生产（吨）	机会成本（每吨）
A	大米	6	10	60	0.33 吨棉花
A	棉花	2	10	20	3 吨大米
B	大米	4	10	40	0.25 吨棉花
B	棉花	1	10	10	4 吨大米

　　通过比较这两个国家的机会成本就可以确定各自的比较优势。生产 1 吨的棉花在 A 国的机会成本是 3 吨大米，而在 B 国是 4 吨大米。因此，A 国在生产棉花方面具有比较优势。具体而言，与 B 国相比，A 国必须少生产大米而多生产棉花。在 A 国生产 1 吨大米的机会成本是 0.33 吨棉花，而在 B 国则是 0.25 吨棉花。因此，在生产大米方面 B 国具有比较优势，即使他的生产系数（4 吨/公顷）小于 A 国（6 吨/公顷）。比较优势理论的具体内容就是，如果 A 国集中力量并专业化生产棉花，而 B 国集中力量并专业化生产大米，那么两个国家的消费水平都会有所提高。可以通过描绘各国的生产和消费可能性曲线来描述各国所能获得的潜在利益。

　　A 国可以在 10 公顷土地上生产 60 吨的大米或者 20 吨的棉花，或者根据生产系数和土地的约束性选择任何可能的大米和棉花的线性组合来进行生产。对 A 国来说这种线性组合形成了一条生产可能性线，如图 2-1 所示，在图 2-1 A 国中直线段的连接点分别代表 60 吨的大米和 20 吨的棉花。沿着这条生产可能性曲线和它下面的区域，任何大米和棉花的生产组合都是可行的。在图 2-1 B 国中，B 国的生产可能性组合形成了一条生产可能性线，直线段的连接点分别代表 40 吨大米和 10 吨棉花。由于 B 国在棉花和大米生产方面具有较低的生产系数，因此它的生产可能性组合点比较少。而 A 国的生产系数比较高，因此在生产棉花和大米方面它具有绝对优势，但是每个国家都只是在一种农产品的生产中占有比较优势。

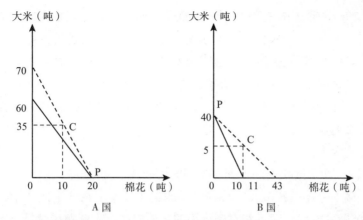

图 2-1　土地稀缺、生产技术不同的 A、B 国家生产的机会成本和比较优势

在这种简单的线性生产技术例子中，最好的贸易方案就是完全专业化生产。特别是，如果 A 国在 10 公顷土地上生产 20 吨棉花，而 B 国则生产 40 吨大米，并且两个国家相互之间进行贸易，那么这两个国家可以同时提高它们的消费水平。在市场交易过程中将会制定出 1 吨棉花可以换取多少大米的交换比例。我们可以把交换比例的经验值描述为一种比率，这种比率存在于两国间生产棉花的机会成本之中。因此，在这个例子中，由于在 A 国和 B 国生产棉花的机会成本分别为 3 吨和 4 吨大米，所以贸易条款的经验值将在 3 和 4 之间。假设描述贸易条款的比率是 3.5 吨大米交换 1 吨棉花，则在图 2-1 A 国和图 2-1 B 国中直线的斜率将改变为 -3.5，表示每个国家消费水平将随着与另一个国家的贸易的增加而提高。每个直线截点都在各个国家的生产可能性曲线之上。

一个可行的解决方案是：A 国向 B 国出口 10 吨棉花同时换取 35 吨的大米，则 A 国就可以消费 10 吨的棉花和 35 吨的大米，而 B 国可以消费到 10 吨的棉花和 5 吨的大米。生产和消费点在图 2-1 A 国和图 2-1 B 国中分别用 P 和 C 表示。像预期的那样，每个国家都可以通过专业化生产一种农作物而通过对外贸易得到另一种农作物，来提高每个国家的消费水平。由于每个国家都在其中一种农作物的生产中具有比较优势，所以他们都能够从国际贸易中获益。

从贸易中得到的经验价值可以用生产每种农作物的机会成本来评测。在 A 国生产 1 吨棉花的机会成本是 3 吨大米。当进行国际贸易时，1 吨棉花价值

3.5 吨大米。如果 A 国生产 20 吨棉花而不参与贸易，这些棉花的价值由机会成本决定，为 60 吨大米。当 1 吨棉花价值 3.5 吨大米时进行贸易，20 吨棉花的价值就增值为 70 吨大米。在这种方式下，国际贸易使 A 国在有限的土地上创造了更多的收益。同样，结果也适用于 B 国。在进行贸易之前，B 国生产 40 吨大米的机会成本是 10 吨棉花。如果交换比例是 3.5 吨大米交换 1 吨棉花，那么通过贸易，这 40 吨大米的价值增加为 11.43 吨棉花（0.286 吨棉花交换 1 吨大米）。

特例 2：两个缺水的国家拥有不同的生产技术。

像特例 1 那样，两个国家具有不同的生产技术。在这个例子中，每个国家有 40 公顷的农田，而且相对于可用的土地资源，水资源供给是有限的。特别的，假设 A 国和 B 国每年各自有 180000 立方米和 90000 立方米可利用的水资源。如果灌溉每公顷的大米和棉花用水量分别为 18000 立方米和 6000 立方米，则 A 国可以灌溉 10 公顷大米，30 公顷棉花，或者任何能够组成这种大米和棉花区域的线性组合。如图 2-2 所示，在图 2-2 A 国中，A 国的生产可能性曲线的线段连接点分别代表 60 吨的大米和 60 吨的棉花。B 国有足够水资源去灌溉 5 公顷的大米或者 15 公顷的棉花。在图 2-2 B 国中，B 国的生产可能性曲线的线段连接点分别代表 20 吨大米和 15 吨棉花。

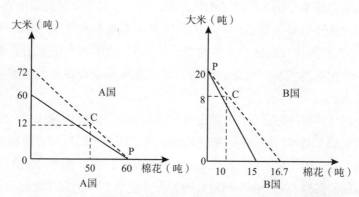

图 2-2 缺水 A 国、B 国家在不同生产技术条件下的生产机会成本和比较优势

当水资源成为生产的限制性因素时，生产的机会成本就会改变。特别的，生产 1 吨棉花的机会成本 A 国为 1 吨大米，B 国为 1.33 吨大米，而生产 1 吨

大米的机会成本 A 国为 1 吨棉花，B 国为 0.75 吨棉花，如表 2-2 所示。因此，A 国在棉花生产方面具有比较优势，而 B 国在大米生产方面具有比较优势。如果可以进行国际贸易，那么交换比例将会处于两国产品的机会成本之间。

假设两个国家都愿意用 1 吨棉花交换 1.2 吨大米。如图 2-2 A 国和 2-2 B 国，各国的生产可能性曲线的斜率为 -1.2，各国的大米和棉花的各种可能组合都包含在各自的生产可能性曲线之内。A 国将会专业化生产棉花，并向 B 国出口 10 吨棉花换取 12 吨大米。国际贸易使两个国家在水资源稀缺的情况下创造了更多的价值。

表 2-2　　两个缺水国家在不同生产技术条件下的生产机会成本和比较优势

国家	农作物	生产（吨/公顷）	最大区域（公顷）	最大生产（吨）	机会成本（每吨）
A	大米	6	10	60	1 吨棉花
	棉花	2	30	60	1 吨大米
B	大米	4	5	20	0.75 吨棉花
	棉花	1	15	15	1.33 吨大米

乍一看这种结果也许是反常的。A 国拥有的水资源是 B 国的两倍，而且每个国家拥有相同数量的土地。这看起来似乎 A 国应该在大米的生产而不是棉花的生产上具有优势，因为大米比棉花需要更多的水分。然而，不论是绝对的还是相对的生产系数价值在两个国家都是非常的不同，密切观察这一系数可以看出在 A 国生产 1 吨棉花需要 3000 立方米的水，在 B 国则需要 6000 立方米的水。类似的，在 A 国生产 1 吨大米需要 3000 立方米的水，而在 B 国则需要 4500 立方米的水。在资源有限的条件下，B 国棉花的生产成本相对较高。这就是 B 国在大米的生产方面具有比较优势，而 A 国在棉花的生产方面具有比较优势的原因。

一个关于本例子的有趣拓展：当水资源禀赋相反时哪种产品会具有比较优势。假设 A 国仅仅有 90000 立方米的水，而 B 国有 180000 立方米的水。A 国只能生产 30 吨的大米或者 30 吨的棉花，而 B 国能生产 40 吨大米或者 30 吨棉花。在这个例子中，每个国家生产大米和棉花的机会成本和每个国家的生产可能性曲线将会和最初的一样而没有改变。结果，即使水资源禀赋是相反的，比较优势也会正好相同。这个结果揭示了比较优势是由每个国家生产的机会成本决定的。而机会成本又是由生产系数，需水量和水资源稀缺性决定的。只要水是稀缺资源，即使相对的水资源禀赋改变了，比较优势也会和这个例子的最初情况一样仍然存在的。在这个例子中，B 国在生产大米方面将会获得比较优势，而不论它是否比 A 国有更好的水资源禀赋。

特例 3：在生产技术相同的条件下一个国家的水资源缺乏，另一个国家土地资源缺乏。

如果两个国家有不同的资源禀赋，即使它们有相同的生产技术也是会具有各自的比较优势。假设两个国家每公顷土地都可以生产 6 吨大米和 2 吨棉花。同时假设在 A 国水是稀缺资源，而在 B 国土地是稀缺资源。特别的，假设 A 国有 40 公顷土地，它有 180000 立方米的水可以用来灌溉。A 国可以灌溉 10 公顷的大米，30 公顷的棉花或者可以灌溉在这些区域内可能的线性组合的农作物，见表 2 - 3。因此，A 国可以生产 60 吨大米，60 吨棉花或者其他一些能够满足水资源灌溉要求的大米和棉花的产量组合。假设 B 国仅有 30 公顷的土地可以利用，但它的水资源是不受限制的。那么它生产的农作物就可能包括 180 吨的大米，60 吨的棉花，或者是生产这两种农作物的任何可能的线性组合，如表 2 - 3 所示。

表 2 - 3　两个国家在相同的生产技术和不同的资源禀赋条件下的生产成本和比较优势

国家	农作物	生产 （吨/公顷）	最大区域 （公顷）	最大生产 （吨）	机会成本 （每吨）
A	大米	6	10	60	1 吨棉花
	棉花	2	30	60	1 吨大米
B	大米	6	30	180	0.33 吨棉花
	棉花	2	30	60	3 吨大米

两国在没有贸易往来的情况下，A 国和 B 国生产 1 吨大米的机会成本分别为 1 吨棉花和 0.33 吨棉花，而生产 1 吨棉花的机会成本分别为 1 吨大米和 3 吨大米，如表 2 - 3 所示。因此，即使两国每公顷土地生产大米和棉花的数

量相同，两国所具有的比较优势也不同，A 国在棉花生产方面具有比较优势，而 B 国在大米生产方面具有比较优势，结果是非常直观的。水资源丰富的国家在大米生产方面具有比较优势，而水资源有限的国家在棉花生产方面具有比较优势。A 国在水资源有限的条件下可以专业生产棉花以创造更多的价值并通过与 B 国进行贸易来获得大米。

假设两个国家都同意以 1 吨棉花换取 2 吨大米的交换比率进行贸易。如图 2－3 所示，图中虚线表示的交换比率的斜率为 -2。在图 2－3 A 国中，A 国可以从贸易中获益，它可以生产 60 吨棉花，出口 20 吨给 B 国用来交换 40 吨大米。在图 2－3 B 国中，B 国也从交易中实现自己的利益，从图中可以看出农作物产量由生产点 P 移动到消费点 C。像期待的那样，每个国家都以各自的比较优势为基础，从自由贸易中获得利益。

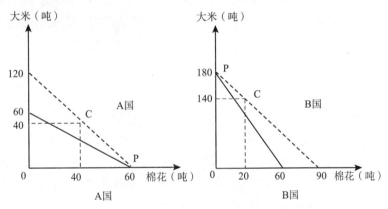

图 2－3　A 国、B 国家在相同的生产技术和不同的资源禀赋
条件下的生产成本和比较优势

这个例子的一个有趣扩展是考虑如果在 B 国水资源是有限的，那么是什么成为它的比较优势。假设 B 国仅仅有 90000 立方米水资源可以利用，或者正好是 A 国水资源禀赋的一半。在这种水资源禀赋下，B 国可以在 5 公顷的土地上生产 30 吨大米或者在 15 公顷的土地上生产 30 吨棉花。A 国的生产可能性曲线（60 吨棉花或者 60 吨大米）不受 B 国水资源禀赋的影响。因此，如果在 B 国水资源是稀缺资源，给定两国的生产技术相同，那么对 A 国来说

生产的机会成本和生产可能性曲线的斜率将会是一致的。不论哪个国家在大米的生产上或是在棉花的生产上具有比较优势，而且不论哪个国家在与另一个国家进行贸易时都会获得利益。

这种结果看起来像是反常的，因为它反映出水资源稀缺的国家不能够通过贸易从水资源丰富的国家获得利益。然而，这个结果解释了为什么我们在寻求最佳生产和贸易战略的时候只考虑资源禀赋因素而不全面考虑其他因素。与 B 国相比 A 国水资源丰裕，它可以生产更多的大米和棉花。两个国家拥有相同的生产技术而各国的水资源又是有限的。因此，在两个国家生产的机会成本是相同的，不论是生产大米还是生产棉花，没有哪个国家是具有比较优势的。

比较优势理论包含比较优势法则的一种例外情况，即当一国与另一国相比，在两种商品生产上都处于绝对不利的地位，而且两种商品生产的绝对不利程度相同或绝对不利比例相同时，没有互惠贸易发生。应该指出的是，比较利益论的这一例外情况极少发生，因而对比较优势理论并无多大影响。

6. 比较优势理论的简评

李嘉图的比较优势理论具有合理的和科学的成分及历史的进步意义。首先，比较优势理论比绝对优势理论更全面、更深刻。它的问世，改变了过去一般学者关于自由贸易的利益，一切商品均在成本绝对低的国家生产的观点，具有划时代的意义。比较优势理论提示了一个客观规律——比较优势定律，这从实证经济学的角度证明了国际贸易的产生不仅在于比较成本的差异。一国只要按照比较优势原则参与国际分工和国际贸易，即专业化生产和出口本国生产成本相对较低（即具有比较优势）的产品，进口本国生产成本相对较高（即比较劣势）的产品，便可获得实际利益。这一理论为世界各国参与国际分工和国际贸易提供了理论依据，成为国际贸易理论的一大基石。其次，比较优势理论在历史上起过重大的作用。它曾为英国工业资产阶级争取自由贸易提供了有利的理论武器，而自由政策又促进了英国生产力的迅速发展，使英国成为"世界工厂"，在世界工业和贸易中居于首位。可见，比较优势理论在推动自由贸易的事业中成效十分卓著。

但比较优势理论也有一定的局限性。①李嘉图和斯密一样，研究问题的出发点是一个永恒的世界，在方法论上是形而上学的。李嘉图把他的比较优势理论建立在一系列简单的假设前提基础上，把多变的经济世界抽象成静止的均衡的世界，因而所提示的贸易各国获得的利益是静态的短期利益，这种利益是否符合一国经济发展的长远利益则不得而知。李嘉图虽然偶尔也承认，当各国的生产技术及生产成本发生变化之后，国际贸易的格局也会发生变化，但遗憾的是，他并没有进一步阐述这一思想，更没有用来完善他的理论。②李嘉图的比较优势理论在泛泛地论证了按照比较优势原则开展专业化生产和贸易，对所有参加国都有利之后，对于更复杂的问题，诸如引起各国劳动成本差异的原因、互利贸易利益的范围以及贸易利益的分配等问题，却没有触及。③比较利益论虽然以劳动价值论为基础，但就整体而言，李嘉图的劳动价值论是不完全的、不彻底的。根据李嘉图的劳动价值论，劳动是唯一的生产要素或劳动在所有的商品生产中均按相同的固定比例使用，而且所有的劳动都是同质的，因此，任何一种商品的价值都取决于它的劳动成本。显然，这些假设和观点是不切实际的，甚至是错误的，所以，仅用劳动成本的差异来解释比较优势是不完整的。

比较优势理论历经了几百年的发展、扩展和更新，始终是贸易理论方面颠扑不破的核心理论，成为了许多新的贸易理论发展和前进的奠基石。目前，仍是国际贸易理论中最重要的理论结构，也是当今国际贸易理论研究中一个暂时不能替代的理论基准，加强对现代比较优势理论的研究，对于我们理解国际贸易的新进展和分析现实中开放条件下的资源配置问题具有重要意义。而把它应用到经济发展当中去作为指导经济发展的原则，把它和经济发展战略相结合可以说是对比较优势理论作为单纯贸易理论的发展和突破。

2.1.2 虚拟水战略中的比较优势理论

比较优势理论作为一项重要的贸易理论被当今科学界的专家们所重视，并将其引入到区域间贸易所引发的虚拟水流动问题的探究中，揭示着虚拟水贸易的流动机制和效益。目前一些学者正不断地对其实用性进行验证，探讨"虚拟水"与"比较优势理论"间的联系，认为比较优势理论应用于水资源便是体现了该理论在虚拟水领域的研究（Wichelns，2004）。

　　商品区际间贸易伴随着虚拟水的流动，因此，许多学者都认为虚拟水思想建立在比较优势理论基础之上，兰特（Lant，2003）提出，与比较优势一样，虚拟水概念也是经济地理学基本原理的应用，艾伦（2003）曾指出虚拟水是在比较优势论基础上逐渐被提出来的，维克尔恩斯（2004）则认为虚拟水概念是比较优势理论在水资源方面的应用。比较优势和虚拟水战略有效地结合起来可以为地区制定合理的水管理政策提供理论指导。"虚拟水战略"体现在贫水国家通过从富水国家进口水资源密集型产品来保障本地区水资源安全的战略。探究地区水资源比较优势可以更好地体现出虚拟水的经济性和政策性，使其在解决水问题、保障水资源安全方面成为最有利的工具（刘宝勤等，2006）。

　　虚拟水战略是建立在一个国家的水资源禀赋之上，而不是建立在生产技术或者像水那样的稀缺资源的机会成本之上的。如果一个水资源缺乏的国家和一个水资源丰富的国家比较起来能够以较低成本生产两种商品，那么这个水资源缺乏的国家在生产这两种商品上就获得绝对优势，即使水是关键的投入因素。这并不意味着这个水资源缺乏的国家一定要将这两种产品都出口才是最佳选择，而最佳的贸易战略则是选择其具有比较优势的产品出口。

　　在大多数情况下，缺水国家只在其中一种商品的生产上具有比较优势。也就是说，对缺水国家来讲，生产另一种商品的机会成本会比他的贸易伙伴高。每个国家生产他们具有比较优势的商品（该种产品的机会成本较低），而进口他们不具有比较优势的商品（该种商品的机会成本较高），从而在贸易中获利。水资源缺乏的国家可能在一种富含水分的商品的生产上具有比较优势，正如水资源丰富的国家可能在一种用水量较少商品的生产上具有比较优势那样。

　　国家之间在贸易中的机会成本是决定其比较优势的关键所在，原因就在于比较优势不仅仅取决于一个国家的资源禀赋。这也就是虚拟水战略不能被用来决定最佳生产和贸易战略的原因。有两个因素会影响比较优势的选择：①在一个国家的内部确立产品的机会成本；②比较参与贸易国家的机会成本。可以用投入和产出的价格信息计算机会成本，或者在资源有限的背景下，通过对比商品和服务生产过程中所需的稀缺资源的数量来计算机会成本。例如，假设一个农民有 10 公顷的土地用来耕作，而他每年耕作这片土地的需水量是36000 立方米。同时假设灌溉每公顷大米和棉花的用水量分别为 18000 立方米和 6000 立方米，则这个农民可以灌溉 2 公顷的大米和 6 公顷的棉花或者可以灌溉其他两种作物的可能组合。对这个农民来说水资源的供给是他进行生产的制约性因素，而土地的供给却相对充足。同时假设通过灌溉每公顷的土地可以生产 4 吨的大米和 2 吨的棉花，那么对于这个农民来说 1000 立方米水的机会成本是 0.33 吨棉花（2 吨/公顷需水 6000 立方米）或者是 0.22 吨大米（4 吨/公顷需水 18000 立方米）。那么，对于这个农民来说，土地的机会成本是零，因为土地在耕作过程中并非稀缺资源。

2.1.3 农产品虚拟水要素的比较优势分析意义

（1）在农产品生产中，考虑虚拟水生产要素禀赋，使其成为与土地、劳动和资本等要素并列的生产要素，可以使一国或地区（尤其是贫水国）在农产品生产分工与贸易选择时充分考虑水资源目标，避免片面追求扩大对外贸易而大量输出本国虚拟水要素禀赋较差的农产品。

（2）虚拟水要素的引入启示各国或地区可以通过提高水资源管理水平和净化、开发技术来提高其农产品虚拟水要素的比较优势。同时具有虚拟水比较优势的国家和地区可以充分发挥其优势，以其虚拟水要素的优势参与国家贸易。

（3）农产品虚拟水生产要素的比较优势分析提供和完善了通过农产品虚拟水贸易来解决水资源危机和改善水资源状况的思路。

通过分析比较优势进行农产品虚拟水贸易促进了水资源的有效利用。水资源丰富的国家和地区应生产世界上需求的水密集型产品。在这些地区，水资源比较廉价，而且水资源使用的负外部性比较小，单位产品的生产所需的水量一般也较少。从水的生产效率较高的国家或地区向水的生产效率较低的国家或地区的虚拟水出口，意味着全球实体水的储备和节约。同时也缓和了地区之间的矛盾，缓解水资源缺乏问题，进而促进人们更谨慎地利用水资源。

2.2 要素禀赋理论

要素禀赋理论（factor endowment theoty）是现代国际贸易理论的新开端，

被誉为国际贸易理论的又一大柱石，其基本内容有狭义和广义之分。狭义的要素禀赋论用生产要素丰缺来解释国际贸易的产生和一国的进出口贸易类型。广义的要素禀赋论包括狭义的要素禀赋论和要素价格均等化学说。

2.2.1　要素禀赋论

1. 要素禀赋论相关概念

要素禀赋论以生产要素、要素密集度、要素密集型产品、要素禀赋、要素丰裕程度等概念表述和说明，掌握这些概念是理解要素禀赋论的关键。

（1）生产要素和要素价格。生产要素是指生产活动必须具备的主要因素或生产中必须投入或使用的主要手段。通常指土地、劳动和资本三要素，加上企业家的管理才能为四要素，也有人把技术知识、经济信息也当作生产要素。要素价格则是指生产要素的使用费用或要素的报酬。例如，土地的租金，劳动的工资，资本的利息，管理的利润等。

（2）要素密集度和要素密集型产品。要素密集度指产品生产中某种要素投入比例的大小，如果某要素投入比例大，称为该要素密集程度高。根据产品生产所投入的生产要素中所占比例最大的生产要素种类不同，可把产品划分为不同种类的要素密集型产品。例如，生产小麦投入的土地占的比例最大，便称小麦为土地密集型产品；生产纺织品劳动所占的比例最大，则称之为劳动密集型产品；生产电子计算机资本所占的比例最大，于是称为资本密集型产品，以此类推。在只有两种商品（X 和 Y）、两种要素（劳动和资本）的情况下，如果 Y 商品生产中使用的资本和劳动的比例大于 X 商品生产中的资本和劳动的比例，则称 Y 商品为资本密集型产品，而称 X 为劳动密集型产品。

（3）要素禀赋和要素丰裕。要素禀赋是指一国拥有各种生产要素的数量。要素丰裕则是指在一国的生产要素禀赋中某要素供给所占比例大于别国同种要素的供给比例而相对价格低于别国同种要素的相对价格。

衡量要素的丰裕程度有两种方法：一是以生产要素供给总量衡量，若一国某要素的供给比例大于别国的同种要素供给比例，则该国相对于别国而言，该要素丰裕；二是以要素相对价格衡量，若一国某要素的相对价格——某要素的价格和别的要素价格的比率低于别国同种要素相对价格，则该国该要素相对于别国丰裕。以总量法衡量的要素丰裕只考虑要素的供给，而以价格法衡量的要素丰裕考虑了要素的供给和需求两方面，因而较为科学。

2. 要素禀赋论的基本假设条件

要素禀赋论基于一系列简单的假设前提，主要包括 9 个方面。

（1）假定只有两个国家、两种商品、两种生产要素（劳动和资本）。这一假设目的是为了便于用平面图说明理论。

（2）假定两国的技术水平相同，即同种商品的生产函数相同。这一假设主要是为了便于考察要素禀赋，从而考察要素在两国相对商品价格决定中的作用。

（3）假定 X 产品是劳动密集型产品，Y 产品是资本密集型产品。

（4）假定两国在两种产品的生产上规模经济利益不变。即增加某种商品的资本和劳动使用量，将会使该产品产量以相同比例增加，即单位生产成本不随着生产的增减而变化，因而没有规模经济利益。

（5）假定两国进行的是不完全专业化生产。即尽管是自由贸易，两国仍然继续生产两种产品，且无一国是小国。

（6）假定两国的消费偏好相同。若用社会无差异曲线反映，则两国的社会无差异曲线的位置和形状相同。

（7）在两国的两种商品、两种生产要素市场上，竞争是完全的。这是指市场上无人能够购买或出售大量商品或生产要素而影响市场价格。也指买卖双方都能掌握相等的交易资料。

（8）假定在各国内部，生产诸要素是能够自由转移的，但在各国间生产要素是不能自由转移的。这是指一国内部，劳动和资本能够自由地从某些低收入地区、行业流向高收入地区、行业，直至各地区、各行业的同种要素报酬相同，这种流点才会停止。而在国际上，却缺乏这种流动性。所以，在没有贸易时，国际间的要素报酬差异始终存在。

（9）假定没有运输费用，没有关税或其他贸易限制。这意味着生产专业化过程可以持续到两国商品相对价格相等为止。

3. 要素禀赋论的内容及理论分析

（1）要素禀赋论的内容。要素禀赋论指狭义的赫克歇尔—俄林理论（Heckscher – Ohiln theory），又称要素比例学说（factor proportions theory）。该学说由赫克歇尔首先提出基本论点，有俄林系统创立。它主要通过对相互依存的价格体现的分析，用生产要素的丰缺来解释国际贸易的产生和一国的进出口贸易类型（孔庆峰等，2008）。

根据要素禀赋论，一国的比较优势产品，即应出口的产品是需在生产上密集使该国相对充裕而便宜的生产要素生产的产品，而进口的产品是需要在生产上密集使用该国相对稀缺而昂贵的生产要素生产的产品。简言之，劳动丰富的国家出口劳动密集型商品，而进口资本密集型商品；相反，资本丰富的国家出口资本密集型商品，进口劳动密集型商品。

（2）要素禀赋论的理论分析。俄林认为同种商品在不同的国家的相对价格差异是国际贸易的直接基础，而价格差异则是由各国生产要素禀赋不同，从而要素相对价格不同决定的，所以要素禀赋不同是国际贸易产生的根本原因。俄林在分析、阐述要素禀赋理论时是一环扣一环，层层深入，在逻辑上比较严谨。

①国家间的商品相对价格差异是国际贸易产生的主要原因。假设在没有运输费的前提下，从价格较低的国家输出商品到价格较高的国家是有利的。

②国家间的生产要素相对价格的差异决定商品相对价格的差异。在各国生产技术相同，生产函数相同的假设条件下，各国要素相对价格的差异决定了各国商品相对价格存在差异。

③国家间的要素相对价格对供给不同决定要素相对价格的差异。俄林认为，在要素的供求决定要素价格的关系中，要素供给是主要的。在各国要素需求一定的情况下，各国不同的要素禀赋对要素相对价格产生不同的影响：相对供给较充裕的要素的相对价格较低，而相对供给较稀缺的要素的相对价格较高。因此，国际间要素相对价格差异是要素相对供给或供给比例不同决定的。

通过严密地分析，俄林得出结论：一个国家生产和出口那些大量使用本国供给丰富的生产要素的产品，价格就低，因而有比较优势；相反，生产那些需大量使用本国稀缺的生产要素的产品，价格便贵，出口就不利。各国应尽可能利用供给丰富、价格便宜的生产要素，生产廉价产品输出，以交换别国价廉物美的商品。

要素禀赋论的理论分析还可以如图 2-4 所示加以形象归纳，从示意图的右下角开始分析，生产要素所有者的收入分配和社会消费偏好共同决定对最终产品的需求，而对最终产品的需求导致了对生产要素的派生需求，要素的供给和需求则决定要素的价格，要素的价格和生产技术又决定了最终产品的价格。因此，不同国际商品相对价格的差异决定比较利益和贸易类型。但在国家偏好相同、技术水平相同以及收入分配相同，从而对最终产品和要素需求相似的假设前提下，不同国家生产要素禀赋的差异便是商品相对价格存在差异的原因。

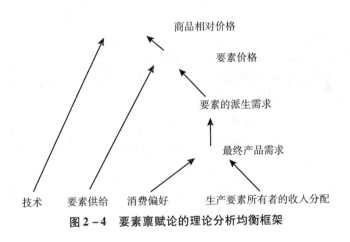

图 2-4　要素禀赋论的理论分析均衡框架

（3）要素禀赋论进一步说明。现引入要素禀赋和要素密集型产品，并用边际机会成本递增情况下的贸易均衡例子说明要素禀赋论，如图 2-5 所示。

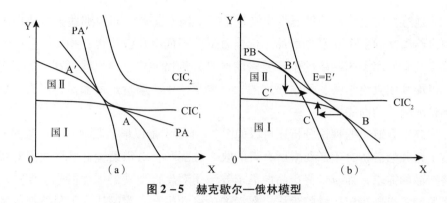

图 2 - 5　赫克歇尔—俄林模型

在图 2 - 5 (a) 中，国 I 的生产可能性曲线偏向 X 轴，因为 X 是劳动密集型产品，而国 I 又是劳动丰富的国家；国 II 的生产可能性曲线偏向 Y 轴，因为国 II 是资本丰富的国家，而 Y 又是资本密集型产品。现假设两国用相同的生产技术生产 X 和 Y 产品，两国对商品的消费偏好也相同，以同一社会无差异曲线簇表示。在没有贸易的情况下，国 I 和国 II 的隔离均衡点分别为 A 和 A′，无差异曲线 CIC₁，是两国生产能力所能达到的最高满足水平。通过 A、A′的切线 PA 和 PA′分别表示国 I 和国 II 的隔离均衡相对商品价格。由于 PA < PA′，所以国 I 在 X 产品的生产上具有比较利益，国 II 在 Y 产品生产上具有比较利益。

图 2 - 5 (b) 表示开展贸易后的情况，两国按各自具有比较利益的商品来开展专业化生产，这一过程持续到两国相对商品价格相等为止，国 I 和国 II 的生产分别移至 B、B′，此时，两国按相对价格 PB 开展贸易达到均衡，BC = C′E′，B′C′ = CE。除该点以外，任何价格水平的贸易都不平衡，贸易不平衡的结果使价格向均衡贸易价格水平靠拢。

2.2.2　要素价格均等化学说

国际贸易可能导致要素价格均等化的论点是由赫克歇尔最早提出的。俄林则认为，虽然各国要素缺乏流动性使世界范围内要素价格相等的理想状态不能实现，但商品贸易可以部分替代要素流动，弥补缺乏流动性的不足，所以国际贸易使要素价格存在均等化趋势。萨缪尔森 (Samuelson) 于 1941 年发表的《实际工资和保护主义》和 1948 年前后发表的《国际贸易与要素价格均等化》等文章中论证了自由贸易将导致要素价格均等化。这一理论被称为赫—俄—萨学说，它研究国际贸易对要素价格的影响。

要素价格均等化学说（factor-price equalization theory）可表述为：在满足要素禀赋论的全部假设条件下，自由的国际贸易通过商品相对价格的均等化，将使同种要素的绝对和相对报酬趋于均等。

该理论认为由于每个国家出口的商品生产中，都密集地使用了它所拥有的丰富的生产要素，当生产要素在各国间不能直接移动的情况下，国际贸易将导致各国生产要素的相对价格和绝对价格的平均化。因此，国际贸易在一定程度上是国际间生产要素流动的替代物（李婧，2012）。

（1）按照该理论，国际贸易会导致低工资国家的工资提高和高工资国家的工资降低，导致不同国家的资本获取相同的利润，土地获取相同的地租。同样，国际贸易也会导致利润率高的国家利润率下降，使利润率低的国家的利润率上升，从而减少两国间利润率的差异。

（2）不仅如此，国际贸易还会导致各种要素相对价格的完全平均化。因为，在各种要素相对价格有差异的情况下，贸易将继续扩大，而贸易的扩大将会减少两国要素价格的差异。贸易将会持续下去直至两国国内各种商品的相对价格完全均等化为止。同样，两国国内的要素相对价格也将平均化。

2.2.3 赫克歇尔—俄林—萨缪尔森的国际贸易论

赫克歇尔、俄林、萨缪尔森的要素禀赋论和要素价格均等化学说是在比较利益论的基础上的一大进步，有其合理的成分和可借鉴的意义。大卫·李嘉图及穆勒和马歇尔都假设两国交换是物物交换，国际贸易起因于劳动生产率的差异，而赫克歇尔、俄林是用等量产品不同货币价格（成本）比较两国不同的商品价格比例，两国的交换是货币交换，各国的要素生产率是相同的，用生产要素禀赋的差异寻求解释国际贸易产生的原因和国际贸易商品结构以及国际贸易对要素价格的影响，研究更深入、更全面，认识到了生产要素及其组合在各国进出口贸易中居于重要地位。他们研究所得出的结论有一定实用价值，例如，关于国家间商品相对价格的差异是国际贸易的直接原因：一国某种生产要素丰富，要素价格低廉，进口这种要素密集型产品对本国有利，出口这种要素密集型产品则没有比较利益，这些观点或结论既有理论意义，也有政策意义。

但是赫克歇尔、俄林、萨缪尔森的理论有明显的局限。首先，要素禀赋论和要素价格均等化学说所依据的一系列假设条件都是静态的，忽略了国际、国内经济因素的动态变化，使理论难免存在缺陷。其次，就技术而言，现实是技术不断进步，而进步能使老产品的成本降低，也能生产新产品。因而会改变一国的比较利益格局，使比较优势产品升级换代，扩大贸易的基础。再其次，拿生产要素来说，远非同质，新旧机器总归有别，熟练工人与非熟练工人也不能相提并论。最后，看同种要素在不同国家的价格，全然不是要素价格均等化学说所指出的那样会随着商品价格均等而渐趋均等，发达国家与发展中国家工人工资的悬殊、利率的差距、足以说明现实世界中要素价格无法均等。

2.2.4 虚拟水战略中的要素禀赋

长期以来，要素禀赋理论被视为正统权威的国际贸易理论，成为现代国际贸易的核心理论。然而，伴随资源问题在各国经济、社会发展和国际贸易中的日益突出，作为生产要素的一些资源业已被各国视为参与国际贸易的重要考虑因素，并成为影响和决定国际贸易格局的要素。尤其是水资源对于国际贸易的重要作用在粮食贸易中表现得尤为明显。然而，传统的禀赋理论对水资源的忽视，已成为一大缺陷。

众所周知，水是农产品，尤其是粮食生产中一个不可或缺的生产要素。粮食灌溉用水是水资源利用的主要部分。随着人口的增长和科技的进步，灌溉面积和实际灌溉用水量不断增大。以我国的粮食生产为例，建国半个世纪以来，灌溉面积扩大了3.4倍，灌溉用水量增加了3.9倍。在全球水资源供需矛盾日趋加剧的背景下，水资源在农产品生产中的作用将更加关键。

水资源这一要素越来越被各国视为其参与农产品国际贸易的重要考虑因素，并已经成为影响和决定农产品国际贸易格局的一个重要因素。传统农业中将水资源同土地、空气、矿藏等笼统地归于土地要素之中，无法充分体现在新的水资源形势下水资源的机会成本和价值，这势必在农产品国际贸易中带来一系列问题：①无法准确反映一国或地区农产品的比较优势；②未能充分体现一国或地区管理水资源的成本；③不能体现开源节流和节水的理念。因此，将虚拟水作为一种生产要素，并将其纳入要素禀赋体系，将虚拟水和国际贸易理论研究有效结合，体现了在新的水资源形式下水资源的机会成本与价值。

根据比较优势理论，商品比较优势的差异是国际贸易的基础，而生产要素的价格差异是生产商品比较优势的重要原因。农产品虚拟水要素的价格从供给和需求两个方面来考察，供给方面主要取决于农产品虚拟水要素禀赋；需求方面主要取决于农产品虚拟水要素偏好。

所谓农产品虚拟水要素禀赋，是指一国或地区提供农产品生产所需水资源的能力。农产品虚拟水要素禀赋的提出基于以下两个前提：

（1）水资源及其人工净化、创造能力属于稀缺资源，因此水资源是有价格的。水资源的提供者主要是大自然，还有一小部分是人工提供的；水资源的消费者则是生存在地球上的全体"公民"。大自然的水资源提供量的确是巨大的，但是相对于人类的消费量还是显得不足，世界性水资源危机就是这种短缺的重要表现。而人工净化水资源的技术尚不够发达，远远不能弥补大自然提供量的不足，同时这些技术的研发需要投入大量成本。

（2）由于自然状况和技术水平不同，不同国家或地区的虚拟水要素禀赋存在巨大差异。这主要体现在：①地理位置、气候等决定的降水和蒸发的差异，导致不同国家或地区用于农产品生产的地表水径流量和参与水文循环的地下水径流量的丰裕程度和可更新程度存在较大差异。②水资源管理水平和净化、开发技术的差异，使得不同国家或地区农业水资源利用效率大不相同。

农产品虚拟水偏好反映的是一国或地区农产品生产对于水资源的需求状况。生产农产品的水资源消耗主要包括农产品维持其正常生命活动所需的水量、蒸发的水量、浪费的水量，以及农产品加工过程中的水资源耗费。这些一方面取决于地理位置、气候等自然条件，另一方面取决于现行农产品生产技术。一般来讲，生产技术发达的国家或地区，生产一定产量的农产品其土地、劳动、资本、水等各个要素的投入量都较少；而技术欠发达国家或地区，生产一定产量的农产品其各个要素的投入量都较多。

农产品虚拟水要素禀赋主要包含三个方面的内容:①用于农产品生产的地表水径流量和参与水文循环的地下水径流量的丰裕程度和可更新程度,这是一国或地区从自然界获得和人工增加(如人工降雨技术)可利用水资源的能力。②净化污水、废水并将其用于农产品生产的能力,这一能力增加了一国或地区实际用于农产品生产的水资源数量,从而增强了其农产品水资源消耗能力。③管理和调配现有水资源使其高效地用于农产品生产的能力。

在国际贸易中,各国、各地区农产品虚拟水要素禀赋与农产品虚拟水偏好差异性的共同作用形成农产品虚拟水要素比较优势。如果一国或地区农产品虚拟水要素禀赋丰裕,或基于水资源的农产品生产技术发达,则该国或地区农产品的虚拟水成本就低,从而在农产品国际贸易中具有虚拟水要素比较优势。相反,如果一国或地区农产品虚拟水要素禀赋稀缺,或基于水资源的农产品生产技术欠发达,则该国或地区农产品的虚拟水成本就较高,其在农产品国际贸易中也就不具有虚拟水要素比较优势。值得注意的是在考虑农产品种植的比较优势时,除了考虑水资源还应考虑光照、温度、土壤及作物的生长习性,进行全面的比较,体现地区的比较优势这样就可以寻求最优的种植和贸易方式,解决比较优势较差地区的问题(熊航,2007)。

将虚拟水要素纳入生产要素禀赋体系之中,在理论上是对要素禀赋论的充实和完善,同时参与农产品贸易比较优势的衡量,可以促使一国或地区在农产品生产分工与贸易选择时充分考虑水资源目标,避免片面追求扩大对外贸易而大量输出本国虚拟水要素较差的农产品。利用本国或本地区禀赋条件,扬长避短,因地制宜,优势利导,提高利用效率的同时也充分考虑了生态资源,有利于长期良性的发展。

2.3 资源流动理论

资源的开发和利用实际上是人类利用或运用社会经济资源开发和利用自然资源的过程。在这个过程中,资源在形态、价值、能量等方面发生了一系列质的变化。这个过程既是一个生态过程,也是一个经济过程和社会过程。资源流动理论是当前资源科学重点关注和研究的新理论,是研究如何对资源进行合理的管理,促进经济、环境和社会持续协调健康发展的重要理论基础。资源流动是资源科学发展的新领域。

2.3.1 资源流动的理论基础和研究内涵

1. 资源流动的概念和理论基础

生态学中"流(flow)"的学术思想有助于揭示生态系统各组分间相互作用的方向、强度和速率。运用这一思想来考察资源在经济社会系统中的"流动",可以促使资源系统研究从静态转向动态。由此可以定义资源流动(resources flow)的概念,是指资源在人类活动作用下,资源在产业、消费链条或不同区域之间所产生的运动、转移和转化。它既包括资源在不同地理空间资源势的作用下发生的空间位移(所谓横向流动),也包括资源在原态、加工、消费、废弃这一链环运动过程中形态、功能、价值的转化过程(所谓纵向流动)。因此,资源流动包括了资源在不同行业部门、不同空间位置、不同产业组群的运动和转移。资源流动过程研究的目的是了解资源从开采到加工制造到最终形成产品和废料的整个过程,以对资源进行合理的管理从而减少对资源的消耗,确保经济与环境的协调发展。资源流动研究涉及多学科内容如生态学、社会学、经济学等,体现了资源生态系统动态性、整体性、综合性的特点。区域间资源不平衡分布和经济发展对资源需求程度的不同是资源流动的原动力。在资源流动的驱动力方面,基于生态经济学理论,强调供给驱动和需求驱动的资源流动过程,前者强调资源供给对生产的影响,及生态过程对自然过程的影响,后者则注重用户需求对产品生产的影响,也就是经济驱动作用。

英国科学家系统分析了与国家经济活动密切相关的资源流动过程,构建了资源流动研究的概念框架(如图 2 - 6 所示):资源流动涉及的资源包括原材料或产品。

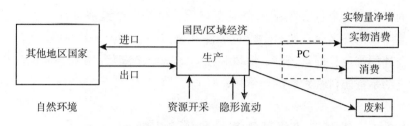

图 2 – 6　资源流动分析概念框架（Chamber，2005）

资料来源：钱伯（Chamber，2005）。

原材料开采后可直接消费或与其他物质或产品相结合生产最终产品。对物质和产品的消费产生废料和废气。资源流动同时包含隐形流动，即没有直接被消费或形成产品的资源。资源存储指在经济活动中保留的资源量，也就是流入、流出某特定经济过程资源量之差。这一概念框架目前已被广泛认可并作为资源流动研究的基本理论框架。

资源流动反映了资源从"摇篮"流向"坟墓"的过程，揭示了资源在不同层次的形态和价值变化机理，以及资源与经济、环境的关系。显然，作为一个新的研究方向，资源流动可以很好地体现动态的过程特点。

2. 资源流动的研究内涵

"资源流动"吸收了生态系统的理念，较好地体现了资源生态系统动态性、整体性、综合性的特点，体现了现代资源科学的特色和动态、系统、定量的研究趋势。资源"横向流动"表明了资源在不同空间位置产生的位移和运动。无论是国际之间还是地区之间，都存在人力资源、资本资源、技术资源、自然资源的流动。这种流动有公平流动和不公平流动之分。伴随着资源流动，环境问题和生态问题也呈现类似的趋势。资源"横向流动"的深入研究，有助于正确分析区域差异，进而为国家和地区的公平发展和持续发展提供战略决策依据。"南水北调"是一种典型的资源流动工程，而"南粮北运"或"北粮南运"所隐含的其实也正是水资源与土地资源的流动。伴随着资源位移，无论是资源"调入地"还是"调出地"都会产生相关社会、经济和环境方面的效应。对于资源"横向流动"问题的研究，重点在于流动过程可能产生的相关效应。资源横向流动在某种程度上与"物流"有相同之处。但后者的范围似乎更广，贸易的色彩更浓。

资源"纵向流动"，即资源从自然态经人类加工、消费、废弃后在形态、功能、价值等的转化过程。从某种意义上看，有些类似于生态学的"食物链"、产业生态学中的"产品链""生产链"，甚至土地经济学中的"耕地流转"（土地利用方式的转变）。资源"纵向流动"不仅关注资源形态的变化过程，更为关注资源系统中的资源利用效率，包括物质循环效率、能量转化效率和经济效率。资源"纵向流动"的深入研究，有助于分析资源要素之间的关系，评价资源系统的运转效率，进而为以该资源为链条涉及的不同部门的高效发展提供依据。

许多国家针对经济发展过程的主要资源的横向流动和纵向流动进行研究，这些研究大都集中于经济系统中的资源流动。彼得等（Peter et al.，2004）认为，德国经济发展需求的总资源包含有：投入部分如矿产、能源、水、空气、生物量、收获量、渔业、牧业；产出部分如废料处理、废水、废气排放、化肥、农药、消耗和损失。因此，资源流动分析涵盖所有这些资源的时空流动。而对日本、荷兰、美国、波兰等国研究表明，金属矿和工业矿物、可再生资源、燃料、建筑矿物质、基础设施建设物质、土壤侵蚀等应纳入资源流动分析。20 世纪 90 年代后期，欧洲物质总需求（TMR）由燃料、金属矿和建筑矿物质主导，其中涉及十种主要的资源流动形式。结果表明，随经济增长，欧洲 TMR 总体上升，表现为两大特点：不可再生资源消耗居多和进口物质比例增加（占 37%），环境包袱（environmental rucksacks）在区域间转移，一般从资源输入地转到输出地，将环境包袱转嫁到资源输出国（多为经济欠发达国家）。克劳斯曼（Krausmann，2004）对澳大利亚经济发展中物质和能源的流动和消费状况研究得出了类似结论。

对企业生产的资源流动研究反映了工业生产过程的资源利用状况和生态效益，如钱伯（Chamber，2005）研究英国 36 个工业企业的资源消耗包括直接能源、农产品、加工产品、食品、运输人数、水资源开采和土地资源利用，隐形流动资源如资源开采过程造成的其他消耗（如圆木砍伐的残余物和未利用的矿物质）、产生的废料和废气。计算得出英国西南部生态效益是 58%，即消耗每吨资源产生的废料率是 42%，研究结果对有针对性地对资源流动具体环节的资源消费管理和减少资源消耗提供建议。苏珊娜等（Susanne et al.，

2004）研究计算了瑞典粮食生产中以经济发展为导向的资源流动，探讨人类活动与资源消费间的关系，为提高资源效率提供依据。

2.3.2　资源流动机制

资源流动机制总的来说是以市场机制为主导、以政府宏观调控为补充的多层次的流动机制。但是，当我们具体来分析资源流动的原因时，我们往往发现资源流动遵循这样一个脉络：资源禀赋—资源价格—优势区位—政府调控。资源具有显著的区域特点，由于在不同空间内，资源禀赋存在较大的差异，导致资源价格的变化，进而形成资源区域流动的动力。资源流动导致资源在优势区域的集聚，这种集聚效应使各种资源的潜力得到进一步发挥，利用效率得到提高。但是，区域之间的关系是复杂的，很难说是纯粹的竞争或是合作的关系，可能是既竞争又合作。因此，资源流动并非完全按市场机制流动，而是受到地方政府的政策干预。这种干预的有效性和合理性，往往是资源有序流动的关键所在。

1. 区域资源差：资源流动的客观基础

资源的区域流动原因是复杂的，从一般意义上来说，资源的区域流动的客观基础是不同经济地理空间存在的各资源之间的差异性——"资源差"。所谓区域资源差是指影响区域发展的各种资源在不同的区域，其数量、质量、种类、地域空间配置等方面所存在的差异，正是这种差异构成了资源流动的客观基础。

（1）区域资源差的类型。

同质差与异质差。同质差是指处于同一发展层次、水平、阶段上并具有相同性质的生产力在数量、性能、规模及形式方面存在的差异。异质差是处于不同发展层次、水平、阶段上并具有不同性质的生产力在数量、性能、规模及形式方面存在的差异。同质差易于消除或弥补，而弥补异质差的困难则远大于弥补同质差。如我国"长三角"地区各省区市之间发展水平存在差异，各资源禀赋更多表现为同质差；而"长三角"与西部地区各省市区的发展水平与资源差更多表现为异质差。

质量差与数量差。质量差主要表现为同种类发展资源在品质和等级方面的差异，如同行业劳动力的文化、技术素质，同种技术装备的品质、性能，同类基础设施的效能等方面的差异。数量差则主要反映同种类资源的数量规模和集中程度，即绝对数和相对数两个方面的差异。质量差、数量差与前述同质差、异质差不能混淆，同（异）质差的质，是联系系统整体而从层次、地位的角度观察的生产力性质；而质（数）量差所指的"质"或"数"，则是可以不联系系统整体而从技术、工艺意义上考虑的生产力的具体质量和数量，是可以精确地加以度量的。

区位差与时序差。区位差主要表现在经济空间总容量、生产力的聚集状态、具有经济意义的地理条件等方面。时序差主要是指资源在其形成、保持、耗损、改造、转移、反馈、运筹等方面的时间占用和时间衔接上的差异。例如我国东中西部三个经济地带，既表现为经济地理上的空间的区位差，也表现为发展梯度上的时序差。

局部差与总体差。局部差是区域生产力仅在微观组合（如企业）或个别环节（如能源供应），在其运营的质量、数量、时效等方面落后或先进相比较时表现的差异。总体差则主要表现在全国范围从总量、总体结构、总体功能等方面的优劣差异。局部差与总体差具有相关性。硬件差与软件差。区域间实体性资源的差异，称为硬件差，如区域间设备、基础设施的差异。不具有实体形态的资源的差异，称为软件差，如劳动力智力素质、工作经验、管理方法、科技与教育等方面的差异。

配置差与运营差。区域生产力在配置状态上受制于自然、社会、政治、军事等因素形成的差异，称为配置差。配置差使经济运行条件先天缺损。运营差区域生产力在运行、经营过程中显现出的效益差异。这种差异既可以有先天差异，也可以是后天条件所造成。上述五种差异都是区域资源的差异，这种差异提供了各种资源跨区域流动的客观基础。

（2）区域资源差对区域经济的影响。

第一，区域资源差异对区域经济活动的成本和劳动生产率有重要影响。首先，自然条件、自然资源禀赋对区域经济活动成本和劳动生产率表现出直接的影响。马克思曾经说过："撇开社会生产的不同发展程度不说，劳动生产力是和自然条件相联系的"。各区域的自然条件和自然资源禀赋差异直接影响到区际经济活动的生产成本和交易费用，导致区际间的劳动生产率差异和经济活动成本差异，使同一劳动可以获得不同的产出，或提供相同的产品和劳务需要不同的劳动。其次，区域制度安排差异会导致对不同区域经济主体激励和交易费用节约的差异，从而导致区际劳动生产率差异，影响资源地域空间配置效率，影响劳动地域分工水平。资源的区域禀赋差异是生产的劳动地域分工的自然基础，而区域制度安排和经济发展状况是劳动地域分工的社会经济基础，不同区域在自然方面的差异会产生不同的劳动生产率和经济活动成本，从而形成不同种类的产品和劳务，从而导致生产的劳动地域分工，或者说，生产的劳动地域分工不过是对上述条件的适应性反映。劳动地域分工的基本特征是某一区域专门生产某种（类）产品或产品的某一部分，由于区域差异的客观性和普遍性，在不同区域生产同一产品的投入产出效果差别很大，而经济发展和技术进步又不断创造出新的社会需求，在市场机制的作用下，某一具体的经济活动会不断向最有利的地域空间集中，从而推动劳动地域分工的深化和发展。

第二，区域资源差影响区域生产力布局。生产力布局作为生产力的地域空间分布和组合，本身是由不同层次的因素组成的系统，是各具特色的生产力因素在特定的结构方式和数量配比下，在适当的时间和地域空间形成的能够创造特殊产品和劳务的有机总体。区域差异对区域生产力布局的影响主要是通过两条途径实现的。一条是通过资源—产业—经济的途径，即资源差异首先对一个区域的某一经济部门产生影响，由此引起对第二、第三个或更多相关产业的经济活动产生影响，进而形成特定的区域生产力布局。另一条是通过资源—制度安排—经济的途径间接影响区域生产力布局，即资源差异通过影响特定区域的生活方式、经营理念、组织结构、产权关系等，对区域生产力布局和区际经济联系产生广泛影响。影响区域产业结构演进。产业结构优化是指通过产业结构的适当配置和有序演进，使各产业部门之间在国民经济发展过程中保持合理的质的联系和量的比例，产业结构作为具有一定性质和组合形式的产业子系统的集合，其形成和发展内生于产业结构内部的矛盾运动，而产业结构的具体形式又受到各种外部条件如政治、经济和社会历史条件的影响。区域产业结构是以区域差异的存在为前提、在发挥区域优势的基础上形成的。区域差异对各具特色的区域产业结构形成有直接作用。如交通便利的区域容易发展外向型经济，自然资源丰富的区域具有发展资源密集型产业的有利条件。区域产业结构的具体形式同样受到各种外部条件如政治、经济和社会历史条件的影响。

2. 区域资源价格：要素流动的动力

区域资源差形成是源于各种资源在区域间配置的差异性，正是这种差异导致了资源在不同区域的生产效率不同，效益存在明显区别。区域资源收益和价格的差异是资源流动的动力，区域资源总是从收益低、价格低的区域流向收益高、价格高的区域。区域资源的价格决定是比较复杂的。通常，区域资源的价格（和使用量）是由区域资源的需求和供给共同决定的。在不同的区域，由于经济发展水平不同、资源禀赋不同形成资源需求和供给的显著差异，进而导致区域资源的价格的差异。按照市场经济原则，区域资源总是遵循利润最大化原则流动。

（1）资源价格与报酬决定。资源价格是微观经济学的重要概念。资源价格理论作为微观经济学的重要理论，与收入分配有紧密的联系。根据生产要素收入理论，一般认为人们的收入，来自他们向生产者提供生产要素所获得的报酬。收入的大小，或国民收入如何在社会成员中进行分配，取决于他们提供的生产要素的价格和数量。生产要素是投入生产过程的经济资源，是对生产发生作用的人力、物力和财力。资源价格决定于资源的供给与需求。资源的供给来自资源所有者，他们出售资源是为了获取收入。资源的需求来自厂商，他们购买资源是为了获取利润。资源的所有者在其生产活动中把这些资源作为投入品使用，从而使企业获得收入。这些收入是向劳动支付的工资，向资本支付的利息和向土地支付的地租。工资包括所有的劳动收入，其中有薪金、佣金、奖金，以及津贴。利息包括各种形式的资本收入，其中也有企业支付的红利。地租或称租金，是对土地或自然资源使用而支付的收入。资源价格是在资源市场上决定的，资源市场模型就是用资源的供给与需求来说明资源价格的决定。资源的需求量取决于资源的价格。这就是说，劳动的需求量取决于工资率，资本的需求量取决于利率，土地的需求量取决于地租。需求定理适用于生产性资源，这就如同适用于所有其他经济物品一样。因此，随着资源价格的下降，需求量增加。资源的供给也取决于价格。供给定理也适用于生产性资源。随着资源价格上升，其供给量增加。均衡的资源价格决定于资源需求曲线与供给曲线相交之点，如图 2-7 所示。

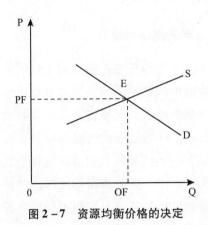

图 2-7　资源均衡价格的决定

（2）区域资源价格引导资源流动。区域资源的价格决定是一个非常复杂的问题，是由一系列影响区域资源供给和需求等因素来决定的。但是区域资源价格一旦确定，将成为区域内部与区际之间资源流动的动力，引导着区域资源流动的规模与路径。按照经济学的原则，资源将根据利润最大化来配置。资源流动总是由价格低的区域流向价格高的区域，使得资源拥有者获得最大的收益。无论是劳动力、资本还是自然资源等生产要素，都必然遵循这一原则。

2.3.3　资源流动的分析方法

1. 资源流动基本特征分析

资源能否做到层级利用、循环利用，能否做到综合利用，不仅取决于资源种类及其自身特性，更取决于其流动方式以及规律。因此，以下将分析资源流动的基本特性。分析角度不同，结论也不同，下面从资源流动用途变化、资源流动路径、环节与资源利用关系几方面对资源的流动特性进行分析。

（1）从资源流动用途变化分析。资源流经环节后物理、化学性质发生了变化，引起资源用途、功能、作用的变化。由于资源不同，其流经环节不同，变化方式也就不同，即使同种资源流经不同环节也会产生不同的变化方式。

从用途变化方面来看主要发生以下几个方面的变化。

资源→…→资源的流动方式。以这种形式流动的资源每经过一个环节后都会产生新的资源，这些新的资源在经过相关环节后再产生新的资源，依次发展下去直到最终环节。这种流动方式的资源每经过相关环节后基本上都会产生产品、副产品、废弃物以及过程损耗四种新资源。资源每流经一个环节都将发生物理、化学变化，引起其用途、功能、作用的变化。这种流动方式为实现资源层级利用提供了基础。

资源→处理→资源的流动方式。资源的这种流动方式是指资源流经各环节后，其基本的用途、功能、作用没有太大的变化，经过处理后仍能恢复过来重新被利用。但这种流动方式易产生过程损耗，需要补充新的资源。资源的这种流动特性为实现资源循环利用奠定了基础。

资源→废弃→再生的流动方式。资源的这种流动方式是指资源经过一个环节或多个环节后，其物理、化学性质发生了重大变化，原有的用途、功能、作用基本丧失，成为暂时没有用途的资源，经过处理后，一部分资源能恢复原来的用途，另一部分资源经过化学、物理处理后再做他用，也就是通常所说的再生。大多数终极性资源都按这种方式流动，并且所有资源的最终流动方式都是这种方式。这种方式是构成环境损害的主要方式，这是循环经济尤其是生态经济讨论的重点。

（2）从资源流动路径上进行分析。由于科技发展水平、社会需求水平等因素影响和资源的用途、功能、作用等开发程度不同，资源的具体流动路径会有所不同，有的经过环节较多，路径较长，有的经过环节较少，路径较短，具体分析如下：

①线状流动路径。线状流动路径是指资源从最初开发开始经过一个或多个环节后，其基本功能丧失，无法再进行利用。线状流动资源是传统经济发展模式中经常出现的流动方式，是循环经济发展模式中应该尽可能避免出现的流动方式，但是在现实中只能相对地减少其数量，绝对不出现是不可能的。利用线状流动模式时，应该尽可能使环节与环节之间的副产品、废弃物资源化；应该尽可能减少过程损耗，以便提高资源综合利用率，减轻对环境的污染；应尽可能使用再生速度快的资源，减少不可再生资源的使用量，为经济、

社会、生态的同步协调发展创造条件。

②树状流动路径。树状流动路径分为两种：倒树枝状流动路径和正树枝状流动路径。倒树枝状流动路径是指资源经过相关环节后向某一环节汇集，为产生新的资源提供条件，来自不同分枝上的资源在新资源形成中的作用、功能、用途各不相同。它是区分工具、能源、材料、活劳动等基本资源类型的基础和依据，并能根据资源类型不同，采用不同的综合利用方式。正树状流动路径是由于资源每经过一个环节都能产生产品、副产品、废弃物等三种基本形式的新资源，这些资源在经过相关环节后又产生相应的新资源，依次类推，不断发展下去构成树状流动路径，也可以讲资源从某个始点环节出发，层层分解形成树状流动路径。树状流动路径是研究产品、副产品、废弃物优化配置、综合利用的基础。

③环状流动路径。环状流动路径是指资源从某个环节开始经过相关环节后又流回起始环节。环状流动形式中资源有的发生了物理、化学变化，就是说流回到起点环节的资源已经不是原来的资源，而是一种新形成资源。这种流动方式所形成的回流资源，从数量上来看，远远低于流出的数量，并且其差额越大，这种流动越合理。环状流动形式中的另一种方式是回流到起点环节的资源基本上还是原来的资源。这种流动方式中资源产生过程损耗，需要不断地补充资源，从经济学的角度出发，这种损耗越少越好，补充量越低越好。这是研究资源重复利用的依据。

④网状流动路径。网状流动路径是指资源在相关环节之间流动形成网络型的结构。每个环节都有多种资源的流入与流出，许多环节之间由于资源流入与流出联系在一起构成了资源流动网络。网络状流动路径包含上述三种流动路径，是它们的综合流动形式。网状流动为资源优化配置、层级利用、循环利用分析提供了方法。

（3）环节与资源利用关系。从前面资源种类以及流动方式分析可以看出，资源经过某个环节后，其物理、化学性质都或多或少的会发生变化，从数量看会减少。由于资源每经过一个环节后，大多数情况下不会产生新的资源，虽然资源总量在理论上讲保持不变，但由于过程损耗的存在，资源数量会相对减少，所形成新资源的数量也少于相应投入的资源数量。从资源有效利用上分析，资源经过环节越多，尤其是网络、树状分枝越多所产生的产品、副产品、废弃物的利用所提供的途径就越多，这些资源被利用程度就越高；反之则相反。因此，资源有效利用率与资源环节数成正比。

2. 资源流动的主要分析方法

资源流动研究是在借鉴生态系统结构与功能分析基础上发展起来的，同时与产业发展存在着内在的关系。因此，其研究方法将更多地来源于系统生态学与产业生态学的研究方法，特别是产业代谢方法、生命周期评价与能值分析等，将成为资源流动研究的主要方法。

20 世纪 80 年代末，弗罗施（Frosch，1992）模拟生物的新陈代谢过程提出了"产业代谢（industriall）"的概念，认为现代产业生产过程就是一个将原料、能源和劳动力转化为产品和废物的代谢过程。通常采用"供给链网"和物质平衡核算方法（Frosch，1992）。供给链网分析是把工业过程中的原料供应、生产制造以及消费和废料三方面的依赖关系比喻为食物链关系，通过食物链网来分析系统的结构变化，研究产业系统的代谢机理和控制方法，研究对象主要为微观企业。物质流则通过界定系统的物质输入与输出，评价经济活动中的物质使用强度、检测环境中的物质排放量及累计效应，研究对象既可以是企业，也可以是较为宏观的区域生态系统。

生命周期评价（life cycle analysis，LCA）是一种"通过对能量和物质利用及由此造成的环境废物排放进行辨识和量化"来进行研究的方法（T E Graedel et al.，1995）。通过编制系统的相关投入与产出的清单纪录，评价与这些投入产出有关的潜在的环境影响，并根据生命周期评价的目的解释清单纪录和环境影响的分析结果。生命周期评价遵循物质和能量"从摇篮到坟墓"的平衡原则，以确保一个阶段的改善会带动整个系统的改善，而不是简单地将问题顺延。

能值（emergy）方法是由美国著名生态学家、系统生态分析先驱 H. T. 奥德姆（H. T. Odum，1996）于 20 世纪 80 年代创立的一种系统生态学方法。它以能量生态学、系统生态学为理论基础，利用能值转换率将生态经济系统内流动和储存的各种不同类别的能量和物质转换为统一标准的能值，用能值指标对不同系统或亚系统进行定量评价与动态研究（蓝盛芳等，2001）。因为把自然环境和社会环境有机地结合起来，能值方法逐渐成为分析复合生态系统生态流的有力工具。同样，也可以运用在资源流动的分析之中。

资源流动分析（resource flow analysis，RFA）是对流入—流出经济活动过程资源数量和价值进行分析的基本方法。其中具体采用的分析方法可归纳为投入—产出法和指标体系法。

（1）投入—产出分析（input-output analysis，IOA）。投入产出分析是由美国经济学家列昂惕夫于1936年提出的，反映经济系统各部门、产业、产品之间的投入与产出的数量依存关系。20世纪70年代将此方法引入物质能源流动分析。WI借助此方法定量分析了德国产品生产周期和产品的生命周期等过程中三大类物质流动。利用投入—产出法分析证实了欧洲资源集约型商业和产业及其产品也会影响到气候变化和排放，因此应在环境政策中考虑资源和气候的综合效应。曼弗雷德（Manfred，2004）利用投入—产出分析对悉尼能源消耗进行了分析。纳拉亚纳斯瓦米等（Narayanaswamy et al.，2004）以产品生产链的物质和能源的投入和废气排放资料为基础估算澳大利亚小麦淀粉生产造成的环境负担，明确了整个生产链中对能源的消费和废料生产是环境负担产生的关键环节。

基于投入产出分析法，世界资源研究所（World Resource Institute，WRI）1997年提出物质流分析法（material flow analysis，MFA）来追踪自然资源从提取、加工、生产、使用、循环到处理过程流动状况（WRI，2005）。它以质量守恒定律为基本依据，从实物的质量出发，将通过经济系统的物质分为输入、贮存、输出三大部分，通过研究三者的关系，揭示物质在特定区域内的流动特征和转化效率。目前，奥地利、日本、德国、美国、日本、荷兰、意大利、丹麦、芬兰、瑞典、英国等国分别运用物质流分析法对本国经济系统进行分析。

（2）构建指标体系。构建指标体系可定量诊断资源流动过程的资源投入和产品产出及其废弃物排放和消涨状况，从而明确需要干预的特定环节。目前所开发应用的指标分为三类：实物量指标、价值量指标、能值指标。

a. 实物量指标

①物质需求总量（TMR）：包括直接物质投入和间接投入或隐形流动，由阿德里安塞（Adriaanse，1997）提出。研究结果证实，日本人均年资源开采量为45吨，德国、荷兰和美国保持在75吨~85吨的高水平（McEvoy，2000）。

如以 TMRPGDP 代表 TMR 的变化趋势，德国、日本、荷兰、美国近年对物质利用强度降低，即资源消耗减少，德国主要是煤炭和钢铁行业对资源使用降低。美国 TMR 近年呈下降趋势，源于耕地土壤侵蚀的减少。而波兰近年增加，主要源于矿物质开采。但 TMR 指标过于粗放，只是将所有投入简单相加。

②物质利用强度（MUI）：度量经济过程或产业部门的总物质使用状况，也可用于估算废料生产和废气排放。如英国针对矿产资源，以资源生产量的绝对变化值和相对变化值如单位产出的资源量变化衡量矿产资源开发利用程度。同时采用再生资源和非再生资源利用的比例评价资源的利用状况。

③单位服务的物质投入强度（WIPS）：由 WI 提出，包括资源的直接流动和隐形流动，用于衡量资源生产力和经济活动引发的环境影响，尤其是服务生产的环境效应。换言之，WIPS 衡量企业的物质消耗和产品的生态环境影响。物质投入强度包括各生产环节消耗的所有原材料和资源的总重量，包括在原产地获取这些物质的投入，然后减去产品重量，即为从环境获取或转入环境的物质总量，也就是生态包袱。由于各产业部门具有生产的投入和产出数据，因而计算比较容易。WI 已为国际多家企业进行了生态包袱的核算。

b. 价值量指标

①联合国开发的国家环境经济账户（SEEA）：即经济活动导致的资源损失和污染的影响，采用国民环境总值（EDP）、环境增值（EVA）、环境成本（EC）、环境资产金形成（ECF）等所谓的"绿色核算"指标度量。由工业化国家统计部门组成的"伦敦资源环境账户组"负责 SEEA 的维持和更新。

②采用资源的市场价值和非市场的机会成本（或维持费用、环境成本），该成本可用避免、消除和减轻环境影响的成本来计算。实物量和价值量可以结合起来，估算物质利用和流动的实物量和价值量。环境库茨涅兹曲线（EKC）度量物质使用强度和经济发展的相互关系，即人均 GDP 增长带来的人均环境压力的增加，结果表明，GDP 增长较物质总投入增加快，随着对基础设施需求的减弱，物质利用强度有逐渐减少的趋势。

2.3.4　虚拟水贸易与虚拟水流动

国际贸易自由化程度的不断提高是一个不可抗拒的历史趋势。随着社会、经济的发展，人类对自然资源的需求日益增长，由此导致资源稀缺、环境污染等问题日趋严重。已经有一些证据表明，发达国家或地区通过贸易从其他地方进口自然资源和环境服务，从而导致资源从发展中国家向发达国家转移，而污染则从发达国家向发展中国家转移。国际贸易发展到今天已经不再是最初意义上的物物交换，生态资本和环境空间的交换越来越受到发达国家的重视。中国近年来的出口导向型经济发展对于提高 GDP 增长起到了很大作用，全球化在给中国带来巨大经济利益的同时，也带来了一些负面的影响，可能潜伏着一些不易被人们察觉的危机。尤其是农产品的生产需要大量土地与水资源等生态要素，国际贸易的背后实际上隐含着生态要素的流动。准确地估算区域维持正常经济运转所需要的自然资源量，正确地理解自然资源的社会代谢过程，即自然资源在经济社会中的流动过程，不仅有助于了解经济活动与自然环境的关系，认识区域的资源自给能力和经济的对外依赖性，而且能够为制定提高自然资源利用效率、控制环境污染的政策提供科学依据。因此，"资源流动"这一注重过程、反映动态运动的研究逐渐成为资源科学研究领域新的生长点。

虚拟水研究本质上也属于资源流动研究的范畴，其研究从水资源利用过程和机理入手，通过准确估算区域社会经济运转所需要的水资源量，揭示人类活动对水资源系统的影响以及水资源在社会经济各环节以及区域间的流动过程，从而为解决区域水资源短缺、提高区域水资源利用效率、制定合理的水资源安全战略提供科学依据。从全球范围来看，虚拟水贸易对水资源进行了时间上和空间上的再分配，提高了水资源的利用效率，保障了缺水国家的用水安全。虚拟水贸易不仅提供了水资源供给的一种新途径，缓解了进口国的水资源压力，而且对于保障全球或区域粮食安全和水安全都具有积极意义。但是水作为一种公共产品，在很多国家都存在定价过低的问题，使得高耗水产品的价格未能真正反映用水成本。虚拟水的出口是在不断流失宝贵的水资源和国家的生态资本。国家间和地区间的虚拟水贸易可以看作是流域内水转移的一种选择，例如中国目前正在进行的南水北调工程，不仅工程成本高，而且有可能造成未知的生态后果，而通过国内虚拟水的转移可以在相当程度上解决区域性的水资源缺乏问题。例如，对于非洲南部地区来说，虚拟水贸易已经被作为一种替代调水计划的现实的、可持续的和环境友好的方法。曾有学者对世界 100 多个国家的虚拟水贸易量做了详尽的研究，中东和北非地区每年通过虚拟水贸易进口的虚拟水量相当于尼罗河每年流入埃及的径流量，这些国家和地区以虚拟水贸易的形式缓解了国内水资源短缺问题（Allan，2003）。

在经济全球化与经济信息化的今天，资源流动的时间和空间障碍已经大大减少。资源将遵循最优的原则进行流动，从而很大程度上提高了资源的利用效率和产出效益，为区域经济增长提供了新的动力。根据前面的理论分析，虚拟水贸易实质隐含着一种资源流动，而资源的区际流动导致资源流出区域因资源总量减少使区域 GDP 减少，但是资源逐渐变得稀缺但客观上提高了资源的边际收益率，区域人均 GDP 增加；而资源流入区情况恰恰相反，因资源流入使资源总量增加使区域 GDP 增长，但因资源变得充裕使资源边际收益率降低，人均 GDP 减少，最后导致虽然两个区域 GDP 总量差距增大但人均 GDP 与资源边际收益率相等。

由于各区域在资源禀赋上的不同特点，区域间在比较优势上也存着巨大差异，正是由于各区域不同的比较优势，才使区域间积极参与区际分工和区际贸易以做到相互交流、相互合作和优势互补。随着区际经济合作和贸易的发展，区域之间的经济技术联系日益密切，大部分区域都需要通过区际分工和区际贸易互通有无、交流技术，利用区域外资源和区域外市场来加速本区域经济发展，这必然会影响到某一区域产业结构的变动状况和主导产业的选择。由于各区域的科技水平和生产力水平不同，在区域产业结构演进中，必然发生区域间的产业梯度转移，这也会影响到相关区域的产业结构。另外，资源在区际间的移动，无论是区域输出还是区域输入都将对相应区域的产业结构产生影响。

2.4　资源替代理论

随着世界经济快速增长和工业化进程加快，资源供求矛盾日益突出，资源的保障程度成为经济社会能否持续稳定发展的关键制约因素。正是由于资源流量、存量减少，稀缺性程度加重，节约才成为必要，才产生了如何有效配置和利用资源这个基本的经济问题，也产生了谨慎权衡和比较资源各种用途并加以选择的必要性。我国正处于经济社会高速发展时期，要完成21世纪中叶人均生产总值达到中等发达国家水平的第三步战略目标，就必须走人口、经济、社会、环境和资源相互协调的可持续发展道路，而这条道路能否行得通，关键在于能否保证水土资源的持续供给和生存环境的基本支撑能力。改变消耗资源发展模式，努力实现可持续发展，必须认真贯彻科教兴国的战略方针。从国内外发展的实践看，资源虽然有限，但创意无限。根据资源的多用途性实行资源替代就是我国实现可持续发展战略的必由之路。现代科学技术不仅能增强人类抗御自然灾害的能力，而且可以大大减少粮食生产和供应受自然因素干扰的可能性，并相应提高水资源利用的潜力。

2.4.1 资源替代的基本原理

经济学里有一个基本的概念"替代"。如果两种商品之间可以互相代替以满足消费者的某一种欲望，则称这两种商品之间存在着替代关系，这两种商品互为替代品。正如苹果和梨就是互为替代品。当两种商品之间存在着替代关系，则一种商品的价格与他的替代品的需求量之间成同方向的变动。因为，当一种商品的价格上升时，人们自然会在减少这种商品的购买量的同时，增加对它的替代品的购买量。如果所有商品价格达到均衡，会出现非常理想的情况；只要花钱就能买到需要的商品，所有商品都能被顺利地卖出去。

同种资源有多种用途，各种用途在社会和经济发展中发挥的作用不同，其重要程度也不同，由此可将其使用领域划分为重要领域、次要领域与一般领域。因此，应对资源应用领域进行排序：首先满足社会经济重要领域的应用，其次满足次要领域的应用，最后满足一般领域的应用。同种需求可由不同的资源来满足，但资源存量、流量、再生速度不同，资源稀缺程度不同，其应用时产生的效益不同，对生态、社会影响程度也不同。因此，应尽可能用存量大流量多、再生速度快的资源代替存量小、流量少、再生速度慢的资源，用效益好的资源来代替效益差的资源。

资源的多用途性及满足同种用途资源多样化的特点，使相关资源之间在用途上存在共同的应用领域、独立应用领域，即在某一领域多种或几种资源都能满足需要，而在一定领域只有一种资源能满足需求，具体可将其分成资源的通用领域、公用领域和专用领域三种状况，如图 2 - 8 所示：

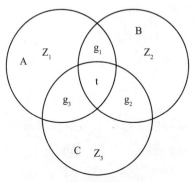

图 2 - 8   资源用途交叉分析

图 2 - 8 中 A、B、C 分别代表三种不同的资源，t 代表 A、B、C 三种资源的通用领域，g_1、g_2、g_3 分别代表 AB、BC、AC 的公用领域，Z_1、Z_2、Z_3 分别代表 A、B、C 三种资源的专用领域。如果是 n 种资源，它们所构成的应用领域关系分析方法相同，只是共同领域的数量有所增加。

2.4.2 资源产出分析

为了研究资源之间的替代关系，首先必须对资源的产出关系进行分析，资源产出量受生产水平、管理水平、生产方式以及生产工艺等的影响，其资源产出模型如下：

$$Q_{出} = f(Q_入, m_1, m_2, m_3, m_4) \tag{2.1}$$

式 (2.1) 中，$Q_入$ 表示资源的投入量，m_1 表示资源产出受技术水平影响系数，m_2 表示资源产出受管理水平影响系数，m_3 表示资源产出受审查方式影响系数，m_4 表示资源产出受生产工艺影响系数。

资源之间能否进行替代，主要取决于替代的经济、生态、社会效益，效益高能替代，效益差就不能替代，效益好坏取决于资源投入与产出的关系，投入小、产出大，表示资源利用率高，各方面效益好；反之则相反。因此，在计算资源产出关系的基础上，为进一步分析资源之间的替代关系，需要对资源之间产出效益关系进行分析，具体如下：

（1）单一投入单一产出分析。单一投入单一产出是指一种资源投入后只产出另一种资源，属于资源分析中最简单的情况，可用物量分析法和价值分析法两种方法进行分析。

①物量分析法。用投入与产出的物量比例分析产出效益关系，单位资源的投入，其产出的资源越多，投入就越优；反之则相反。计算公式为：

$$R_{物单i} = \frac{Q_{出i}}{Q_{入i}} \tag{2.2}$$

②价值分析法。将资源投入与产出量换算成价值，然后计算单位资源投入所产出的效益。产出效益用式（2.3）表示：

$$R_{价单i} = \frac{Q_{出i} \times P_{出i}}{Q_{入i} \times P_{入i}} \tag{2.3}$$

式（2.3）中，$R_{价单i}$ 表示单位资源产出效益，$Q_{入i}$ 表示资源投入量，$Q_{出i}$ 表示资源产出量，$P_{入i}$ 表示投入资源的影子价格，$P_{出i}$ 表示产出资源的影子价格。

（2）单一投入多种产出分析。一种资源投入生产或消费的环节后，能产出多种资源，其产出效益分析用多种资源产出效益分析。一般情况下，所产出的资源无法直接将物量单位相加，因此，选用价值方法进行分析，具体如式（2.4）所示：

$$R_{单多i} = \frac{\sum (Q_{出i} \times P_{出i})}{Q_{入i} \times P_{入i}} \tag{2.4}$$

式（2.4）中，$R_{单多i}$ 表示多种资源的产出效益，$Q_{入i}$ 表示资源投入量，$P_{入i}$ 表示投入资源的影子价格，$Q_{出i}$ 表示每种资源的产出量，$P_{出i}$ 表示每种产出资源的影子价格。

（3）多投入多产出分析。指多种资源投入后，产出多种资源。通常情况下，投入与产出的资源无法用物量单位进行统计，因此只能用价值法进行换算，用多投入多产出效益分析，具体见式（2.5）：

$$R_{多多i} = \frac{\sum (Q_{出i} \times P_{出i})}{\sum (Q_{入i} \times P_{入i})} \tag{2.5}$$

式（2.5）中，$R_{多多i}$ 表示多资源多产出效益，$Q_{入i}$ 表示第 i 种资源投入量，$P_{入i}$ 表示第 i 种投入资源的影子价格，$Q_{出i}$ 表示第 i 种资源的产出量，$P_{出i}$ 表示第 i 种产出资源的影子价格。

（4）多投入单产出分析。就是投入多种资源只产出一种资源，这种情况下资源产出成本分析模型如式（2.6）所示：

$$R_{多单i} = \frac{Q_{出i} \times P_{出i}}{\sum (Q_{入i} \times P_{入i})} \quad (2.6)$$

式（2.6）中，$R_{多单i}$表示多投入单产出的效益，其他字符意思同上。

2.4.3 资源替代分析

对资源的替代性进行分析，有助于提高资源利用率，减少资源的浪费。故首先对资源替代性进行分析，然后研究最佳替代问题。

1. 资源替代性分析

发展循环经济，走可持续发展道路就是要提高次级资源的利用量和利用效率。对资源的替代性进行分析，将有助于提高资源利用效率，减少资源的浪费。其途径之一是通过替代研究探讨用哪些副产品、废弃物能替代正在使用的"正品"；哪些无毒、无害、无污染的资源能替代那些有毒、有害、对环境有污染的资源；哪些存量多、流量大的资源能替代那些存量少、流量小的资源；哪些再生速度快、再生规模大的资源能替代那些再生速度慢、再生规模小的资源；哪些价格低、效益高的资源能替代那些价格高、效益差的资源。开展循环经济体系资源替代性研究将有利于上述方法的实施。资源替代性分析用矩阵表进行，具体如表2-4所示。

表2-4　　　　　　　　　　　　资源替代分析

替代资源＼原有资源		资源 1			资源 2			...			资源 m		
		用途 1	用途 2	...	用途 1	用途 2	...	用途 1	用途 2	...	用途 1	用途 2	...
资源 1	用途 1	Y	Y	...	Y	N	...	N	Y	...	Y	N	...
	用途 2	N	Y	...	N	Y	...	N	N	...	N	Y	...
	...	...	...	...	...	...	...	...	...	...	...	...	...
...		...	...	...	...	...	...	...	...	...	...	...	...

续表

原有资源\替代资源		资源1		...	资源2		...	...		...	资源m		...
		用途1	用途2	...	用途1	用途2	...	用途1	用途2	...	用途1	用途2	...
资源2	用途1	Y	N	...	N	N	...	N	N	...	Y	N	...
	用途2	N	N	...	N	Y	...	N	Y	...	N	Y	...
	...	...	...	...	...	...	...	...	...	...	...	...	...

表2-4中第一列列出了各种替代资源的名称，在右方列出其用途；横向列出各种已用资源，在下方列出其用途。然后，用一一对应方法寻找替代资源与被替代资源的用途，并在相应方格中用 Y 表示用途相同，能替代，N 表示用途不同，不能替代。

2. 资源之间替代分析

在对资源之间关系与地位及资源之间替代领域分析的基础上，利用资源产出模型及资源产出效益模型分别计算资源产出效益系数，然后利用下列模型计算资源之间替代系数。

从资源的产出分析我们可以看出，生产方式不同、资源耗费方式不同、资源投入种类和数量以及产出资源的种类及数量也不同。当资源i和资源j互为替代品时，假设R_i为资源i的产出效益系数，R_j为资源j的产出效益系数。那么，当R_i与R_j之比大于1时，表明使用资源i比使用资源j的效益要好，可以用资源i替代资源j；反之，当R_i与R_j之比小于1时，表明使用资源i比使用资源j的效益要差，可以用资源j替代资源i；当R_i与R_j之比等于1时，表明使用这两种资源所产生的效益相同，可以根据它们存量的多少、流量的大小、再生速度的快慢等因素决定是否进行替代。

若一种资源有多种替代品，也可以按照上述方法，将各种替代品的产出效益系数与该资源的产出效益系数之比按从小到大进行排序，比例越大，说明使用该替代品的效益越好。如果可以替代，那么比例最大的，就是最佳替代配置，另外是次优替代配置，以此类推，一直到最差的替代配置。在资源利用时，首先选用最优的，其次选用次优的，以此类推。

3. 同资源多领域应用分析

同种资源具有不同的用途，其在不同的领域使用产生的效益不同，发挥的作用也不同，因此应对资源应用领域进行排序，使资源发挥出最优的价值。具体分析如下：

（1）资源应用领域分析。利用前面的分析原理，列出某种资源所有应用的领域，并对这些应用领域进行分析，然后依据通用领域、公用领域和专用领域的划分方法，对该资源专用领域进行分析，以便首先满足专用领域的需要。

（2）同资源不同领域产出分析。利用式（2.7）计算同种资源在不同领域的产出资源量。

$$Q_i = f(Q_{入i}, \ m_1, \ m_2, \ m_3, \ m_4) \qquad (2.7)$$

式（2.7）中，Q_i 表示资源在第 i 领域的产出量，$Q_{入i}$ 第 i 种资源的投入量，m_1，m_2，m_3，m_4 与式（2.1）所述相同。

（3）进行产出效益计算。依据资源投入与产出的关系，按照前面资源产出情况分析，利用式（2.2）、（2.3）、（2.4）、（2.5）、（2.6）分别计算资源在所有应用领域的产出效益。

（4）资源投入产出效益排序。将资源产出效益系数由大到小进行排序，就可得到同种资源在不同领域利用效果的排序表，排在最前面的就是该资源最佳应用领域。依次类推，排在最后边的就是该资源应用最差领域。实际工作中应将资源应用到最佳应用领域。用此排序可发现资源在用于哪个领域能产生最大的效益，实现资源配置最优化，尤其在使用不可再生资源或者流量小、存量少的资源时，应以此排序为依据，搞好资源配置，而使稀有资源得到最佳利用，如表 2-5 所示。

表 2-5　　　　　　　　　资源不同领域产出效益排序

资源	用途 1	用途 2	…	用途 m
资源 1	R_{11}	R_{1m}	…	R_{1m}
资源 2	R_{21}	R_{22}	…	R_{2m}
…	…	…	…	…
资源 n	R_{n1}	R_{n2}	…	R_{nm}

资源应用分析。按照先独立领域，后一般领域的原则，再依据产出效益的大小及排序情况对资源应用领域进行合理配置。

4. 同领域不同资源替代分析

首先，对能满足该领域需求的所有资源进行归类分析；其次，利用式（2.1）、（2.2）、（2.3）、（2.4）、（2.5）、（2.6）计算所有资源在该领域的产出量及产出效益，进而利用式（2.7）计算这些资源相互之间的替代系数；再次，对它们之间的替代情况进行分析；最后，对这些资源在该领域的利用情况按照效益由大到小进行排序，就可以得到有关资源在该领域由优到差的排序，为该领域资源的合理配置和利用提供依据。

2.4.4　虚拟水中的资源替代理论

为满足人口增长、经济社会发展对水资源的需求，在资源越来越短缺的形势下，实施资源替代战略，采取适度发展战略是缓解水资源短缺的有效途径。但在实施进程中，必须加强对粮食需求、对水需求的管理，建立科学的饮食结构和优化的水土资源配置，并有相应的投资政策、经济政策，以及体制和机制的保障。因此，依靠现代的科学技术，通过虚拟水替代，将有利于实现我国的粮食安全和水安全战略。

我国黄淮海地区是国家小麦主产区，小麦产量 0.76 亿吨，约占全国小麦总产量的 67%，但该地区小麦生长期是年内降雨量最少的时期，目前农业总用水量已超过 900 亿立方米，地下水开采量已占全国地下水资源利用量的 55%，占当地水资源利用量的 38%。这是靠牺牲生态环境超采地下水才满足了灌溉用水的需求。因此，通过农业结构调整，适度减少小麦种植面积，减少的小麦产量可以通过进口替代一部分。按目前粮食生产能力 5 亿吨测算，加入 WTO 以后，我国进口粮食配额为粮食生产能力的 8%，如果在配额中安排 2% 的小麦进口，大约是 1000 万吨（相当于 1995 年我国进口粮食总量的一半，1998~2002 年我国粮食净进口在 500 万~1000 万吨之间），按每吨小麦耗水 1000 立方米计算，则相当于进口 100 亿立方米的水，这将大大缓解华北地区地下水的超采，有效遏制生态环境的恶化。

　　资源之间进行替代的基础是资源的多用途性及需求的多样性，进行替代的关键是资源应用上存在着产出效益的差别。通过建立模型分析资源之间的关系，分析资源之间替代顺序及资源利用领域顺序，是对资源进行合理配置、有效利用的主要途径之一。

　　传统上，人们对水和粮食安全都习惯于在问题发生的区域范围内寻求解决方案。虚拟水战略则从系统的角度出发，运用系统思考的方法寻找与问题相关的影响因素，从问题发生的范围之外寻找解决区域内部问题的应对策略，提倡出口高效益低耗水产品、进口本地没有足够水资源生产的粮食产品，通过贸易的形式最终解决水资源短缺和粮食安全问题。虚拟水贸易对于那些水资源紧缺地区来说，提供了水资源的一种替代供应途径，并且不会产生恶劣的环境后果，能较好地减轻局部水资源紧缺的压力。虚拟水贸易的手段可以更加简单廉价便捷地获得需要各项生产所耗用的水资源（苏筠，2003），从而实现水资源功能上的替代作用。

　　从我国粮食生产区域格局分析，我国历史上形成的"南粮北运"格局是符合自然条件和生态环境特点的。改革开放以来，粮食增长主要在北方，产粮区与水资源不相匹配的矛盾更加尖锐。在 1985 年以前，中国长江以南地区的粮食生产总量占全国粮食生产总量的比重略高于人口占全国人口的比重。南方地区人口占全国总人口的 57.1% ~ 57.8%，粮食产量占全国粮食总产量的 57.2% ~ 61.5%。20 世纪 50 年代、60 年代、70 年代前期，南方粮食在低消费水平下，自给有余，余粮调给北方。1953 ~ 1959 年年均南方净调给北方粮食 332.97 万吨，1960 ~ 1969 年年均净调给北方粮食 174.54 万吨，1970 ~ 1975 年年均净调给北方粮食 192.82 万吨。到 1985 年"南粮北调"的格局已不太明显，形成南北平分秋色。

　　改革开放以来，由于南方经济高速发展，南方粮食生产比较效益下降，农田水利建设比北方明显减缓。随着南方农田水利建设的减缓、粮食播种面积减少等因素的影响，导致粮食增产在全国的贡献率大幅度减少。随着南方粮食增产速度的减缓和消费水平不断提高的逆向组合，导致了南方粮食总量不足，供求失衡。按现在的发展趋势，缺口还会迅速扩大。

　　粮食流向格局逆转为"北粮南运"，这种格局的急剧变化，即粮食增长的主要区域转移到北方，从而使北方地区水土资源地域组合不相匹配的矛盾更加尖锐，缺水干旱问题更加严重，水资源匮乏问题成为难以逾越的障碍。这对未来50年粮食生产总量的增长将产生极大的影响。如果未来粮食生产总量配置的格局不发生根本性的区域性转移，北方地区水资源短缺的矛盾又不能得到圆满解决，那么粮食增产计划将会落空。目前每年"北粮南运"的粮食约1400万吨，若按1立方米的水生产1千克的粮食计，则相当于140亿立方米的水从北方运到南方，这种布局和配置是否合理，涉及区域水土资源及国家宏观决策问题。因此，研究利用南方丰富的水资源，重振南方粮食生产，提高南方粮食自给能力，减轻北方农业用水压力，是我国区域水土资源配置的重大战略之一。

第 3 章

虚拟水与水足迹的内涵与衡量方法

3.1 虚拟水内涵及量化方法

虚拟水（virtual water）的概念是在 20 世纪 90 年代初由英国伦敦大学的托尼·艾伦（Tony Allan）提出。虚拟水概念的研究最初是体现在国际粮食作物贸易中的水，因为粮食商品的生产需要消耗水资源，粮食贸易的背后隐藏着看不见的水资源交易，这部分水称为"虚拟水"。该概念后来得到进一步深化，引申为生产商品和服务所需要的水资源数量（Allan，1993）。虚拟水是指包含在生产过程中虚拟意义上的水，被称为"内含水"（embedded water）或"外生水"（exogenous water）（Allan，1994）。虚拟水具有虚拟性、贸易性和方便实用性三个主要特征。因此，虚拟水以商品作为载体方便运输而且廉价的特征使之容易被人们接受，从而在社会中广为流传（钟华平等，2004）。

3.1.1 虚拟水相关概念

（1）虚拟水含量（virtual water content）指生产该种商品或服务所需要的水资源数量。

（2）虚拟水出口量（virtual water export）指一个国家或地区出口的产品和服务中所包含的虚拟水量。

（3）虚拟水进口量（virtual water import）指一个国家或地区进口的产品和服务中所包含的虚拟水量。

（4）虚拟水流（virtual water flow）是指不同国家或地区间由于贸易而导致的相互间的虚拟水流动，它既有大小也有方向性，即从出口国家或地区指向进口国家或地区。

（5）虚拟水平衡（virtual water balance）指的是在一个时间段内一个国家或地区虚拟水的净进口量。如果此数为正值说明该国家或地区有虚拟水的流入，如果为负值说明有虚拟水流出该国家或地区。

（6）虚拟水战略（virtual water strategy）是指贫水国家或地区通过贸易的方式从富水国家或地区购买水密集型农产品（尤其是粮食）来保障水和粮食安全。

（7）虚拟水贸易（virtual water trade）是指一个国家或地区（一般是缺水国家或地区）通过贸易的方式从另一个国家或地区（一般是富水国家或地区）购买水资源密集型农产品或高耗水工业产品，目的是获得水和粮食的安全，确保其国家或地区的安全。

3.1.2　农产品的虚拟水含量计算

量化产品的虚拟水含量是虚拟水研究的第一步，由于有很多因素影响到产品生产过程的水消费数量，评价产品的虚拟水含量并不是一件容易的工作，从当前国际上的研究情况看，尽管已经开展了一些这方面的研究工作，但由于通常采用的测算方法不同（如以产品生产地和消费地进行测算），因而得到的结果差异很大。近年来，在虚拟水概念的理论框架下，各国学者针对具体商品中的虚拟水含量进行过诸多计算，具有代表性的是荷兰的国际水文与环境工程研究所（IHE）、世界水资源委员会（WWC）和联合国粮农组织（FAO）以及日本的一个研究组。从当前的研究来看，农作物产品的虚拟水和动物产品的虚拟水计算是目前虚拟水计算中最主要的部分，同时也是国内外众多研究中量化的主要对象。

数据来源于 FAO CLIMATE 数据库和 CROP 数据库有关中国部分的数据；联合国粮农组织的 Climate 数据库中有关中国部分的数据以及 Cropwat 需水量计算软件；国际虚拟水研究的中国虚拟水含量计算成果；国内外农产品、畜产品虚拟水含量研究文献；《中国统计年鉴》《中国农业年鉴》《历年中国农业发展报告》数据资料、《中国水资源公报》等。

农作物产品的虚拟水含量的具体计算过程以不同产品的分类有所差异，通常将农作物产品分为初级产品、加工产品、副产品和非耗水产品 4 大类。

1. 初级农产品（primary product）虚拟水计算

目前计算初级农作物产品虚拟水含量的方法主要有两种：一种是查普洛等（Chapagain et al.，2002）提出的研究不同产品生产树的方法；另一种是齐默等（Zimmer et al.，2003）基于对不同产品类型进行区分的计算方法，这种方法计算某种初级农作物产品虚拟水含量计算公式如下：

$$V_c = W_c / Y_c \qquad (3.1)$$

式（3.1）中，V_c 为区域 n 作物 c 单位质量的虚拟水含量（立方米/吨），Y_c 是作物单产（吨/公顷），W_c 指农作物 c 的需水量（立方米/公顷）。

$$W_c = ET_c = ET_0 \times K_c \qquad (3.2)$$

式（3.2）中，W_c（作物的需水量）近似等于 ET_c（农作物实际在生长发育期间累积蒸发蒸腾水量）。ET_0 代表参考作物蒸发蒸腾水量，K_c 代表作物系数。

参考作物蒸发蒸腾水量 ET_0 是在忽略作物类型、作物发育和管理措施等对作物需水影响的基础上计算的作物参考面（作物高度 12 厘米，一个固定的表面阻力系 70 西门学/米，反射率为 0.23，作物类型是草，全覆盖且有充足的水）的需水量。根据联合国粮农组织的推荐，参照中国各地常年气象资料，采用修正的标准彭曼（Penman-Monteith）公式计算气候因素影响下的参考农作物需水 ET_0（毫米/日）。

$$ET_0 = \frac{0.408\Delta(R_n - G) + \gamma \dfrac{900}{T+273} U_2(e_a - e_d)}{\Delta + \gamma(1 - 0.3U_2)} \qquad (3.3)$$

式（3.3）中，ET_0 为参考作物的蒸发蒸腾损失量（毫米/日）；R_n 为作物表面的净辐射（焦耳/日均单价面积）；G 为土壤热通量（焦耳/日均单位面积）；T 为平均气温（摄氏度）；U_2 为地面以上 2 米高处的风速（米/秒）；e_a 为饱和水气压（千帕）；e_d 为实测水气压（千帕）；$e_a - e_d$ 为饱和气压与实际气压的差额（千帕）；Δ 为饱和水气压与温度相关曲线的斜率（千帕/每摄氏度）；γ 为干湿度常量（千帕/每摄氏度）。

作物系数 K_c 是说明实际作物相对于参考作物的覆盖度和表面粗糙率的差异，是实际作物与参考作物的物理和生理等各种不同的综合反映。如图 3-1 所示为农作物虚拟水及其贸易计算流程图。

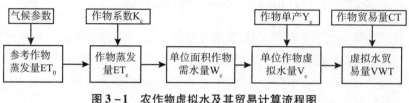

图 3-1　农作物虚拟水及其贸易计算流程图

2. 农作物加工产品的虚拟水含量计算

农作物加工产品取决于农作物加工过程中初级产品的投入比例，通常按照农作物初级产品投入质量比例加权得到；同时，农作物加工产品还需要考虑加工转化率。农作物 c 单位质量加工产品（最终产品）的虚拟水含量 F_c（立方米/吨）公式：

$$F_c = V_c / L_c \qquad (3.4)$$

式（3.4）中，L_c 为农作物 c 的初级产品最终产品率。

3. 农副产品虚拟水含量计算

所谓农副产品就是指在某一农产品在生产主要产品过程中附带生产出的非主要产品。如棉油就是一种副产品，因为棉花的主要生产产品是纤维，而棉油只是一种附带生产出的产品。农副产品虚拟水含量的计算主要有 3 种办法：①采用所有副产品的重量比例来计算虚拟水含量。②采用所有副产品的价值量比例来计算虚拟水含量。③采用副产品的营养均衡规律来计算虚拟水含量。以上几种方法各有缺点，对农副产品虚拟水含量计算要根据实际情况而定。

4. 非耗水产品虚拟水含量计算

非耗水产品主要是指水产品类，这类产品不消耗或者是很少消耗淡水，对其虚拟水的计算相当困难。目前的方法是将虚拟水和生产过程相分离，主要采取营养均衡规律的办法来计算虚拟水含量。如目前计算出来的海产品和鱼的虚拟水含量为 5 立方米/千克，这就是根据能提供与这类产品同样蛋白质和能量的替代动物产品的虚拟水含量得到的。

3.1.3 畜产品虚拟水的量化方法

动物产品是转化产品的范畴，对其虚拟水含量的计算流程比较复杂。要考虑到动物的类型、饲养结构以及动物成长的自然环境。首先需要确定活动物对水资源的消耗，其次在不同的动物产品之间进行分配（Hoekstra，2002）。对动物产品虚拟水的计算流程如图 3 - 2 所示。

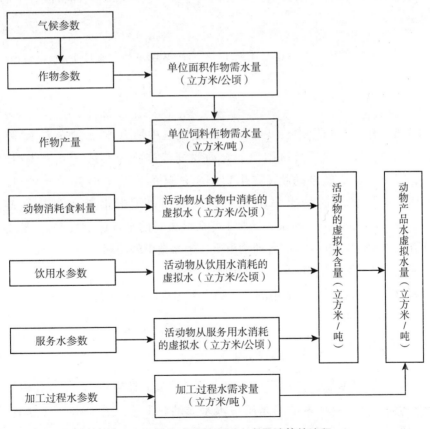

图 3 - 2 动物产品的虚拟水含量计算的流程

1. 活体动物的虚拟水含量计算

活体动物虚拟水含量指的是动物从出生到生命结束所消耗的总水量。主要包括食物中的虚拟水，饮用水和清理饲舍所用水量。公式如下：

$$VWC[e, f] = VWC_{feed}[e, f] + VWC_{drink}[e, f] + VWC_{serve}[e, f] \quad (3.5)$$

式（3.5）中，$VWC[e, f]$ 表示的是出口国家 e 的动物 f 的虚拟水含量（立方米/吨）；VWC_{feed} 表示的是饲料所含的虚拟水量（立方米/吨）；VWC_{drink} 表示的是饮用水量（立方米/吨）；VWC_{serve} 表示的是清理饲舍的用水量（立方米/吨）。

（1）饲料中虚拟水含量的计算。

动物饲料中的虚拟水含量主要有饲料中实在的水和不同饲料成分中的虚拟水。

$$VWC_{feed}[e, f] = \frac{\int_{birth}^{slaughter} \left\{ q_{mixing}[e, f] + \sum_{c=1}^{n_i} SWD[e, c] \times C[e, f, c] \right\} dt}{W[e, f]}$$

$$(3.6)$$

式（3.6）中，$VWC_{feed}[e, f]$ 表示的是饲料中所含水量（立方米/吨）；$q_{mixing}[e, f]$ 表示的是出口国家 e 对动物饲养需要的水量（立方米/日）；$C[e, f, c]$ 表示的是动物 f 在出口国家消耗的作物 c 的数量（吨/日）；$SWD[e, c]$ 表示的是出口国家 e 饲料 c 所需要的水量（立方米/吨）；$W[e, f]$ 表示的是出口国家 e 动物 f 寿命结束时的平均体重（吨）。积分下限 birth、上限 slaughter 对应着动物出生、生命结束的时间。

（2）动物饮用水虚拟水含量的计算。

动物饮用水虚拟水含量指的是动物一生中饮用水的总量。

$$VWC_{drink}[e, f] = \frac{\int_{birth}^{slaughter} q_d[e, f] dt}{W[e, f]} \quad (3.7)$$

式（3.7）中，$VWC_{drink}[e, f]$ 表示的是出口国家 e 动物 f 的虚拟水含量（立方米/吨）；$q_d[e, f]$ 表示的是出口国家 e 动物 f 每天的饮水量（立方米/日）；$W[e, f]$ 表示的是出口国家 e 动物 f 寿命结束时的平均体重（吨）。

（3）动物服务用水虚拟水含量的计算。

动物服务用水虚拟水含量指的是动物生存过程中清洗饲舍、清洗动物以及保持环境等所耗费的水量。

$$VWC_{serve}[e, f] = \frac{\int_{birth}^{slaughter} q_{serve}[e, f]dt}{W[e, f]} \qquad (3.8)$$

式（3.8）中，$VWC_{serve}[e, f]$ 表示的是出口国家 e 动物 f 的虚拟水含量（立方米/吨）；$q_{serve}[e, f]$ 表示的是出口国家 e 动物 f 每天的服务需水量（立方米/日）；$W[e, f]$ 表示的是出口国家 e 动物 f 寿命结束时的平均体重（吨）。

2. 动物产品的虚拟水含量计算

动物不同产品虚拟水含量的计算是将活动物的虚拟水含量在动物产品之间进行分配。动物产品又可以分为几类产品。第一类动物产品指的就是直接由活体动物提供的产品，它的虚拟水含量等于活体动物虚拟水和为了得到第一类产品所需要的水量。为了计算第一类动物产品虚拟水含量，引进了产品比例因子和价值比例因子。第二类动物产品的虚拟水含量等于第一类产品的虚拟水与加工用水之和，虚拟水的分配也利用产品比例因子和价值比例因子进行计算。同理，第三类、第四类动物产品虚拟水含量的计算也利用同样的方法。

第一类动物产品的虚拟水含量计算公式如下：

$$VWC_p[e, p] = (VWC[e, f] + PWR[e, f]) \times \frac{vg[e, p]}{pg[e, p]} \qquad (3.9)$$

式（3.9）中，$PWR[e, f]$ 表示的是出口国家 e 每吨活的动物 f 第一类产品 p 的需水量（立方米/吨）；$vg[e, p]$ 表示的是出口国家 e 动物 f 的第一类产品 p 的价值比例因子；$pg[e, p]$ 表示的是出口国家 e 动物 f 的第一类产品 p 的重量比例因子。

$$PWR[e, f] = \frac{Q_{proc}[e, f]}{W[e, f]} \qquad (3.10)$$

式（3.10）中，$Q_{proc}[e, f]$ 表示的是出口国家 e 动物 f 第一类产品的需水体积（立方米）；$W[e, f]$ 表示的是出口国家 e 动物 f 寿命结束时的平均体重（吨）。

$$pg[e, p] = \frac{W_p[e, p]}{W_f[e, f]} \tag{3.11}$$

式（3.11）中，$W_p[e, p]$ 表示的是出口国家 e 动物 f 第一类产品的 p 重量；$W_f[e, f]$ 表示的是出口国家 e 动物 f 寿命结束时的平均体重（吨）；

$$vg[e, p] = \frac{v[p] \times pg[e, p]}{\sum (v[p] \times pg[e, p])} \tag{3.12}$$

式（3.12）中，$v[p]$ 表示的是产品 p 的市场价格（元/吨）；分母表示的是动物 f 所有第一产品 p 的市场价值。

3.2　水足迹内涵及量化方法

3.2.1　水足迹的内涵

"水足迹"定义为：任何已知人口（某个人、一个城市、一个区域或全球）的水资源足迹，是指生产这些居民消费的产品和服务所需要的水资源数量，一般以年均水资源利用量来表示。因此，水足迹可以真实地反映一个人、一个地区或一个国家对水资源的真实需求和真实占用情况。此概念是在加拿大学者威廉·瑞斯（William Rees）的"生态足迹"的理论上提出的。生态足迹指的是维持人类活动对生态系统的影响，最终归结为对土地面积的占有，而水足迹反映的是人类活动对水资源的占有情况。通过对水足迹的计算能反映人类对水资源系统的压力大小，为科学利用有限的水资源提供有益的决策依据；在不降低人类福利的同时，充分调动各种社会资源，改善水资源利用模式，实现水资源可持续利用。

水足迹概念框架主要包括：

1. 国家水足迹和个人水足迹

一个国家的水足迹可定义为用于生产该国居民所消费的产品和服务的水资源量（一般表达为每年的用水量）。国家水足迹有两种估算方法，一种是自下而上法，考虑所有消费的产品和服务并将其乘以各自的虚拟水含量，需要注意的是同一种消费品的虚拟水含量随着生产地以及生产条件的不同而变化；另一种方法是自上而下法，国家水足迹等于被利用本国的水资源加上虚拟水净进口量。个人水足迹指的就是一个人消耗的所有产品和服务的水资源量。

2. 蓝水足迹与绿水足迹

蓝水足迹指的是我们日常生活中所利用的地表水和地下水的总称，主要有河流、湖泊、水、池塘以及蓄水层中的水。绿水足迹指的是由降水直接形成储存在未饱和的土壤中并能够为植物所直接利用的水资源，它在传统的水资源评价中往往被忽视（Savenije et al.，2002）。

3. 总水足迹和蒸发水足迹

总水足迹指的就是被利用的蓝水与绿水之和，也包括被利用后返回水系统的那部分水资源，一般这部分水资源由于污染而无法继续使用。蒸发水足迹也称为消耗水足迹，指的是生产产品或服务过程中通过蒸发而消耗的那部分水资源。

4. 内部水足迹和外部水足迹

内部水足迹指的就是生产一个国家或地区本地居民消费的所有产品和服务所耗费的本地区的水资源量。外部水足迹指的是本地居民消费的从外部进口的那部分虚拟水总量。

5. 水匮乏度

一个国家或地区的水匮乏度可定义为该国家或地区居民消费的水足迹与可更新水资源量的比值。如果满足一个国家或地区居民消费所需产品和服务的需水量大于国家或地区可更新水资源量，那么该国家或地区的水匮乏度大于100%。需要注意的是，这里的可更新水资源是广义的水资源量，不仅包括地表水和地下水（狭义的水资源），同时包括土壤水，其值等于总降雨量扣除降雨期间的蒸发量。水匮乏度越大，说明该国家或地区面临的缺水状况越严重。

6. 水资源进口依赖度和水资源自给率

一个国家或地区水资源进口依赖度（water import dependency）可定义为外部水足迹（EWFP）与总水足迹（WFP）的比率；而水资源自给率（water self-sufficiency）则定义为内部水足迹（IWFP）与总水足迹（WFP）的比率。如果所需的水都是取自本区域内，那么水自给率就为100%；如果国家或地区的商品和服务很大程度上依靠虚拟水的进口，即外部水足迹远大于内部水足迹，那么水资源自给率接近于0。

3.2.2　水足迹计算模型的构建

一个国家或地区的水足迹等于生产该国家或地区本地居民所消费的所有产品和服务所需要的水资源量。水足迹的计算一般有两种方法，一种是自上而下的方法，即水足迹等于区域内总的水资源利用量加上流入区域内的虚拟水量再减去流出该区域的虚拟水量。公式如下：

$$\text{WF} = \text{WU} - \text{VWE} + \text{VWI} \tag{3.13}$$

式（3.13）中，WF表示的是一个国家或地区的水足迹总量；WU表示的是区域内总的水资源利用量；VWE表示的是流出区域的虚拟水量；VWI表示的是流入区域的虚拟水量。

第二种方法是自下而上的方法，即水足迹等于该国家或地区消费的所有商品和服务的数量乘以各自的虚拟水含量之和。公式如下：

$$\text{WF} = \sum_{i}^{n} P_i \times \text{VWC}_i \tag{3.14}$$

式（3.14）中，WF表示的是一个国家或地区的水足迹总量；P_i表示的是第i种产品的消费量；VWC_i表示的是产品的虚拟水含量。

基于水足迹自下而上的算法，对此方法稍加完善，建立水资源账户（如表3-1所示），具体包括农畜产品水足迹、工业水足迹、水污染足迹、生活水足迹和生态用水足迹五个方面。农畜产品水足迹表示的是居民消费的农畜产品消耗的水资源量；工业水足迹表示的工业产品生产过程中所耗费的水资源量;水污染足迹表示的是一定人口消耗的产品和服务所排放的超出水体承载能力的污染物对水资源的需求量;生活水足迹表示的是居民生活用水所耗费的水资源量;生态用水足迹表示的是为维护生态环境所耗费的水足迹。

表 3 - 1   水资源足迹账户

账户	核算项目	备注
农畜产品水足迹	消费的农畜产品数量	消费的产品虚拟水含量乘以消费数量
工业水足迹	虚拟水净出口量	年工业用水量减去虚拟水净出口量
水污染足迹	化学需氧量和氨氮的废水排放量	利用两者中的较大值除以相应的平均承载能力
生活水足迹	生活用水	从水资源公报中的统计数据获得
生态水足迹	生态用水	从水资源公报中的统计数据获得

根据水足迹的计算方法以及前人的研究成果,本书对水足迹的计算主要包括:

$$WF = WF_{cs} + WF_{ip} + WF_{wp} + WF_{de} \tag{3.15}$$

其中,WF 为总水足迹(立方米);WF_{cs} 为城乡居民消费的农畜产品水足迹(立方米);WF_{ip} 为消费的工业产品水足迹(立方米);WF_{wp} 为水污染足迹(立方米);WF_{de} 为生活和生态水足迹(立方米)。

3.2.3 农畜产品水足迹计算

根据消费的单位农畜产品虚拟水含量的计算结果以及相关的统计数据,本书主要对粮食、蔬菜、食用油、肉类、蛋类及制品、水产品、酒类计算得到城镇与乡村居民消费的农畜产品的虚拟水量。由于地区、气候、农业生产条件和管理水平等方面的差异,中国各省市农产品单位虚拟水含量存在明显的差异。鉴于粮食虚拟水在水足迹总量中占有很大的比重,所以对粮食的虚拟水含量做了分区测算。具体测算方法是:首先根据各省市水稻、小麦、玉米、大豆、薯类产量数据和中国各省市单位农产品虚拟水含量计算结果,再根据五种粮食比重采用加权平均的方法分别测算出我国各省的粮食的虚拟水含量；而对于占比重较小的其他农畜产品则全国采取统一的单位虚拟水含量（马静等，2005）。根据相关的国内外文献，通过整理和计算得出（酒类以农产品为原料，本章将其归为农畜产品类，这与工业产品水足迹存在一定的重复量，但由于酒类虚拟水含量测度主要来自于作为原料的农产品，因此重复量不会对计算结果造成很大的影响），具体计算结果如表3–2、表3–3所示。

表3–2　　　　　　　　　　各省粮食的虚拟水含量　　　　　　单位：立方米/千克

省份	虚拟水含量	省份	虚拟水含量	省份	虚拟水含量	省份	虚拟水含量	省份	虚拟水含量
北京	1.082	天津	1.124	河北	1.199	山西	1.342	内蒙古	1.184
辽宁	1.037	吉林	0.819	黑龙江	1.365	上海	1.040	江苏	1.022
浙江	1.238	安徽	1.372	福建	1.456	江西	1.562	山东	0.928
河南	1.058	湖北	1.257	湖南	1.396	广东	1.537	广西	1.634
海南	1.838	重庆	1.302	四川	1.312	贵州	1.452	云南	1.497
西藏	0.826	陕西	1.463	甘肃	1.516	青海	0.560	宁夏	1.155
新疆	0.962								

注：农作物的虚拟水量计算是指作物生长发育期间的累积蒸发蒸腾水量，其中各省的粮食虚拟水含量的具体计算结果是：$D_L = \dfrac{T_S \cdot D_S + T_X \cdot D_X + T_Y \cdot D_Y + T_D \cdot D_D + T_L \cdot D_L}{T_Z}$，$D_L$ 为粮食的虚拟水含量，T_S、T_X、T_Y、T_D、T_L 分别为水稻、小麦、玉米、大豆、薯类的产量，D_S、D_X、D_Y、D_D、D_L 分别为水稻、小麦、玉米、大豆、薯类的单位虚拟水含量，T_Z 为水稻、小麦、玉米、大豆、薯类的总产量。

表3–3　　　　　　　　　　主要农畜产品虚拟水含量　　　　　　单位：立方米/千克

蔬菜	肉类	蛋类	奶类	食用油	水产品	果类	白酒	啤酒
0.1	6.7	3.55	1.9	5.24	5	1	1.982	0.296

3.2.4　工业产品水足迹计算

由于工业品种繁多，计算工业产品的虚拟水含量十分复杂，且数据受限。本书的计算方法为：工业水足迹等于年工业用水量减去出口工业产品虚拟水消费量再加上从国外进口工业产品的虚拟水消费量，其中，年工业用水量为总的工业产值与万元工业增加值用水量的比值。消费的进出口工业产品虚拟水消费量的计算方法是：根据 SPSS17.0 软件对居民人均消费支出（除去食品的消费）与人均 GDP 进行分析得到这两者呈线性相关，所以，在计算中将各地区的耗水量乘以进出口产品的产值与各地区 GDP 的比值作为进出口工业产品虚拟水的消费量。

3.2.5 水污染足迹计算

水污染足迹被定义为一定人口消耗的产品和服务所排放的超出水体承载能力的污染物对水资源的需求量。由于造成水污染的途径很多，本书主要计算工业废水中的化学需氧量（COD）和氨氮的污染足迹，然后取两者中的较大值。采用如下公式：

$$\mathrm{WF_{wp}} = \max\left(\frac{P_c}{NY_c}, \frac{P_n}{NY_n}\right) \tag{3.16}$$

式（3.16）中，P_c 和 P_n 分别指的是 COD 和氨氮的排放量，NY_c 和 NY_n 分别指水体对 COD 和氨氮的平均承载力。COD 和氨氮的平均承载力采用污水排放标准（GB8978 - 1996）中的二级排放标准，COD 和氨氮的达标浓度分别为 120 毫克/升和 25 毫克/升。

3.2.6 生活和生态水足迹计算

生活用水主要包括城镇生活用水和农村生活用水，其中城镇生活用水由居民用水和公共用水（含第三产业及建筑业等用水）组成，农村生活用水除了居民生活用水外，还包括牲畜用水在内。由于无法获得全面的生态水的数据，本书主要依据中国水资源公报上的生态水数据，仅包括人为措施供给的城镇环境用水和部分河湖、湿地补水，而不包括降水、径流自然满足的水量，这比实际的生态用水要少。

下篇　实证研究

第 4 章

中国农产品虚拟水与资源环境
经济要素匹配的时空差异分析

　　水是农业生态系统中最重要的组成要素之一，对确保粮食资源持续供给起到了重要的作用。而农业是世界上最大的水资源利用部门，各种农产品中实际蕴涵和"寄存"了大量的水资源。粮食安全和水安全一直是关系到国计民生的重大问题，尤其是在全球化背景下，中国的粮食安全与水安全问题已成为备受世人瞩目的热点。虚拟水概念的引入为分析和研究水资源与粮食安全问题提供了新的思路。农产品的虚拟水计算是目前虚拟水计算中最重要的部分之一，也是水资源足迹衡量的关键。近年来，各国学者针对具体商品中的虚拟水含量以及全球各国的消费量和贸易量中虚拟水总量进行过诸多计算，但是对于虚拟水与资源环境经济等要素的分布匹配程度以及由此延伸出的虚拟水战略实施合理性问题，相关的系统研究甚少。

　　基于国内外有关农产品虚拟水的量化研究成果，本章在计算中国各地区农产品虚拟水总量的基础上，通过计算农产品虚拟水—资源环境经济要素基尼系数，对中国各地区农产品虚拟水与水资源、耕地资源、人口、化肥施用、水土流失治理以及 GDP 等要素的时空分布差异进行定量的分析，旨在揭示各地区虚拟水与各资源环境经济要素的时间分异特征；通过计算农产品虚拟水—资源环境经济要素不平衡指数，从空间角度分析各地区农产品虚拟水系统外部的公平性程度。期望对推动我国农业产业结构的调整以及切实保障国家粮食与水安全等方面提供政策性启示、为制定不同区域类型的农业发展对策提供相应的理论依据，同时为"虚拟水战略"在中国实施的进一步研究提供理论借鉴。

4.1 中国各地区单位农产品和畜产品虚拟水计算

量化产品的虚拟水含量是虚拟水研究的第一步，由于有很多因素影响到产品生产过程的水消费数量，评价产品的虚拟水含量并不是一件容易的工作，从当前国际上的研究情况看，尽管已经开展了一些这方面的研究工作，但由于通常采用的测算方法不同（如以产品生产地和消费地进行测算），因而得到的结果差异很大。近年来，在虚拟水概念的理论框架下，各国学者针对具体商品中的虚拟水含量进行过诸多计算，具有代表性的是荷兰的国际水文与环境工程研究所（IHE）、世界水资源委员会（WWC）和联合国粮农组织（FAO）以及日本的一个研究组（Oki et al.）。从当前研究来看，农作物产品的虚拟水和动物产品的虚拟水计算是目前虚拟水计算中最主要的部分，同时也是国内外众多研究中量化的主要对象。

4.1.1 数据来源及区域划分

计算数据主要来源于联合国粮农组织的 Climate 数据库中有关中国部分的数据以及 Cropwat 需水量计算软件；国内外农产品、畜产品虚拟水含量研究文献（Chapagain，2003）；2000～2015 年《中国统计年鉴》《中国农业年鉴》《历年中国农业发展报告》《中国水资源公报》等。

选取中国大陆 31 个省、自治区、市（未包括中国台湾、中国香港和中国澳门）为研究区域，将其划分为八大区域（马静，2005）（如表 4-1 所示），进行分析比较，以阐明中国各地区农产品虚拟水与经济发展相关要素的空间分布的特点，在下面很多章节中都将会应用到。

表 4-1 中国主要区域划分

一级区	二级区	省、自治区、市
北方	华北 东北 黄淮海 西北	北京、天津、山西 内蒙古、辽宁、吉林、黑龙江 河北、河南、山东、安徽 陕西、甘肃、青海、宁夏、新疆

续表

一级区	二级区	省、自治区、市
南方	东南 长江中下游 华南 西南	上海、浙江、福建 江苏、湖北、湖南、江西 广东、广西、海南 重庆、四川、贵州、云南、西藏

4.1.2 畜产品单位质量虚拟水含量

由于畜产品虚拟水含量计算较为复杂，而国内的研究数据比较一致（Allan 等，2003；龙爱华等，2004；Wichelns，2001）。因此，本节借鉴前人的研究成果，最终确定出 6 种主要畜产品（猪肉、牛肉、羊肉、禽肉、禽蛋、奶类）单位质量虚拟水含量（见表 4 – 2），得到各省市畜产品虚拟水的数量。

表 4 – 2　　　　　　中国各省市主要畜产品单位质量虚拟水含量　单位：立方米/千克

畜产品	猪肉	牛肉	禽蛋	禽肉	奶类	羊肉
虚拟水含量	3.70	19.99	8.65	3.50	2.20	18.01

4.1.3 农产品单位质量虚拟水含量

农作物虚拟水的计算方法是按照国内外目前通用的农作物产品虚拟水含量计算公式：

$$V_c = W_c / Y_c \tag{4.1}$$

式（4.1）中，V_c 为区域农作物 c 单位质量的虚拟水含量（立方米/吨），Y_c 是作物单产（吨/公顷），W_c 指农作物 c 的需水量（立方米/公顷）。

$$W_c = ET_c \tag{4.2}$$

式（4.2）中，W_c（作物的需水量）近似等于 ET_c（农作物实际在生长发育期间累积蒸发蒸腾水量）。这主要是由于农作物的需水量很大程度上取决于成长期间积累的蒸发蒸腾的水量，而作物本身的含水量只占很少的一部分，可以忽略不计。因此，在估算农作物单位产品虚拟水含量时，将 ET_c 农作物在生长发育期间累积蒸发蒸腾水量作为农作物总的需水量。

单位农产品虚拟水含量的计算归结为：农作物单位面积上的需水量/农作物单位面积上的产量。虽然国内有相应的计算作物需水量的软件，但由于缺乏相应的气象数据，因此本章参考廖永松主编《中国的灌溉用水与粮食安全》关于中国各地区农作物需水量的数据（见表4-3）。

表4-3　　　　　　　中等干旱年份省主要农作物生长期需水量　　　单位：立方米/公顷

地区	小麦	玉米	水稻	大豆	薯类	油料作物	棉花	水果	甘蔗	甜菜	烟草
北京	6000	4500	8700	4500	4500	4500	6000	9000	—	—	—
天津	6000	4500	8700	4500	4500	4500	6000	9000	—	—	—
河北	6600	4500	9000	4500	4500	4500	6000	9000		4500	4500
山西	4800	4650	10200	4500	4500	4350	6000	8550	—	4800	4800
内蒙古	5550	4650	10500	4500	4500	4650	6000	9000		5250	5250
辽宁	4200	5025	8400	4500	4500	4650	5700	7500		4500	4500
吉林	4800	4650	7950	4500	4500	4650	—	7500	—	4650	4650
黑龙江	4500	4350	7950	4500	4500	4650		7500		4650	4650
上海	4200	4425	8250	4350	4350	4425	6000	9000	8910	—	—
江苏	4350	4350	8400	4500	4500	4350	6000	9000	8910	4950	—
浙江	3900	4350	8550	4350	4350	4350	6000	9000	8910		
安徽	4500	4500	8850	4500	4500	4500	6000	9000	8910	—	4950
福建	4500	4950	8550	4800	4800	4650	6000	8550	9990		5550
江西	4050	4500	8550	4500	4500	4950	6000	9000	8910		4950
山东	6000	4800	9300	4500	4500	4500	6000	9000	—	—	4500
河南	5700	4500	9600	4500	4500	4500	6000	9000	8100		4500
湖北	4500	4500	8850	4650	4650	4950	6000	9000	8910		4950
湖南	4050	4950	8700	4500	4500	4500	6000	9000	8910		4950
广东	4500	4950	8550	4800	4800	4650	—	8550	9990		5550
广西	4500	4950	8250	4800	4800	4650	—	8550	9990		5550
海南	—	4950	8850	4800	4800	4800		8550	9990		—

续表

地区	小麦	玉米	水稻	大豆	薯类	油料作物	棉花	水果	甘蔗	甜菜	烟草
重庆	4500	4650	8550	4350	4350	4650	6000	8550	9720	5400	5400
四川	4500	4650	8550	4350	4350	4650	6000	8550	9720	5400	5400
贵州	4350	4650	8250	4350	4350	4650	—	9450	9720	5400	5400
云南	4350	4650	8550	4350	4350	4650	—	9450	9450	5250	5250
西藏	5250	—	9300	4350	4350	4500	—	9450	—	—	—
陕西	4800	4650	10200	4500	4500	4350	6000	8550	8640	4800	4800
甘肃	4800	4800	10200	4500	4500	4500	6000	8550	—	4800	4800
青海	5250	—	—	4500	4500	4500	—	9450	—	4500	—
宁夏	5550	4800	10500	4650	4650	4650	—	9000	—	4800	4800
新疆	5700	5250	11250	5850	5850	5250	6150	10050	—	6000	—

注：表格中"—"表示数据缺失。

根据 2000 ~ 2015 年《中国统计年鉴》《中国农业年鉴》《历年中国农业发展报告》等资料上我国各地区各类作物的产量以及相应播种面积的数据，计算出我国各地区各类农产品虚拟水的单产数据（见表 4 - 4）。经计算得到我国主要农产品两大类 11 小类：粮食类（水稻、小麦、玉米、大豆、薯类）及经济作物类（棉花、油料作物、甘蔗、甜菜、烟草、水果）单位产品虚拟水含量结果（见表 4 - 5）。

表 4 - 4　　　　　　　中国各地区主要农作物的单产　　　　单位：千克/公顷

地区	小麦	玉米	水稻	大豆	油料作物	棉花	水果	甘蔗	甜菜	烟草
北京	5069	5575	6364	1823	2803	1170	14722	—	—	1713
天津	4875	5114	7195	1442	2588	1347	16435	—	—	—
河北	5107	4812	6087	1667	2820	1027	13576	—	32328	2348
山西	3269	5042	5133	989	1057	1132	14718	—	37856	2631
内蒙古	2991	5813	7077	1384	1704	1653	32306	—	34721	3038

续表

地区	小麦	玉米	水稻	大豆	油料作物	棉花	水果	甘蔗	甜菜	烟草
辽宁	4060	5779	7475	1974	2309	1327	16665	—	37391	2465
吉林	3072	6547	7307	2072	2266	1522	31935	—	26590	2745
黑龙江	3179	4978	6661	1609	1482	1194	66526	—	24212	2136
上海	3924	6608	8189	2794	2148	1580	37186	57796	—	1679
江苏	4622	5367	8175	2530	2662	1165	32085	57678	16030	1679
浙江	3500	4313	6841	2353	1997	1317	19193	61324	—	2348
安徽	4572	4616	6073	1272	2357	1015	61822	39217	13562	2465
福建	2977	3595	5748	2315	2320	804	11154	62103	—	1943
江西	1801	3951	5608	1697	1405	1457	11065	46013	—	1931
山东	5553	6297	7844	2498	4055	1099	37016	—	14644	2396
河南	5518	5245	7086	1626	3135	992	42336	60245	—	2214
湖北	3202	4871	7718	2090	2072	1049	19718	41616	2242	1937
湖南	2529	5199	6254	2173	1591	1238	12867	51584	—	2152
广东	2986	4364	5502	2312	2564	—	10554	80787	—	2184
广西	1492	3860	5292	1479	2207	783	10130	69691	—	1734
海南	—	3814	4473	2348	2239	—	17487	60774	—	1024
重庆	2838	4979	6979	1700	1691	625	9143	38712	—	1782
四川	3384	4796	7375	2112	2126	865	11893	47841	15419	2140
贵州	1844	4590	6055	1074	1534	571	7325	43006	4279	1676
云南	2059	4232	5879	1873	1657	1112	10001	59176	11850	2050
西藏	6393	5259	5358	3551	2435	—	7643	—	—	—
陕西	3410	4308	6564	1421	1733	1196	12146	30574	15093	1949
甘肃	2858	5033	7536	1707	1677	1722	9691	—	41970	2625
青海	3649	7968	—	2282	1842	—	5516	—	23458	5343
宁夏	3027	7120	8278	891	1524	2227	16599	—	30661	4098
新疆	5534	7008	8189	2845	2305	1742	11239	—	62516	1830

注：表格中"—"表示数据缺失。

表 4 – 5　　　　　中国各省区市主要农作物单位产品虚拟水含量　单位：立方米/千克

地区	小麦	玉米	水稻	大豆	薯类	油料作物	棉花	水果	甘蔗	甜菜	烟草
北京	1.18	0.81	1.37	2.47	0.78	1.61	5.13	0.61	—	—	—
天津	1.23	0.88	1.21	3.12	0.90	1.74	4.45	0.55	—	—	—
河北	1.29	0.94	1.48	2.70	1.32	1.60	5.84	0.66	—	0.14	1.92
山西	1.47	0.92	1.99	4.55	2.37	4.12	5.30	0.58	—	0.13	1.82
内蒙古	1.86	0.80	1.48	3.25	1.61	2.73	3.63	0.28	—	0.15	1.73
辽宁	1.03	0.87	1.12	2.28	0.93	2.01	4.30	0.45	—	0.12	1.83
吉林	1.56	0.71	1.09	2.17	0.79	2.05	0.00	0.23	—	0.17	1.69
黑龙江	1.42	0.87	1.19	2.80	1.25	3.14	0.00	0.11	—	0.19	2.18
上海	1.07	0.67	1.01	1.56	0.63	2.06	3.80	0.24	0.15	—	—
江苏	0.94	0.81	1.03	1.78	0.72	1.63	5.15	0.28	0.15	0.31	—
浙江	1.11	1.01	1.25	1.85	0.88	2.18	4.56	0.47	0.15	—	—
安徽	0.98	0.97	1.46	3.54	1.40	1.91	5.91	0.15	0.23	—	2.01
福建	1.51	1.38	1.49	2.07	1.02	2.00	7.46	0.77	0.16	—	2.86
江西	2.25	1.14	1.52	2.65	1.04	3.52	4.12	0.81	0.19	—	2.56
山东	1.08	0.76	1.19	1.80	0.62	1.11	5.46	0.24	—	0.13	1.88
河南	1.03	0.86	1.35	2.77	1.05	1.44	6.05	0.21	0.13	—	2.03
湖北	1.41	0.92	1.15	2.22	1.29	2.39	5.72	0.46	0.21	—	2.56
湖南	1.60	0.95	1.39	2.07	1.01	2.83	4.85	0.70	0.17	—	2.30
广东	1.51	1.13	1.55	2.08	1.00	1.81	—	0.81	0.12	—	2.54
广西	3.02	1.28	1.56	3.25	1.92	2.11	—	0.84	0.14	—	3.20
海南	—	1.30	1.98	2.04	1.36	2.14	—	0.49	0.16	—	0.00
重庆	1.59	0.93	1.23	2.56	1.15	2.75	9.60	0.94	0.25	—	3.03
四川	1.33	0.97	1.16	2.06	1.12	2.19	6.93	0.72	0.20	0.35	2.52
贵州	2.36	1.01	1.36	4.05	1.66	3.03	—	1.29	0.23	1.26	3.22
云南	2.11	1.10	1.45	2.32	1.52	2.81	—	0.94	0.16	0.44	2.56
西藏	0.82	0.00	1.74	1.23	0.61	1.85		1.24	—	—	—
陕西	1.41	1.08	1.55	3.17	1.86	2.51	5.02	0.70	0.28	0.32	2.46

地区	小麦	玉米	水稻	大豆	薯类	油料作物	棉花	水果	甘蔗	甜菜	烟草
甘肃	1.68	0.95	1.35	2.64	1.42	2.68	3.48	0.88	—	0.11	1.83
青海	1.44	0.00	—	1.97	1.11	2.44	—	1.71	—	0.19	0.00
宁夏	1.83	0.67	1.27	5.22	2.18	3.05	—	0.54	—	0.16	1.17
新疆	1.03	0.75	1.37	2.06	1.01	2.28	3.53	0.89	—	0.10	—
全国	1.19	0.86	1.37	2.65	1.29	2.06	5.35	0.51	0.15	0.14	2.58

注：表格中"—"表示数据缺失。

4.2 研究方法

4.2.1 农产品虚拟水—资源环境经济要素基尼系数

基尼系数由意大利经济学家基尼（Gini）于1922年根据洛伦兹曲线提出。作为考察居民收入分配差异状况的分析指标，基尼系数在国际上得到广泛应用（熊俊，2003）。由于基尼是根据洛伦兹曲线图而设立的指标，基尼系数又称洛伦兹系数。以实际分配曲线和分配绝对平等曲线之间的面积为A，实际分配曲线与绝对不平等（右下方）面积为B，将A与（A+B）的比值称为基尼系数（如图4-1所示）。基尼系数是反映分配公平性的指标，基尼系数为0，表示分配完全平均，基尼系数为1，表示绝对不平均。在这一区间数值越小，社会的分配就越趋于平均；反之则表明社会的差距正在不断扩大。按照国际惯例，通常把0.4作为分配贫富差距的"警戒线"。基尼系数在0.2以下，表示社会分配"高度平均"或"绝对平均"；0.2~0.3之间表示"相对平均"；0.3~0.4之间为"比较合理"；0.4~0.5为"差距偏大"；0.5以上为"高度不平均"。

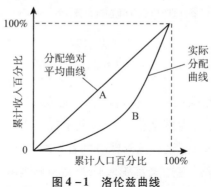

图 4-1 洛伦兹曲线

根据基尼系数的内涵，引入农产品虚拟水—资源经济要素基尼系数，以量化地区农产品虚拟水与各资源环境经济要素在空间上的差异程度，其等级划分仍遵循基尼系数的国际惯例。其具体计算方法是以行政分区为基本单元，以全国 31 个地区的农产品虚拟水占全国的累计比例作为横坐标，以各资源环境经济要素的累计比例作为纵坐标，按照两者的比值进行排序，进而绘制中国农产品虚拟水—资源环境经济要素的洛伦兹曲线，在此基础上计算基尼系数。本书基尼系数的计算仅采用梯形面积的方法（孙才志等，2009；王金南等，2006），其公式如下：

$$Gini = 1 - \sum_{i=1}^{n} (x_i - x_{i-1})(y_i + y_{i-1}) \tag{4.3}$$

式（4.3）中，$i = 1, 2, \cdots, 31$，x_i 为第 i 个省市的虚拟水占全国份额的累计百分比；y_i 为各资源环境经济要素占全国份额的累计百分比；当 $i = 1$，$(x_{i-1}、y_{i-1})$ 视为 $(0, 0)$。

4.2.2　农产品虚拟水—资源环境经济要素不平衡指数

不平衡指数目前主要应用于城镇化水平的地域差异评价，如果以市域作为研究单位，通过某省域内某一市非农业人口占全省非农业人口总数的比重与其他指标占全省总数的比重之间的关系来计算。由此，本书引入虚拟水—资源环境经济要素不平衡指数来衡量一个国家或地区虚拟水与本区资源、环境以及经济发展水平差异程度的指标，在书中用 I 来表示，其计算公式为

中国虚拟水理论方法与实证研究

（朱农，2000；高进云等，2006；刘晓丽，2008）：

$$I = \sqrt{\frac{\sum_{i=1}^{n}\left[\frac{\sqrt{2}}{2}(x_i - y_i)^2\right]}{n}} \qquad (4.4)$$

式（4.4）中，n 为地区数，x_i、y_i 分别为 i 地区虚拟水和各资源环境经济要素占全国的比重。以 x_i 为横坐标，y_i 为纵坐标；当 x_i、y_i 差异越小，则点（x_i、y_i）越向直线 y = x 靠近；这意味着两者相对平衡程度越高；当 x_i、y_i 差异较大，则点（x_i、y_i）越远离直线 y = x，就意味着农产品虚拟水与该项指标地区分布越不平衡。点（x_i、y_i）与直线 y = x 的垂直距离为：

$$d_i = \sqrt{2}/2(x_i - y_i) = 0.707(x_i - y_i) \qquad (4.5)$$

d_i 的绝对值越小，表明第 i 地区农产品虚拟水与各资源环境经济环境要素空间分布差异性越小；反之亦然。

虚拟水—资源环境经济要素不平衡指数反映的是一定单元内部的虚拟水与各资源禀赋、环境因素以及经济水平的不平衡程度，这一数值体现的是控制单元之间的外部影响，称之为外部公平性，从这个角度考虑，可以用该指标作为辨识外部公平性的依据。

4.3 中国农产品虚拟水—资源环境经济要素基尼系数的时间分异

4.3.1 资源环境经济要素指标选取与计算

根据基尼系数的计算方法，从资源、环境和经济 3 个角度探索中国农产品虚拟水与各要素的匹配关系，进而分析其内在联系。本章所选要素指标的依据：①中国是世界人口最多的发展中国家，用占全球 7% 的土地、8% 的淡水养活占全球 22% 的人口，面临着巨大的压力和挑战，因而选取人口、耕地资源、水资源 3 项指标作为资源要素的评价指标；②随着经济的发展、人口的增多，粮食消费量大幅提高，对有限的土地和水资源等造成很大压力的同时，粮食增产也付出了巨大的环境代价，水土流失、土地盐碱化、土地面源污染等问题加剧了农业生态环境的破坏，选取农业施用化肥量和水土流失治理面积作为环境要素的评价指标；③为反映我国虚拟水与经济发展水平的区域公平性，选取 GDP 作为经济发展水平的评价指标。计算 2000～2015 年农产品虚拟水—资源环境经济要素的基尼系数，见表 4-6。

表 4-6　　　　　中国农产品虚拟水—资源环境经济要素间的基尼系数

年份	农产品虚拟水与资源			农产品虚拟水与环境		农产品虚拟水与经济
	人口	耕地	水资源	化肥	水土流失治理	
2000	0.154	0.249	0.532	0.220	0.460	0.352
2001	0.154	0.243	0.574	0.221	0.449	0.373
2002	0.169	0.215	0.553	0.218	0.437	0.393
2003	0.161	0.212	0.451	0.222	0.427	0.394
2004	0.177	0.207	0.539	0.209	0.431	0.397
2005	0.190	0.207	0.511	0.206	0.431	0.403
2006	0.201	0.251	0.559	0.194	0.431	0.406
2007	0.205	0.257	0.539	0.189	0.434	0.407
2008	0.221	0.233	0.563	0.179	0.416	0.408
2009	0.226	0.244	0.526	0.185	0.424	0.416
2010	0.239	0.229	0.530	0.177	0.417	0.409
2011	0.245	0.221	0.530	0.178	0.412	0.401
2012	0.247	0.216	0.544	0.179	0.408	0.400
2013	0.252	0.212	0.523	0.188	0.444	0.400
2014	0.257	0.217	0.554	0.185	0.446	0.407
2015	0.257	0.217	0.539	0.184	0.440	0.412

4.3.2　农产品虚拟水—资源环境经济要素基尼系数时间分异分析

1. 农产品虚拟水与各要素基尼系数分布差异分析

由表 4-6 可以看出：①农产品虚拟水与人口的基尼系数总体呈波动增大

的趋势，由 0.154 增大为 0.257，自 2006 年超过 0.2，由"高度平衡"过渡到"相对平衡"，主要是由于越来越多的人口尤其是农业人口为追求较多的经济财富而向一些大的城市地区转移；②农产品虚拟水与耕地资源的基尼系数，研究期间一直保持在 0.2 ~ 0.3"相对平衡"的空间分布格局，而且差异程度在逐渐减少，这说明我国农业生产的集约化水平在逐年提高；③农产品虚拟水与水资源的基尼系数大于"警戒线"0.4，且数值均在 0.5 上下摆动，说明研究期间各地区水资源与农产品虚拟水空间分布的差异性最为明显，表现出"高度不平衡"，从而表明水资源并不是影响农产品虚拟水地域差异最重要的因素；④农产品虚拟水与化肥施用的基尼系数 16 年在 0.177 ~ 0.222 之间变化，农产品虚拟水与化肥的使用自 2006 年进入"高度平衡"，一定程度上反映出农产品虚拟水的空间差异与环境相平衡，同时也揭示出农产品虚拟水规模大的地区其对环境影响规模也大，对农业生态环境造成的潜在危害相对较高；⑤农产品虚拟水与水土流失治理的基尼系数 16 年均超过 0.4，且具有波动变小的趋势，说明两者空间分布存在一定的差异，近几年在发展农业生产的同时注重农业生态环境的保护；⑥农产品虚拟水与反映社会经济发展水平 GDP 的基尼系数 2000 ~ 2015 年由 0.352 增大到 0.412，自 2005 年开始基尼系数超过 0.4，表明农产品虚拟水与经济发展水平的地域差异由"比较合理"逐渐演变为"差异偏大"的空间格局。主要是由于近年来商业性经济用地侵占了农用地，以及第二、第三产业的发展对农业水资源的侵占，从商弃农人员数量的增加等因素，使地区的经济腾飞对本区整个农业生产发展起到了一定程度的影响和限制作用。

2. 农产品虚拟水与各要素洛伦兹曲线匹配分析

绘制 2000 年和 2015 年各种资源环境经济要素基于农产品虚拟水的洛伦兹曲线，如图 4 - 2 和图 4 - 3 所示。对比 2000 年和 2015 年的洛伦兹曲线图，发现农产品虚拟水与人口和经济的洛伦兹曲线均有远离对角线的趋势，表明虚拟水与两者的空间地域差异在扩大，其匹配程度逐年减弱。而农产品虚拟水与耕地资源、水土流失治理和化肥的曲线与对角线围成的面积在减小，表明其与两者的地域差异在减小，平衡性在增强。相比之下，农产品与水资源的曲线与对角线围成的面积变化不明显，而农产品与水资源的曲线是所有曲线中与对角线距离最远的一条，这也正反映了农产品虚拟水与水资源的空间地域分布最不平衡，匹配程度较差的问题。通过上述分析，今后的发展是要根据国内农业资源禀赋，按比较优势原则从事农业生产，对农业资源进行有效配置，促进农业与经济增长，同时增加环保投入和改善农业生态环境质量，将农业资源开发、生态建设和环境污染防治与发展环境友好型、资源节约型农业有机结合起来，使农业生产可持续发展。

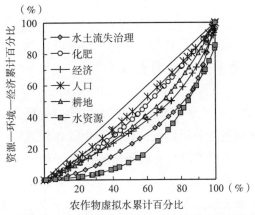

图 4-2 2000 年中国农产品虚拟水与资源环境经济要素的洛伦兹曲线

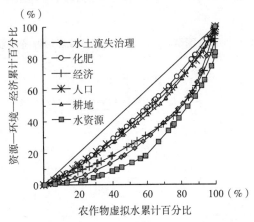

图 4-3 2015 年中国农产品虚拟水与资源环境经济要素的洛伦兹曲线

基尼系数方法仅能从全国整体角度来探讨各年农产品虚拟水与资源经济

环境要素匹配差异的演变态势，为了从各地区中进一步找出引起差异的主要地区，有必要引入不平衡指数来量化各地区间农产品虚拟水与本地区资源经济环境要素的差异程度。

4.4 中国农产品虚拟水—资源环境经济 要素不平衡指数的空间分异

4.4.1 不平衡指数的计算结果

将中国 31 个省自治区（市）分为八大区域（马静等，2005），引入不平衡指数对这八大区域进行分析比较，以阐明中国各地区农产品虚拟水与资源环境经济发展相关要素的空间分布的不协调程度（如表 4-7 所示）。根据式 (4.4)，可得到各地区农产品虚拟水对人口、耕地面积、水资源、化肥施用量、水土流失治理面积以及 GDP 的不平衡指数分别为 I_p、I_c、I_w、I_f、I_e 以及 I_g，同时根据公式 (4.5) 得到相应的 d_p、d_c、d_w、d_f、d_e 以及 d_g。表 4-7 为中国八大区域农产品虚拟水与各要素不平衡指数的计算结果。

表 4-7　2015 年中国八大区域农产品虚拟水—资源环境经济要素不平衡指数

指数	东北	华北	黄淮海	西北	东南	长江中下游	华南	西南	全国
I_p	0.021	0.009	0.008	0.010	0.016	0.009	0.022	0.003	0.013
I_c	0.025	0.005	0.010	0.007	0.004	0.015	0.013	0.004	0.012
I_w	0.023	0.008	0.044	0.013	0.023	0.016	0.023	0.054	0.031
I_g	0.007	0.002	0.010	0.013	0.004	0.011	0.014	0.009	0.010
I_f	0.037	0.015	0.029	0.024	0.011	0.019	0.020	0.018	0.023
I_e	0.024	0.018	0.020	0.013	0.029	0.026	0.033	0.010	0.022
d_p	0.046	-0.021	0.007	0.024	-0.038	0.004	-0.018	-0.003	
d_c	-0.079	-0.008	0.029	-0.010	0.004	0.044	0.027	-0.008	
d_w	0.068	0.013	0.138	0.024	-0.048	-0.006	-0.048	-0.143	

续表

指数	东北	华北	黄淮海	西北	东南	长江中下游	华南	西南	全国
d_g	− 0.013	− 0.004	− 0.028	− 0.012	− 0.006	0.005	0.028	0.029	
d_f	− 0.026	− 0.024	0.089	− 0.041	− 0.020	0.040	0.045	− 0.063	
d_e	0.041	− 0.034	0.028	0.037	− 0.069	− 0.008	− 0.024	0.029	

4.4.2 基于资源要素的农产品虚拟水不平衡指数的分析

1. 农产品虚拟水与人口

我国资源禀赋的特征是人均资源缺乏而劳动力资源极其丰富。人类发展的历史经验表明,在经济发展水平不高的阶段,人口集聚的地区往往是农业发展水平较高的地区。因此农产品虚拟水与人口的基尼系数的数值较低,表现出人口与农产品虚拟水之间存在很大程度的一致性,两者之间呈现出明显的正相关关系。但随着地区经济的飞速发展,农业人口大量涌入经济发展水平较高的城市,因此农产品虚拟水与人口分布的地区不平衡程度有所加强,但两者仍处于基本协调的水平。由表 4 − 7 可知,不平衡指数较大的地区依次是华南($I_p = 0.022$)、东北($I_p = 0.021$)、东南地区($I_p = 0.016$);从距离 $y = x$ 的垂直距离上分析,东北地区为正数最大 0.046,西北地区为 0.024,黄淮海地区为 0.007,长江中下游地区为 0.004,说明这四个地区的农产品虚水贡献率大于人口贡献率;而东南和华北地区为负数最大,分别达到 − 0.038 和 − 0.021,说明这两个地区人均农产品可供消费的水平较低。因此,东北、东南、华北、华南以及西北是引起农产品虚拟水—人口不公平性的主要地区。

2. 农产品虚拟水与耕地

我国国土面积达 960 万平方千米,但耕地资源只占国土面积的 13.4%。由于各地区土壤的肥沃程度、地势高低起伏以及人类对农业生态系统不同土地的利用方式和管理措施存在较大的差异,使得耕地资源表现出不同的丰缺程度。从 2015 年中国农产品虚拟水与耕地资源不平衡指数看(见表 4 − 7),

高于全国平均水平的区域为东北地区（$I_c = 0.025$）、长江中下游地区（$I_c = 0.015$）和华南地区（$I_c = 0.013$）。从距离平衡直线 $y = x$ 的垂直距离看，东北地区为负数最大 -0.079，其次是西北；而长江中下游地区为正数最大 0.044；说明东北地区耕地资源贡献率要大于农产品虚拟水贡献率，该区虽人均耕地相对较多，但经济水平不高，农业生产总体水平偏低，耕地资源挖掘的潜力较大。而长江中下游地区农产品虚拟水贡献率要大于耕地资源贡献率。东北和长江中下游是引起农产品虚拟水—耕地不公平性的主要地区。

3. 农产品虚拟水与水资源

中国水资源并不丰富，50% 的国土面积降雨量小于 400 毫米，人均水资源不足世界平均水平的 1/4，耕地平均分摊水量也只有世界平均数的 3/4，然而，中国又是世界上用水量最多的国家。从农产品虚拟水与水资源的地区不平衡指数分析，高于全国平均水平的是黄淮海（$I_w = 0.044$）以及西南地区（$I_w = 0.054$）；显示出农产品虚拟水与该资源要素空间分布的不平衡性较大。从垂直距离上分析，黄淮海地区为正数最大 0.138，西南地区为负数最大 -0.143。由此说明黄淮海是农产品虚拟水贡献率高出水资源占有率程度最大的地区，进而表明水资源已成为黄淮海地区农业发展中最重要的限制性因子。同时也显示出黄淮海区作为重要的农业生产基地，已成为全国水资源压力较大的区域。黄淮海与西南是引起农产品虚拟水—水资源不公平性的主要地区。

4.4.3 基于环境要素的农产品虚拟水不平衡指数的分析

在中国近几十年的发展中，由于人口的剧增与工农业生产规模的扩大，导致社会需求与资源供给的矛盾进一步加剧；在经济建设中以牺牲资源和破坏环境为代价图取发展的问题突出，生态环境保护工作不到位，导致中国农业生态环境总体上遭到污染与破坏的趋势仍未得到有效遏制，主要表现为：水土污染严重、土地退化严重等。

造成农业面源污染的有不合理的施用化肥、农药、农用地膜以及污水灌溉等，本书以农业化肥施用为代表分析农业生产的面源污染与农产品虚拟水不平衡指数的空间差异。农产品虚拟水—化肥施用不平衡指数（见表 4 - 7）

高于全国平均水平的是华南地区（$I_f = 0.014$）、西北地区（$I_f = 0.013$）、长江中下游地区（$I_f = 0.011$）以及黄淮海地区（$I_f = 0.010$）。从垂直距离上看，西南地区为正数最大 0.029，黄淮海地区为负数最大 -0.028。表明西南地区是农产品虚拟水贡献率超过化肥施用贡献率程度最大的地区，而黄淮海地区则是化肥施用贡献率大于农产品虚拟水贡献率。西南和黄淮海是引起农产品虚拟水—化肥施用不公平性的主要地区。

随着耕地减少、土地利用强度加大，沙质荒漠化、土壤盐碱化、水土流失等十分严重，极大地制约了荒漠化地区的农业经济发展和人民生活水平的提高。本书以水土流失治理面积为代表分析农业生态环境保护与农产品虚拟水不平衡指数的空间差异。农产品虚拟水—水土流失治理不平衡指数（见表4-7）高于全国平均水平的是东北（$I_e = 0.037$）、黄淮海（$I_e = 0.029$）以及西北地区（$I_e = 0.024$）。从垂直距离上看，黄淮海地区为正数最大 0.089，其次为华南地区 0.045；西南地区为负数最大 -0.063，其次为西北地区 -0.041，说明黄淮海和华南地区农产品虚拟水贡献率大于水土流失治理贡献率，应重点加强这两个地区的农业生态环境保护。黄淮海和西南是引起农产品虚拟水—水土流失治理不公平性的主要地区。

4.4.4 基于经济要素的农产品虚拟水不平衡指数的分析

随着近年来中国经济的迅速腾飞，各区经济发展已对本区农产品虚拟水水平的提高起到了一定的限制作用。作为衡量地区经济发展水平的 GDP 而言，各区农产品虚拟水与 GDP 的差异程度在逐年增大，农产品虚拟水与 GDP 的基尼系数正反映了这种发展趋势。同时从表4-7分析得出，农产品虚拟水与 GDP 的地区不平衡指数高于全国平均水平的区域是东北地区（$I_g = 0.024$）、东南地区（$I_g = 0.029$）、长江中下游地区（$I_g = 0.026$）以及华南地区（$I_g = 0.033$）。从距离 y = x 的垂直距离上看，东北地区为正数最大 0.041，其次是西北 0.037。东南为负数最大 -0.069。由此可见，东北和西北地区的农产品虚拟水贡献率高于经济贡献率；而东南作为我国经济发展水平较高的地区，经济贡献率高于农产品虚拟水贡献率。总之，东北、西北以及东南是引起农产品虚拟水—经济不公平性的主要地区。

第 5 章

中国农畜产品虚拟水规模
分布的时空演变研究

　　关于空间分异研究，分形理论和模型显示了其强大的作用。经验研究表明，位序—规模法能较好地刻画地理事物规模分布规律。此方法不仅适用于对城市规模的研究，而且对我国区域内的农畜产品虚拟水时空规模分布规律的研究同样具有重要的参考价值。本章为了揭示中国虚拟水格局差异背后规模的等级分布，引入首位指数、分形维数以挖掘农产品地均虚拟水以及人均农畜产品虚拟水时空分形特征，进而为制定不同区域类型的农业发展对策提供相应的理论依据。

5.1　位序—规模法则及分形研究方法

　　分形理论是美国数学家 B. B. 曼德尔布罗特（Mandelbrot B. B.）在 20 世纪 70 年代中期创立，以分形维数（简称"分维值"）作为特征参数。一个地区的规模与该地区在国家内规模排序关系的规律，称为位序—规模法则（周一星，1995）。通常采用的是罗特卡模型和帕雷托（Pareto）公式。运用罗特卡模型（张济忠，1995）计算 Zipf 维数 q，计算公式为：

$$V_i = V_1 r_i^{-q} \tag{5.1}$$

式（5.1）中，r_i 为省市 i 降序排列的位序；V_i 为位序是 r_i 的省市地均农产品（人均农畜产品）虚拟水规模；V_1 为理论的首位省市规模；q 为 Zipf 维数（陈彦光等，2001）。利用帕雷托公式（仵宗卿等，2000）计算的 D，同样体现等级结构的分形特征。将各地区地均农产品（人均农畜产品）虚拟水规模从大到小排序，规模大于 V 的省市数目为 N。二者的关系如下：

$$N = AV^{-D} \qquad (5.2)$$

式（5.2）中，N 为大于门槛地均农产品（人均农畜产品）虚拟水规模的省市数量；D 为规模分布的维数，即分维值，对此已有相关的推导过程和解释（陈勇等，1993）；A 为系数；V 为各省市地均农产品（人均农畜产品）虚拟水的规模。对式（5.2）两边取对数，再采用一元线性回归分析便可得到系数 D。双对数曲线的表达式为：

$$\ln N = \ln A - D \ln V \qquad (5.3)$$

研究表明，R^2 为判定系数，则 D 与 Zipf 维数 q 关系表示为（谈明洪等，2003，2004）：

$$D \times q = R^2 \qquad (5.4)$$

分维值 D 及 Zipf 维数 q 的大小直接反映了空间分布等级规模结构。D < 1，q > 1 表示规模分布比较集中，各省市分布差异较大，位居前列的省市的垄断性较强；D = q = 1，表示最大规模与最小规模之比恰好为研究对象的整个省市数目，系统形态达到最优（陈彦光等，1999）；D > 1，q < 1 表示位居前列省市的规模不突出，中间位序的省市数目较多，分布比较均衡。D→0，q→∞ 表示全国只有一个地区分布；D→∞，q→0 表示全国各地区规模一样大，无差别。后两种极端情况在现实世界均不存在（李立勋等，2007）。

5.2 中国农畜产品虚拟水规模分布的时空演变

5.2.1 中国地均农产品虚拟水空间分布的位序—规模规律

1. 中国地均农产品虚拟水省市规模的现状分析

2015 年中国 30 个省、区、市农产品虚拟水、耕地面积、地均虚拟水规模的空间分布情况见表 5 - 1。

表5-1 2015年中国各省区市地均农产品虚拟水规模—位序

地区	农产品虚拟水 规模 亿立方米	位序	耕地面积 规模 10^4公顷	位序	地均虚拟水规模 规模 立方米/公顷	位序
北京	11.04	30	21.93	30	5036.34	22
天津	23.28	27	43.69	29	5328.80	21
河北	559.06	4	652.55	7	8567.25	10
山西	198.38	21	405.88	18	4887.58	23
内蒙古	339.28	15	923.80	2	3672.63	29
辽宁	235.08	19	497.74	13	4722.88	25
吉林	304.50	17	699.92	5	4350.46	27
黑龙江	720.00	2	1585.41	1	4541.43	26
上海	12.67	29	18.98	31	6676.59	18
江苏	402.21	12	457.49	14	8791.77	8
浙江	134.64	24	197.86	23	6804.60	17
安徽	525.51	7	587.29	9	8948.11	7
福建	168.29	23	133.63	24	12593.41	4
江西	432.29	10	308.27	20	14023.17	2
山东	583.52	3	761.10	4	7666.76	16
河南	775.80	1	810.59	3	9570.84	6
湖北	461.90	9	525.50	11	8789.78	9
湖南	557.15	5	415.02	17	13424.55	3
广东	372.15	14	261.59	21	14226.62	1
广西	503.70	8	440.23	16	11441.79	5
海南	61.23	25	72.59	26	8435.58	11
重庆	191.82	22	243.05	22	7892.05	15
四川	531.36	6	673.14	6	7893.71	14
贵州	243.03	18	453.74	15	5356.11	20
云南	400.21	13	620.85	8	6446.09	19
西藏	3.65	31	44.30	28	824.73	31
陕西	315.41	16	399.52	19	7894.85	13
甘肃	225.25	20	537.49	10	4190.75	28
青海	17.93	28	58.84	27	3047.85	30
宁夏	61.05	26	129.01	25	4732.09	24
新疆	428.45	11	518.89	12	8257.11	12

2. 中国地均农产品虚拟水空间分布的位序—规模规律

以中国地均农产品虚拟水规模为纵坐标，位序为横坐标，作 2000～2015 年位序—规模曲线（如图 5-1）。发现位序—规模曲线基本呈直线分布，中小城市数量居多，且规模相差不大，地均虚拟水大规模省市数量较少，造成其体系等级规模缺失。

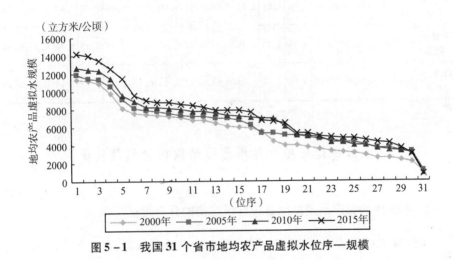

图 5-1 我国 31 个省市地均农产品虚拟水位序—规模

为了探讨首位省市规模的集中程度，采用马克·杰斐逊（M. Jefferson）的城市首位律进行定量分析。其首位指数主要包括 2 城市指数、4 城市指数和 11 城市指数（V_n 表示第 n 位省市地均农产品虚拟水的规模）。按照位序—规模法则，2 城市指数为 2，4 城市指数和 11 城市指数为 1，是规模结构的理想状态（徐建华，2002）。

$$S_2 = V_1/V_2 \tag{5.5}$$

$$S_4 = V_1/(V_2 + V_3 + V_4) \tag{5.6}$$

$$S_{11} = 2V_1/(V_2 + V_3 + \cdots + V_{11}) \tag{5.7}$$

表 5-2 为中国 2000～2015 年地均农产品虚拟水首位指数，结果显示首位指数变化不大，各年均小于理想值。说明我国地均农产品虚拟水的首位省市不具有垄断功能，集聚和辐射功能较弱，规模的顶端优势不明显，难以形成牵引全国地均农产品虚拟水发展的强大中心力量，这已成为中国农业发展

的限制性因素。为了进一步验证我国地均虚拟水规模结构是否合理，引入规模—位序双对数回归方程对其结构进行分形研究。

表5-2   中国2000~2015年地均农产品虚拟水首位指数

城市指数	2000年	2001年	2002年	2003年	2004年	2005年	2006年	2007年	2008年	2009年	2010年	2011年	2012年	2013年	2014年	2015年
2城市指数	1.01	1.01	1.06	1.01	1.02	1.04	1.13	1.06	1.01	1.00	1.02	1.01	1.01	1.02	1.00	1.08
4城市指数	0.35	0.36	0.37	0.36	0.36	0.36	0.38	0.37	0.35	0.35	0.35	0.35	0.35	0.36	0.35	0.42
11城市指数	0.14	0.14	0.14	0.14	0.14	0.14	0.14	0.14	0.13	0.13	0.13	0.13	0.13	0.14	0.13	0.15

5.2.2 中国地均虚拟水等级规模结构的分形特征研究

1. 中国地均农产品虚拟水等级规模结构的分形特征

采用帕累托公式将式（5.1）两边同时取自然对数得：

$$\ln V_i = \ln V_1 - q \ln r_i \tag{5.8}$$

根据2000~2015年地均农产品虚拟水的规模和位序，计算中国地均农产品虚拟水位序—规模双对数回归方程（见表5-3），绘制位序—规模的双对数图（如图5-2）。结果显示，位序规模法则能较好地描述中国地均虚拟水的规模分布特征，历年的相关系数均在0.933~0.983之间变动。

表5-3   2000~2015年中国地均农产品虚拟水位序—规模分布双对数回归结果

年份	位序—规模表达式 $V = V_1 R_i^{-q}$	判定系数 R^2	结构容量 $\ln A$	分维值 D	Zipf维数 q	相关系数 R	理论首位值 V_1（立方米/公顷）	首位理论值与实际比值
2000	$Y = 18955 X^{-0.523}$	0.90	17.86	1.713	0.523	0.946	18955	1.67
2001	$Y = 17635 X^{-0.493}$	0.93	18.92	1.888	0.493	0.965	17635	1.57

续表

年份	位序—规模表达式 $V = V_1 R_i^{-q}$	判定系数 R^2	结构容量 lnA	分维值 D	Zipf维数 q	相关系数 R	理论首位值 V_1（立方米/公顷）	首位理论值与实际比值
2002	$Y = 15822X^{-0.438}$	0.96	21.24	2.198	0.438	0.981	15822	1.45
2003	$Y = 15826X^{-0.425}$	0.97	21.88	2.274	0.425	0.983	15826	1.44
2004	$Y = 16782X^{-0.414}$	0.95	22.62	2.286	0.414	0.973	16782	1.43
2005	$Y = 16968X^{-0.411}$	0.96	22.82	2.343	0.411	0.982	16968	1.42
2006	$Y = 19231X^{-0.472}$	0.89	20.05	1.890	0.472	0.945	19231	1.49
2007	$Y = 18939X^{-0.468}$	0.88	20.10	1.871	0.468	0.936	18939	1.54
2008	$Y = 18631X^{-0.434}$	0.88	21.64	2.036	0.434	0.941	18631	1.54
2009	$Y = 19890X^{-0.458}$	0.87	20.63	1.902	0.458	0.933	19890	1.58
2010	$Y = 19078X^{-0.435}$	0.90	21.72	2.057	0.435	0.946	19078	1.50
2011	$Y = 19703X^{-0.432}$	0.91	21.99	2.100	0.432	0.952	19703	1.49
2012	$Y = 19890X^{-0.424}$	0.91	22.46	2.153	0.424	0.955	19890	1.47
2013	$Y = 19930X^{-0.423}$	0.93	22.51	2.199	0.423	0.965	19930	1.45
2014	$Y = 20735X^{-0.439}$	0.93	21.72	2.126	0.439	0.966	20735	1.49
2015	$Y = 21162X^{-0.443}$	0.94	21.57	2.113	0.443	0.968	21162	1.49

分维值 D 的变化可反映地区地均虚拟水的均衡程度，仵宗卿等称之为"均衡度"。分维值 D 越大，各省市之间的规模差距就越小。中国地均农产品虚拟水体系规模分布的分维数 D 值从 2000 年的 1.713 逐年上升到 2015 年的 2.113。说明地均虚拟水首位省市规模增长迟缓，中小省市发展较迅猛，地均虚拟水均衡趋势逐年增强。表 5 - 3 中结构容量的值越大，体系结构越复杂，总体规模越大；相反，则空间分布体系越简单，总体规模越小。从表 5 - 3 可看出在逐年增加，说明中国地均农产品虚拟水规模总量在不断增长。同时，从首位城市理论值与实际的比值来看，比值介于 1.42 ~ 1.67 之间，表明首位省市地均农产品虚拟水实际发展水平距理想值还有一定差距，具有广大的发展空间，但同时发现这种距离在缩小。

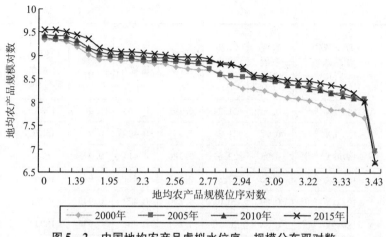

图 5-2　中国地均农产品虚拟水位序—规模分布双对数

2. 中国地均农产品虚拟水等级规模结构的双分形特征

从表 5-3 可以看出，11 年间的相关系数 R 值均较大，说明中国地均农产品虚拟水体系的规模分布具有分形特征，但相关系数呈走低趋势，这与近年来其规模分布出现双分形结构（Whiter et al.，1993）有关，以中国地均农产品虚拟水规模的对数 $\ln V$ 为纵坐标，位序的对数 $\ln r$ 为横坐标，表现在 2000 年、2015 年地均农产品虚拟水位序—规模双对数（$\ln r$，$\ln V$）的散点图（如图 5-3 和图 5-4）上便是点列形成两个直线段，2000 年地均虚拟水前 29 位的大规模省市形成一个分形体 $\ln V = 9.868 - 0.504\ln r$；后 2 位的中小省市形成分形体 $\ln V = 83.507 - 22.296\ln r$。2015 年则是前 29 位的大规模省市形成一个分形体 $\ln V = 9.925 - 0.423\ln r$；后 2 位中小规模省市形成另一个分形体 $\ln V = 143.607 - 39.864\ln r$。

5.2.3　中国各省市地均农产品虚拟水空间规模分类

根据图 5-3、图 5-4 拟合曲线的特征和形状，将中国地均农产品虚拟水规模分成三类（如图 5-5、图 5-6 所示）。小规模地均农产品虚拟水规模超过 <5000 立方米/公顷的省市数目也在逐年减少。地均农产品虚拟水规模超过 5000～9500 立方米/公顷的中型规模省市数目明显增加。这充分地验证了

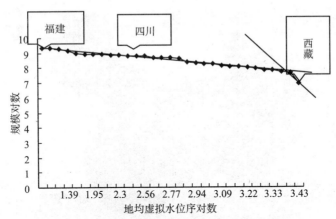

图 5 – 3　2000 年中国地均虚拟水位序—规模双对数散点

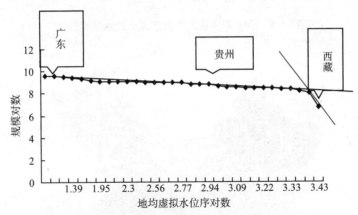

图 5 – 4　2015 年中国地均虚拟水位序—规模双对数散点

中国地均农产品虚拟水的整体水平已经上了一个新台阶。但各地区间的发展变化速度均存在较大的差异。为此，按其发展速度将其划分为四种类型。

第一类：平稳发展型，位序变化都较小，这类省市包括湖南（第 2、第 3位）、广西（第 5、第 6 位）、广东（前 5 位），江苏（第 8，第 9 位），重庆（第 14，第 15 位），而西藏 11 年均居全国末位。

第二类：波动发展型，位序呈现上下波动，但始终不离波动轴。这类省市包括：山西、辽宁、吉林、黑龙江、四川、云南、陕西等地。

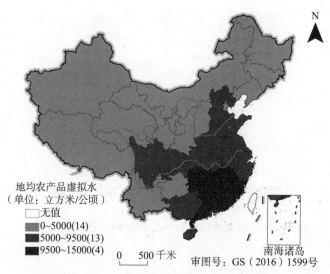

图 5 – 5　2000 年中国地均农产品虚拟水规模分组

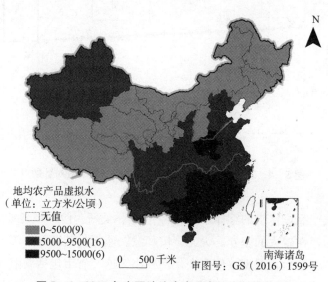

图 5 – 6　2015 年中国地均农产品虚拟水规模分组

第三类：加速发展型，位序呈上升趋势，地均农产品虚拟水加速发展，相对速度较快，包括河北、安徽、河南、广西、海南、新疆等地。

第四类：减速发展型，位序呈下降趋势，尽管地均农产品虚拟水在向前发展，但发展速度相对较慢，包括北京、上海、福建、浙江。

研究表明，2015 年中国各省市地均农产品虚拟水规模—位序结构反映出东南地区、长江中下游地区、华南地区的地均农产品虚拟水较高，农业耕地的集约化水平较高。相反，作为全国重要商品粮基地的东北地区（尤其是黑、吉两省），虽耕地土壤条件较好，但由于耕作粗放，过垦、过牧、水土流失等生态问题突出，导致土壤肥力下降，黑土变薄，地均农产品虚拟水在全国八大区中排在第 6 位，发展潜力巨大。对比 2000 年和 2015 年的规模分组图，不难发现黄淮海地区地均农产品虚拟水变动最小，一直处于中等发展水平。而生态环境较为脆弱的西北地区，近年来地均虚拟水呈加速发展势头，如新疆。这主要得益于西部地区的资源环境的改善和农业技术水平的提高。不可否认，农业作为劳动密集型产业，在一定程度上已受到经济发展的影响和制约。

近年来随着东南和华南地区的经济腾飞、从商弃农人员数量的增加，以及第二、第三产业的发展侵占了部分的农业用水和有限的耕地资源等因素，导致水热条件较优越的南方地区粮食生产远不及北方，但水果等经济作物的虚拟水含量的快速增长，使得华南（广东、广西、海南）地均虚拟水的含量仍然居于全国前列。

5.2.4　小结

农产品虚拟水与耕地资源基尼系数的测算结果存在着逐年下降的演变趋势，说明二者的地区差异逐年较小，这反映出农产品虚拟水的地区分布与耕地资源具有很大程度的一致性，二者呈现出明显的正相关关系。

2000～2015 年中国地均农产品虚拟水规模分布具有明显的分形特征，其中维数 D 大于 1，Zipf 维数 q 小于 1，且维数 D 逐年增大，表明这一时期中国地均农产品虚拟水首位省市的辐射带动作用不强，不具有明显的首位分布特征，地均农产品虚拟水规模在持续增加且分布较均衡，中小规模省市较发育。其相关系数呈降低趋势，表现出明显的双分形结构特征。地均农产品虚拟水规模分布符合位序—规模法则，体现出差异背后的形成机制，即地均虚拟水中小规模的省市发展迅猛，大规模省市发展相对迟缓。由此，印证了全国地均虚拟水的等级差异逐年缩小，但要到达自然状态下的最优分布 D = q = 1 还有很大的一段距离。

地均农产品虚拟水规模的空间分异受到自然条件、经济技术、劳动力、水资源等要素的影响和制约。针对目前中国地均虚拟水体系规模分布存在的问题，重点是挖掘特大规模省市的农业发展潜力，如福建、湖南、江西、广东、浙江等地。通过改善自然生态环境、提高地均虚拟水中小省市（如西北地区和西南、东北地区各省市）的农业集约化水平，使其快速升格为地均农产品虚拟水大省市，以降低全国省域间体系规模分布的分维值，形成良好的大、中、小的优化分形规模等级结构。地均农产品虚拟水规模分布的分形研究反映出我国各区域农业集约化水平的时空差异，为不同层次区域农业发展宏观政策的制定和资源合理调配措施的出台提供理论上的参考，使其更适合各区域农业的发展，满足规模经济的要求，真正对我国第一产业的有序、持续发展提供科学的依据支撑。

5.3 中国主要农畜产品虚拟水规模分形特征

5.3.1 中国农畜产品虚拟水空间规模分形分析

1. 中国各省市农畜虚拟水规模结构特征

表 5 - 4 显示 2015 年中国各省市农畜产品虚拟水分布的规模和位序的情况。从农产品虚拟水的总量看，河南、黑龙江、山东位居全国前三位；河南省的小麦，玉米、油料作物、水果；山东的小麦、玉米；黑龙江的水稻、玉米虚拟水量值在国内均居前列。从畜产品虚拟水的总量分析，河北、河南、山东、内蒙古位居全国前四强；其中河北和河南是禽蛋、猪肉、牛肉虚拟水的高值区；山东的禽肉虚拟水量首屈一指，猪肉和牛肉也较为突出；内蒙古的羊肉全国第一，牛肉的虚拟水量也不容忽视。这些因素奠定上述地区农畜产品虚拟水的中心地位。

表 5－4　2015 年中国各省市农畜产品虚拟水规模—位序

地区	农产品 规模（亿立方米）	位序	畜产品 规模（亿立方米）	位序	人口 规模	位序	人均农畜 规模（立方米/人）	位序
北京	11	30	47	29	2171	26	267	30
天津	23	27	57	28	1547	27	519	28
河北	559	4	730	3	7425	6	1736	7
山西	198	21	147	19	3664	18	942	24
内蒙古	339	15	536	4	2511	23	3488	1
辽宁	235	19	504	5	4382	14	1687	9
吉林	304	17	282	12	2753	21	2131	4
黑龙江	720	2	382	7	3812	16	2891	3
上海	13	29	19	31	2415	24	130	31
江苏	402	12	334	10	7976	5	923	25
浙江	135	24	85	24	5539	10	396	29
安徽	526	7	326	11	6144	8	1386	13
福建	168	23	112	23	3839	15	731	26
江西	432	10	192	17	4566	13	1368	15
山东	584	3	874	1	9847	2	1480	10
河南	776	1	864	2	9480	3	1730	8
湖北	462	9	356	8	5852	9	1397	12
湖南	557	5	338	9	6783	7	1319	16
广东	372	14	199	16	10849	1	526	27
广西	504	8	202	15	4796	11	1471	11
海南	61	25	38	30	911	28	1087	22
重庆	192	22	138	20	3017	20	1095	21
四川	531	6	496	6	8204	4	1252	19
贵州	243	18	124	21	3530	19	1040	23
云南	400	13	253	14	4742	12	1377	14
西藏	4	31	57	27	324	31	1876	6
陕西	315	16	159	18	3793	17	1250	20
甘肃	225	20	116	22	2600	22	1314	17
青海	18	28	57	26	588	30	1277	18
宁夏	61	26	79	25	668	29	2093	5
新疆	428	11	266	13	2360	25	2942	2

由于各地区经济和资源禀赋及地形的影响，导致人口分布较不均衡，使得人均农畜产品的虚拟水的位序发生了明显的改变；最为明显的例子是内蒙古、新疆、吉林的虚拟水总量并不高，但人均农畜虚拟水量却排在了全国的前列；相反，河南、四川、山东、江苏省的虚拟水总量并不低，然而由于人口基数较大，在人均农畜虚拟水位序上却落到了全国中等水平的行列。

以中国各省市人均农畜虚拟水为纵坐标，以人均农畜虚拟水在全国的位序为横坐标，作 2000～2015 年我国人均农产品虚拟水位序—规模曲线（如图 5-7 所示），可以发现规模—位序曲线不断向对角线方向偏移，表明自 2000 年以来人均农畜虚拟水规模较大的省市规模发展较快；排在后面的省市人均农畜虚拟水规模历年变动不大。此图仅能表现出规模分布发生了较大的变动，但却未能说明人均农畜虚拟水的规模结构是朝着更加均衡还是更加集中的方向发展。基于上述原因，有必要借助分形模型来进一步分析人均农畜虚拟水的历年空间分布特征的演变状况。

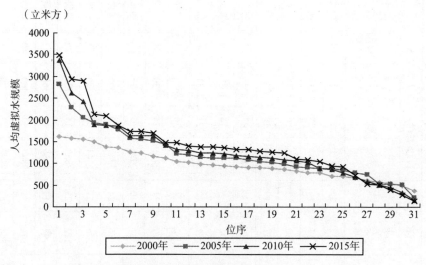

图 5-7　我国 31 省区市人均农畜产品虚拟水位序—规模

2. 中国人均农畜虚拟水规模分形特征分析

利用公式，计算得到位序—规模双对数回归方程，进而得出位序—规模表达式、分维值 D、Zipf 指数及其他相关指标值（见表 5-5）。

表 5 – 5 2000 ～ 2015 年中国人均农畜产品虚拟水位序—规模分布双对数回归结果

年份	位序—规模表达式	判定系数 R^2	相关系数	结构容量 (lnA)	理论首位人均虚拟水 V_1（立方米）	分维值 D	Zipf维数 q
2000	$Y = 2360.58X^{-0.373}$	0.863	0.929	20.80	2360.58	2.31	0.373
2001	$Y = 2431.75X^{-0.379}$	0.881	0.938	20.57	2431.75	2.32	0.379
2002	$Y = 2669.95X^{-0.404}$	0.878	0.937	19.55	2669.95	2.18	0.404
2003	$Y = 2878.71X^{-0.421}$	0.854	0.924	18.92	2878.71	2.03	0.421
2004	$Y = 3545.90X^{-0.484}$	0.762	0.873	16.88	3545.90	1.57	0.484
2005	$Y = 3983.79X^{-0.517}$	0.803	0.896	16.05	3983.79	1.56	0.517
2006	$Y = 4400.48X^{-0.546}$	0.792	0.890	15.35	4400.48	1.45	0.546
2007	$Y = 4357.56X^{-0.570}$	0.781	0.883	14.71	4357.56	1.37	0.570
2008	$Y = 4646.11X^{-0.579}$	0.772	0.879	14.59	4646.11	1.33	0.579
2009	$Y = 4625.65X^{-0.573}$	0.757	0.870	14.72	4625.65	1.32	0.573
2010	$Y = 4996.01X^{-0.602}$	0.755	0.869	14.16	4996.01	1.25	0.602
2011	$Y = 5192.63X^{-0.609}$	0.756	0.869	14.04	5192.63	1.24	0.609
2012	$Y = 5368.00X^{-0.612}$	0.731	0.855	14.02	5368.00	1.19	0.612
2013	$Y = 5476.10X^{-0.620}$	0.706	0.840	13.89	5476.10	1.14	0.620
2014	$Y = 5639.34X^{-0.628}$	0.699	0.836	13.74	5639.34	1.11	0.628
2015	$Y = 5819.86X^{-0.640}$	0.689	0.830	13.55	5819.86	1.08	0.640

表 5 – 5 列出了 2000 ～ 2015 年人均农畜产品虚拟水的位序规模拟合函数、判定系数（R^2）及其相关参数，拟合结果可用幂函数关系曲线方程表示。结果显示，历年的相关系数均在 0.830 ～ 0.938 之间变动，位序规模法则能很好地描述中国各地区人均农畜虚拟水的规模分布特征，因此可以利用位序—规模法则来研究人均农畜虚拟水的规模分形特征。

分维值 D 的变化可反映地区人均农畜虚拟水的均衡程度，仵宗卿等称之为"均衡度"。均衡度越大，各省市之间的规模差距就越小。相反，则省市人均农畜虚拟水规模分布越不均衡。中国各省市地区人均农畜虚拟水分维值

从 2000 年的 2.31 逐年下降到 2015 年的 1.08。人均农畜虚拟水规模—位序的
Zipf 维数 q 逐年增大趋势十分明显，说明人均农畜虚拟水规模分布趋于集中
的力量大于分散的力量，不断向少数人均农畜虚拟水规模居前的省市集中，
首位省市规模增长较快，中小省市发展较迟缓。中国人均农畜虚拟水分布集
中趋势逐年增强。

历年的 q 值均小于 1，分维值 D 均大于 1，表明中国人均农畜虚拟水体系
单极核式结构特征不明显，集中性程度并不高，首位省市的人均农畜虚拟水规
模并不突出，中间位序的省市居多。总体上看，虽然 2000～2015 年中国人均农
畜虚拟水空间分布集中趋势在增强，但人均农畜虚拟水规模分布还是较为均衡。

$\ln A = (\ln V_1)/q$，称为结构容量。结构容量越大，体系结构越复杂，空间
分布越趋于均衡；相反，空间分布越集中于一个地区。表 5-5 中，结构容量
逐年降低，表明中国人均农畜虚拟水结构趋于简单化，也说明空间分布的集
中趋势在增强。

图 5-8、图 5-9 分别为 2000、2015 年的人均虚拟水位序—规模双对数
$(\ln r, \ln V(r))$ 的散点图。回归方程的相关系数 R 分别为 0.929、0.830，均
在 0.83 以上，回归直线和散点的拟合较好。与 2000 年相比，2015 年的相关
系数较小，散点与回归线的拟合程度相对较差，主要表现在人均虚拟水最低
值的上海市与整个分形体的差距悬殊，形成独立的分形单体。

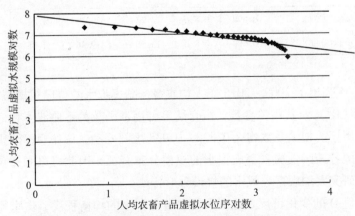

图 5-8　2000 年中国人均农畜虚拟水位序—规模双对数散点

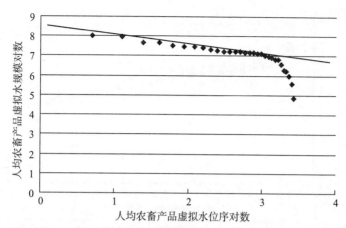

图 5 – 9　2015 年中国人均虚拟水位序—规模双对数散点

从图 5 – 8、5 – 9（lnr，lnv）双对数散点图看出，2000 年和 2015 年首位及末位省市人均虚拟水规模对数散点均位于回归直线以下，说明我国人均虚拟水体系首位和末位省市虚拟水发展空间还很大；存在大规模层次的断层现象，首位省市在研究区域内的带动辐射作用较弱。

3. 人均农畜虚拟水量的首位律分析

图 5 – 10 为 2000～2015 年中国人均农畜产品虚拟水位序—规模分布双对数图，横坐标为各省市人均农畜虚拟水规模的位序对数，纵坐标为人均农畜虚拟水规模的对数。双对数图刻画出集中程度不断强化，我国人均农畜虚拟水分布地区差异在增大，有趋于向个别地区集中分布的态势，是否已形成了"一枝独秀"的首位城市的垄断格局呢？以下引入城市首位律来进一步印证我国人均农畜虚拟水首位分布的历年变化情况。

根据马克·杰斐逊（M. Jefferson）的城市首位律，可以计算出我国人均农畜虚拟水 31 个省区市的首位指数，一般认为省市首位指数主要包括两城市指数、4 城市指数和 11 城市指数。按照城市位序—规模法则，4 城市指数和 11 城市指数标准值均为 1，城市首位度为 2。由表 5 – 6 可知，我国各省市规模的首位度略小于这个标准，所以不是首位分布，即首位省市不具有垄断功能，也说明未达到"一枝独秀"的垄断格局。

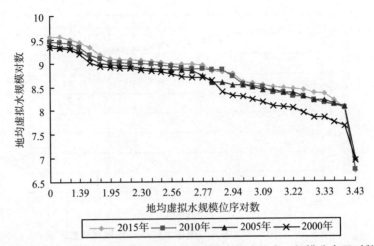

图 5 - 10 2000 ~ 2015 年中国人均农畜产品虚拟水位序—规模分布双对数

表 5 - 6   中国 2000 ~ 2015 年人均农畜产品虚拟水规模指数

城市 指数	2000 年	2001 年	2002 年	2003 年	2004 年	2005 年	2006 年	2007 年	2008 年	2009 年	2010 年	2011 年	2012 年	2013 年	2014 年	2015 年
2 城市 指数	1.03	1.09	1.04	1.05	1.11	1.24	1.26	1.26	1.38	1.35	1.29	1.25	1.26	1.24	1.19	1.19
4 城市 指数	0.35	0.37	0.36	0.37	0.40	0.45	0.47	0.48	0.48	0.49	0.49	0.48	0.47	0.45	0.44	0.44
11 城市 指数	0.25	0.26	0.25	0.26	0.29	0.33	0.34	0.35	0.36	0.37	0.40	0.37	0.36	0.35	0.35	0.35

5.3.2　中国各省市人均农畜产品虚拟水空间规模分类

根据图 5 - 8、图 5 - 9 拟合曲线的特征和形状, 将中国人均农畜产品虚拟水规模分成 3 类 (如图 5 - 11、图 5 - 12 所示), 即:

第一类, 大规模省市: 人均农畜产品虚拟水规模超过 1500 立方米/人; 省市数目从 2000 年的 3 个省区 (黑龙江、新疆、内蒙古) 增长到 2006 年的 9 个省; 主要位于人口较为稀少的西北畜牧业地区 (蒙新藏) 以及东北地区 (黑吉)、黄淮海地区 (冀鲁豫) 的重点农业发展基地。

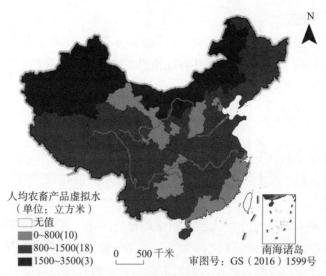

图 5 - 11　2000 年中国人均农畜产品虚拟水规模分组

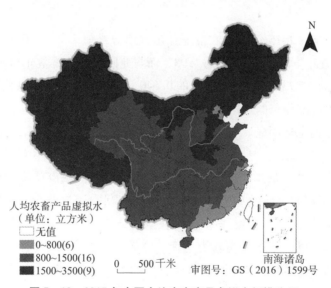

图 5 - 12　2015 年中国人均农畜产品虚拟水规模分组

第二类，中等规模省区市：人均农畜产品虚拟水规模 800 ~ 1500 立方米/人；省市数目有下降趋势，并且由分散趋向集中，2015 年主要分布于水资源较为断缺的陕甘宁地区；人口密度较大的长江中下游地区（湘鄂）；西南地区（川滇）等地。

第三类，小规模省市：人均农畜产品虚拟水规模<700立方米/人；省市数目也在逐年萎缩，2015年主要集中在东南沿海地区，由分散趋于集中。

5.3.3 结 论

本节利用基于位序—规模法则的分形理论，对2000~2015年中国31个省市的人均农畜产品虚拟水空间规模分布规律及分形特征进行了研究，主要得出如下结论。

（1）2000~2015年中国人均农畜虚拟水的位序—规模双对数回归方程的相关系数均在0.830~0.938之间变动，位序—规模双对数散点图的回归直线和散点拟合较好，说明各地区人均农畜虚拟水规模分布符合位序—规模法则。因此基于位序—规模法的分形模型比较适合中国人均农畜虚拟水规模空间分形的研究。

（2）2000~2015年人均农畜虚拟水规模分维值D在逐年降低，由2000年的2.31逐年下降到2015年的1.08，而与此同时Zipf维数q却在逐年增大，由2000年的0.373上升到2015年的0.640，这表明近十多年以来，我国人均农畜虚拟水规模分布的地区差异逐年拉大，集中程度在不断强化，"从分散走向集中"的态势明显。从总体上看，中国人均农畜虚拟水结构总体上趋于简单化。

（3）各年的q值均小于1，分维值D均大于1，城市首位度小于标准值2，这些指标都充分地说明了中国人均农畜虚拟水体系规模分布集中性程度不高。总体来看，虽然人均农畜虚拟水在空间分布方面向集中趋势发展，但集中程度不高，规模分布还是较为均衡，位居前列的省市的规模并不太突出，中间位序的省市居多，并未形成首位省市的垄断格局差距，与最优的等级规模分布（D=q=1）还有一定距离。

（4）根据位序—规模双对数曲线的形态，将中国人均农畜虚拟水规模分成大、中、小3个等级层次。表明近年来，人均农畜虚拟水规模较大的省市的数目增长很快，而人均农畜虚拟水中小规模的省市的数量在萎缩。说明近十多年以来，我国农业与畜牧业在有了较大的发展，但同时也对水资源与生态环境系统造成了越来越大的压力。

（5）人均农畜产品虚拟水的分形规律表明，随着国家相关农业政策的不断出台，各地区都在根据自身的资源特点，本着比较优势原则，逐渐加大农业及相关产业结构的调整步伐，产业结构不断优化。

（6）以人均农畜虚拟水量作为表征指标进行空间分形规律研究注重考虑人口地域分布的空间差异，因此只是在一个侧面上反映了我国农畜虚拟水的空间分形特点，所得出的结论也未必全面，还应该开展以单位面积国土农畜虚拟水空间分形规律研究，以弥补本研究的不足。

第 6 章

中国膳食虚拟水消费特征与
区域差异的驱动因素分析

6.1 研究方法

6.1.1 基于 PLS 方法修正的 STRIPAT 模型

1. STRIPAT 模型构建

（1）IPAT 模型。在环境质量不断恶化的背景下，埃利希等（Ehrlich et al.，1971）提出了经典的环境压力控制模型即 IPAT 模型。该模型认为人类对环境的影响由经济、技术、人口、政治等因素相互决定，它们共同决定了环境的变化，每个因素的影响都不是独立存在的。该模型被广泛应用于环境影响因素的分析，其表现形式如下：

$$I = P \times A \times T \tag{6.1}$$

式（6.1）中，I 表示环境影响；P 表示人口数量；A 表示经济；T 表示技术。IPAT 模型是衡量环境和各个因素之间数量关系的等式，它考虑了环境变化的三个主要影响因素，并通过改变某一个因素来反映人类活动对环境的影响。

在 IPAT 模型的基本思想中，人口、经济、技术三者作为环境变化的影响因素，并不是孤立地对环境产生作用，而是在相互具有影响的同时，共同对环境的变化产生驱动性的影响。例如，人口的增长一方面消耗更多的自然资源，并对环境产生影响；另一方面，人口的增长对经济的发展或人类社会的福利（包括经济的发展和对适宜环境的追求）起到了促进作用，而经济发展导致了对自然资源更多的消费。反过来，某些自然资源的贫乏或人口的过度增长会导致自然资源绝对性或相对性的短缺，进而导致人类生产过程中创造性的反应，即资源利用效率和生产效率的提升，由此，人口的增长会产生创新，带来人类社会福利的增加。

IPAT 虽然在提出之后立刻得到了广泛的认可，但该模型仍然存在许多问题，如仅能描述自变量对因变量的等比例影响，缺乏非线性分析能力，影响因素单一，扩展性差等问题（朱勤等，2010）。在埃利希等人的此基础上，一些学者对 IPAT 模型进行了发展，朱瓦纳等（Waggoner et al.，2002）提出了 IMPACT 模型，把"I = PAT"中的 T 分解成单位 GDP 的消费（C）和单位消费产生的影响（T），因此变为"I = PACT"，该模型的主要目的在于找出一些决定性因素，并通过这些因素量的改变来减少对环境的影响，并找出影响决定性因素的其他因素。舒尔茨（Schulze，2002）将人的行为因素 B（behavior）引入 IPAT 模型，即变为"I = PBAT"，认为人类除了可以通过减少财富或使用有效的技术减少对环境的改变之外，还有其他更有效的方式，如自身行为。但是关于"I = PBAT"还存在一些争论，马克（Mark，2003）认为行为（behavior）包含在人口、人均财富和技术里面，B 只能包含那些不包含在人口、人均财富、技术里面的因素，而这是很难分清楚的。但无论是 I = PACT 还是 I = PBAT，其对于环境影响的讨论均建立在对环境影响的因式分解上，其结果仍然是一种等比例影响的估算，因而并没有克服 IPAT 模型的最主要缺陷。

（2）STRIPAT 模型。为了克服 IPAT 模型的劣势，使修正后的 IPAT 模型在实现对人口、资源、环境影响间关系解释的同时，既通过理论检验（满足统计检验要求），又匹配现实情况（符合实际案例检验），能够形成一套行之有效的研究体系，迪茨等（Dietz et al.，2003）在经典 IPAT 等式基础上，提出了随机回归影响模型，即人口、富裕和技术的随机影响模型，简称为 STIRPAT 模型，表达式为：

$$I = a \times P^b \times A^c \times T^d \tag{6.2}$$

式（6.2）中，I 代表环境压力，a 是常数项，P、A、T 分别代表人口、财富和技术因子；a 为模型系数；b、c、d 分别为人口、财富和技术因子的指数。

STIRPAT 模型是 IPAT 模型的衍生形式，如果 a = b = c = d = 1，STRIPAT 模型就还原成 IPAT 等式（张乐勤等，2012）。

相比 IPAT 模型，STRIPAT 模型实现了六个方面的突破，因而在适用性上有了极大的提高（刘增明，2015）。STRIPAT 的这六个进步分别是：

①相比 IPAT 模型，STRIPAT 模型可以被视作随机模型而非单纯的恒等数据记录，因此 STRIPAT 模型可以用于对各种理论假定进行检验；

②在第一点的基础上，STRIPAT 模型有助于在模型中使用不同的环境影响指标，并通过测试和检验，从大量的个别指标中提炼通用指标；

③除了经济规模和人口规模之外，STRIPAT 模型能够将经济增长率、经济步调、人口结构等因素对环境带来的影响纳入到其中；

④在选择衡量财富（A）的指标时，STRIPAT 模型可以采用国民生产总值（GNP）或国内生产总值（GDP）以及相应的收入分配方式；

⑤由于 STRIPAT 模型不再基于恒等式，因此技术（T）可以通过确定的指标（如能源转换效率）加以衡量，而非简单的作为其他因素决定的余项，其他一些对环境产生影响的人类活动，也可以作为技术水平纳入到 STRIPAT 模型当中，如文化、社会结构、体制安排；

⑥由于对环境产生影响的各种驱动因素之间存在着复杂的相互作用，而单方程模型只能估计对某一变量的直接影响，因此能够扩展为模型系统从而对驱动因素直接和间接影响做出估计的 STRIPAT 更具优势——即模型必须支持对不同驱动因素间相互影响的分析。尽管 IPAT 模型提到了这一点，但并没有对这些相互影响做出具体地阐述。

此外，由于人类活动对环境影响的复杂性，很多影响因素并不能简单的划入 P，A 或 T 因素的范畴，过于概括的模型甚至会影响对上述因素的估计，因此，利用 STIRPAT 模型所具备的扩展性，一些特殊的社会现象可以作为单独的指标或参数引入到 STIRPAT 模型当中，如文化、政治经济影响、社会结构。这些表征社会现象的指标可以作为参数直接纳入到 STIRPAT 模型中，或者如前文所说通过建立联立方程，构建一个更大的结构方程。STRIPAT 模型虽然给出了其基于 IPAT 模型而得到的随机的数学形式，但其本质上属于一种对传统经济学观点的总结和升级。STRIPAT 模型对 I，P，A，T 四个变量赋予了新的总结和内涵，其主要观点如下：

关于 I：STRIPAT 模型更加注重研究生态影响而非人类活动。大部分关于来自人类的驱动因素对自然环境的影响的研究都是将人类活动对自然环境的输出作为衡量生态影响 I 的指标，而非考察自然环境的最终变化。应当说，使用人类活动的结果作为衡量环境影响的指标是一个合理的近似，而且这很大程度上是因为人类活动结果数据的可得性和环境变化数据的匮乏。但采用这种数据会忽略自然环境对于人类活动带来的冲击的吸收能力，以及这种能力的阈值（很可能是非线性的）。因此，尽管采用人类活动数据完全可行，但 STRIPAT 模型更鼓励使用来自物理或者生物系统的数据。

关于 P：STRIPAT 模型指出，在大多数研究中采用的人口规模数据忽略或掩盖了其他一些重要的人口影响。这些重要的人口因素包括：①人口分布，包括人口密度和人口迁移，二者对环境的影响往往比人口规模更加重要。②人口年龄结构，这主要是由于不同年龄段的人群对环境的影响程度并不一样，如儿童对环境的影响远远小于成人，因此在年龄结构不稳定的国家，人口结构的变化可能导致资源消费模式的急剧变化；同时出生率也会对环境产生重大影响，包括直接的影响或间接的通过经济因素产生的影响。③人口对环境的最重要的影响，不是人口规模或人口的年龄分布或空间分布，而是人口增长的步调会影响国家的创新与体制，恰当的人口增长会保持社会和经济的活力，而不适当的增长速度可能损害经济的发展，破坏生态和环境。

关于 A：在经典的 IPAT 中，一般采用人均国民生产总值（GNP）或人均国内生产总值（GDP），或者是根据经济部门分类得到的分解结果来衡量经济活动状况。在评价经济活动对环境的影响时，这种标准和变量的选择是准确的。但在衡量人类福利时，这种指标并不够准确，如人类健康等指标，并不与经济水平高度相关，而诸如"物质生活质量指数"（PQLI）这种包含了婴儿死亡率、识字率和预期寿命的指数在衡量人类福利的发展水平时更加恰当。但 PQLI 存在一个缺陷，其纳入的众多指标的单位难以统一。因此迪茨建议测量富裕度时采用出生预期寿命，作为一个处于种群中的个体指标，出生预期寿命在与人口交互时可以衡量整体经济发展水平。

关于 T：在经典的 IPAT 等式中，往往被认为是用来匹配 P 和 A 的残差项。如果仅仅将 T 视作残差的话，IPAT 模型的应用事实上变成了对 T 的求解。事实上如果将 T 视为狭义上的技术，那么许多因素都被排除在模型之外，如态度、价值观、制度安排等。这些因素都是环境变化的驱动因素。而建立了 IPAT 的随机模型之后，T 就可以作为一个独立的指标纳入到模型的构建之中。

为了估计参数，在实际应用中通过取对数的方式将式（6.2）中多元非线性模型转化为式（6.3）所示的线性方程。

$$\ln I = \ln a + b \ln P + c \ln A + d \ln T + \ln e \tag{6.3}$$

式（6.3）中，P 为人口因子、A 为富裕度、T 为技术因子；b 的经济意义为当 A、T 不变时，P 每变动 1% 个单位，I 平均变动 b% 个单位；参数 c、d 的经济意义同理，类似于经济学中的弹性系数分析方法；e 为模型误差（蒋惠凤，2016）。

本书借鉴 STRIPAT 模型用于分析人类活动对膳食虚拟水消费的压力，对 STRIPAT 模型进行扩展并选取反映对膳食虚拟水消费压力影响较大的人类活动指标，构建膳食虚拟水消费与其驱动因子的计量模型，表达式为：

$$\ln I = \ln a + b_1 \ln P_1 + b_2 \ln P_2 + c \ln A + d_1 \ln T_1 + d_2 \ln T_2 + d_3 \ln T_3 \tag{6.4}$$

式（6.4）中，I 为环境压力，本节用膳食虚拟水消费表示人类活动对水环境的压力影响；P_1 全国总人口和 P_2 城市率表示人口因子；以万元 GDP 表示富裕度（A）；T_1 虚拟水消费强度反映用水效率，T_2 和 T_3 分别为人均粮食产量和耕地灌溉面积，反映生产方面的技术水平；P_2 为城市率，采用城镇人口数占总人口数的比例表示，是一个综合体现城市人口密度、生活方式的人口指标，反映城市人口环境影响；T_1 为虚拟水消费强度指标，是总膳食虚拟水消费与国民生产总值的比值，虚拟水消费强度越小，则万元 GDP 消耗的虚拟水消费越小，虚拟水利用效率越高。

为了检验经济增长与膳食虚拟水消费之间是否存在倒 U 型曲线，将模型（6.4）中的 $\ln A$ 分解成 $\ln A_1$ 与 $\ln A_2^2$ 两项，将模型调整为：

$$\ln I = \ln a + b_1 \ln P_1 + b_2 \ln P_2 + c_1 \ln A_1 + c_2 \ln A_2^2 + d_1 \ln T_1 + d_2 \ln T_2 + d_3 \ln T_3 \tag{6.5}$$

对式（6.5）求 $\ln A_i$ 的一阶偏导数，得到富裕度对膳食虚拟水消费的弹性系数 $E_{\ln Ai} = c_1 + c_2 \ln A_2$。如果 c_2 为负数，说明人均 GDP 与膳食虚拟水消费之间存在"倒 U 形"曲线。

2. 偏最小二乘法（PLS 方法）

为了利用已有历史数据，根据建立的修正 STRIPAT 模型来研究自变量与因变量之间的弹性关系，需要用统计方法对相关的多元统计数据进行回归分析。在多元线性回归中，一般常用最小二乘方法来估计回归系数，使残差的平方和最小。但在处理实际问题时，由于收集到的自变量数据之间往往普遍存在多重相关性，抑或预测变量比观测值多，就会导致最小二乘方法估计出的系数。其论证过程如下：

在一般的多元线性回归模型中，如果有一组总体上满足 Gauss – Markov 假设的统计数据，分别是自变量 $X = \{x_1, \cdots, x_p\}$ 和因变量 $Y = \{y_1, \cdots, y_q\}$ 时，可以用

$$\hat{Y} = X(X^T X) X^T Y \tag{6.6}$$

来求出 Y 的最小二乘估计。上式的成立有一个必要条件，即矩阵 $X^T X$ 必须是可逆矩阵。根据矩阵可逆的充要条件可以知道，当矩阵 X 中的向量具有多重线性相关性，或者 X 中的样本数量少于变量个数时，$X^T X$ 为奇异矩阵，其逆矩阵不存在。

如果出现了多重相关性，可能会导致回归结果出现如下的一些问题：

（1）在自变量的简单相关系数矩阵中，有某些自变量的相关系数值较大，超出一般经验或理论范围；

（2）回归系数的代数符号与专业知识或一般经验相反；或者，它同该自变量与 y 的简单相关系数符号相反；

（3）对重要自变量的回归系数进行 t 检验，其结果不显著。甚至可能会出现当 F 检验精度和测定系数 R^2 的值都能在很理想的状态下通过，但自变量的 t 检验却全都不显著的情况。

（4）如果增加（或删除）一个变量，或者增加（或删除）一个观测值，会对回归系数的估计值造成显著的扰动。

（5）重要自变量的回归系数置信区间明显过大。

（6）在自变量中，出现了两组自变量直接存在完全或近似完全的线性相关关系的情况。

偏最小二乘回归法是 S. 沃尔德和 C. 阿尔巴诺等（S. Wold & C. Albano et al. , 1983）首次提出的，偏最小二乘回归是以成分提取思想为基础，在自变量空间中寻找某种线性组合，来更好地解释因变量空间的变异信息。具体地说，就是在自变量空间和因变量空间中分别找出各自的潜变量，即各自具有

特征代表性的主成分，它们分别是自变量和因变量的某种线性变换，这两组潜变量需要满足以下两个条件：①与主成分分析思想相类似，两组潜变量必须尽可能多地反映各自变量的变异信息；②与典型相关分析思想相类似，为了使自变量成分对因变量成分有最大的解释能力或预测能力，两种潜变量之间的相关性要达到最大。因此，偏最小二乘将主成分分析法、多元回归法和典型相关分析有机结合起来，被称为第二代回归分析方法。

偏最小二乘法的建模思路是：设有 p 自变量 $\{x_1, \cdots, x_p\}$ 和 q 个因变量 $\{y_1, \cdots, y_q\}$，为了研究自变量与因变量的关系，观察 n 个样本点，由此构成 $X = \{x_1, \cdots, x_p\}$ 和 $Y = \{y_1, \cdots, y_q\}$ 的数据表。为了回归分析的需要在满足了尽可能大的携带数据表中的变异信息和相关的程度能达到最大的情况下，提取出成分 t_1 和 u_1。这就说明 t_1 和 u_1 要尽可能好的代表 X 和 Y，同时 t_1 对 u_1 又有最强的解释能力。

在提取第一个成分 t_1 和 u_1 后，分别实施 X 对 t_1 的回归以及 Y 对 u_1 的回归。如果偏最小二乘回归达到了理想的精度，那么就取消对第二个成分的提取；如果不符合理想精度，则继续提取：利用 t_1 解释 X 后的残余信息以及 u_1 解释 Y 后的残余信息提取第二个成分。如此往复，直到达到理想的精度为止。其计算过程如下：

首先，对 X，Y 进行标准化处理得到数据矩阵 E_0 和 F_0，分别从 E_0，F_0 中提取第一个成分 t_1 和 u_1，使 $t_1 = E_0 W_1$，$u_1 = F_0 C_1$，其中 W_1 和 C_1 分别是 E_0 和 F_0 的第一个轴，并且 $\|W_1 = 0\|$，$\|C_1 = 0\|$，满足：$\max(E_0 W_1, F_0 C_1)$，$W_1^T W_1 = 1$，$C_1^T C_1 = 1$。分别求出 E_0 和 F_0 对 t_1 的回归方程：$E_0 = t_1 P_1^T + E_1$，$F_0 = t_1 R_1^T + F_1$ 式中，回归系数向量为 $P_1 = \dfrac{E_0^T t_1}{\|t_1\|^2}$，$R_1 = \dfrac{F_0^T t_1}{\|t_1\|^2}$；$E_1$、$F_1$ 分别是两个回归方程的残差矩阵。其次，用残差矩阵 E_1 和 F_1 取代 E_0 和 F_0，用同样的方法求第二个轴 W_2 和 C_2 以及第二个成分 t_2 和 u_2。如此计算下去，假设进行了 $k(k \geq 1)$ 次运算，即提取了 k 个主成分，则有：$E_0 = t_1 P_1^T + t_2 P_2^T + \cdots + t_k P_k^T + E_k$，$F_0 = t_1 P_1^T + t_2 P_2^T + \cdots + t_k P_k^T + E_k$。

在很多情况下，偏最小二乘法并不需要选取全部的成分，那么我们选取多少算是合适的呢？可以用交叉验证法确定选取成分的个数。

记 y_i 为原始的数据，$t_1, \cdots, t_k$ 是在偏最小二乘法中提取的成分。$\hat{y}_{hi}$ 是

用全部样本点并取 t_1，…，t_h 个成分建立模型后，第 i 个样本点的拟合值；$\hat{y}_{h(-i)}$ 是排除的样本点 i 用余下的 n−1 个样本点，取 t_1，…，t_h 个成分建立模型后，再用模型计算的 y_i 拟合值。公式如下：

$$PRESS(h) = \sum_{i=1}^{n} (y_i - \hat{y}_{h(-i)})^2$$

$$SS_h = \sum_{i=1}^{n} (y_i - \hat{y}_{hi})^2$$

$$Q_h^2 = 1 - \frac{PRESS(h)}{SS_{h-1}} \qquad (6.7)$$

Q_h^2 是对于因变量 Y，成分 t_h 的交叉有效性；当 $Q_h^2 \geqslant 0.0975$ 时，表明加入成分对预测模型的改善是显著的，否则则不是。

偏最小二乘法同时采用自变量投影重要性指数 VIP 判断驱动因子的重要性。VIP 反映每个自变量在解释因变量时作用的重要性，一般认为，VIP$\geqslant$1 的自变量对于因变量具有显著的解释意义，VIP 值越大，解释意义越显著；0.8 < VIP < 1 的自变量具有中等程度的解释意义；VIP$\leqslant$0.8 的自变量基本不具备解释意义（Johnson，2002）。公式如下：

$$VIP_j = \sqrt{p \sum_{h=1}^{m} r_h^2 w_{hj}^2 \Big/ \sum_{h=1}^{m} r_h^2} \qquad (6.8)$$

式（6.8）中，p 为自变量个数；r_h^2 反映了第 h 个成分对因变量的解释能力；w_{hj}^2 用以测量 x_j 对成分 t_h 的边际贡献。

6.1.2 脱钩模型构建

脱钩分析是一种研究社会中各个领域的经济增长与资源消耗之间相互影响的方法，同时也可以体现资源消耗和经济增长之间的依赖程度。脱钩理论认为，经济增长与资源环境压力之间存在两种关系：①资源利用与环境压力随着经济增长而增加，称为耦合；②资源利用与环境压力并没有随着经济增长而增加，反而减少，称为脱钩（Tapio，2005）。可见，绝对脱钩状态是资源环境经济协调发展的理想阶段，即在一定的经济规模、经济结构、技术水平条件下，以最小的资源环境代价实现最优的经济增长（潘安娥等，2014）。目前国内应用最广泛的脱钩分析研究方法主要有四类。

1. OECD 脱钩指数分析法

OECD（2001）提出的脱钩指数分析方法中，定义脱钩指数等于 1 减去环境压力（EP）与经济增长（DF）的脱钩率 R。脱钩率的计算公式为：

$$D_r = 1 - \frac{(EP/DF)_{末端年}}{(EP/DF)_{始端年}} \tag{6.9}$$

式（6.9）中，D_r 为脱钩率；EP 为环境压力指标，可以用资源消耗量、污染物排放量等表示；DF 可以用 GDP 表示。脱钩指数的取值范围在负无穷到 1 之间，并定义脱钩指数在负无穷到 0 之间为非脱钩状态，0 到 1 之间为相对脱钩的关系。因此，OECD 提出的脱钩指数分析法只能区别出脱钩和非脱钩两种状态关系。

2. 陆钟武脱钩指数法

陆钟武等（2011）在 IPAT 式的基础上推导得出了脱钩指数的计算公式，并将脱钩指数定义为资源消耗与经济增长的定量表达。即：

$$D_r = \frac{t}{g} \times (1 + g) \tag{6.10}$$

式（6.10）中，g 为一定时期内 GDP 的年增长率（增长时，g 为正值；下降时，g 为负值）；t 为同期内资源消耗的年下降率（下降时，t 为正值；升高时，t 为负值）。由于该脱钩指数表达式与国家和地方规划中常用的指标（GDP 年增长率指标和单位 GDP 资源消耗量指标）密切相连，所以可以方便地将其应用到相关规划指标的计算中；此外，根据脱钩指数（D_r）的大小可以分别从经济增长和经济衰退两种情况准确适当地对资源消耗与 GDP 的脱钩程度加以划分：绝对脱钩、相对脱钩和未脱钩，如表 6 - 1 所示。

表 6 - 1　　　　　　　　　　D_r 值与不同脱钩类型的对应关系

脱钩类型	经济增长情况下	经济下降情况下
绝对脱钩	$D_r \geqslant 1$	$D_r \leqslant 0$
相对脱钩	$0 < D_r < 1$	$0 < D_r < 1$
未脱钩	$D_r \leqslant 0$	$D_r \geqslant 1$

3. 王崇梅脱钩指数法

王崇梅在研究中国经济增长与能源消耗之间的脱钩关系时提出了一种新的脱钩指数研究方法。这种脱钩指数法与 OECD 提出的脱钩指数法内涵相近，但其计算更为简洁。直接通过能源消耗变化率与经济增长率的比值求得。即：

$$DI = \frac{E_n/E_0}{G_n/G_0} \tag{6.11}$$

当 DI 在 (0, 1) 之间时，代表经济增长的速度快于水资源消耗的速度，即存在脱钩现象，其值越接近 0，脱钩程度越深；当 DI ≥ 1 时，表示水资源消耗速度要快于或等于经济增长速度，经济增长与水资源环境处于不协调状态。

4. Tapio 弹性分析法

脱钩指数是塔皮奥（Tapio，2005）针对交通容量与 GDP 的脱钩问题提出的弹性系数，即：

$$E = \frac{\% \Delta VOL}{\% \Delta GDP} \tag{6.12}$$

式 (6.12) 中，E 为弹性系数；$\% \Delta VOL$ 为交通容量的变化率；$\% \Delta GDP$ 为经济变化率。该模型定义了弹性系数的明确区间，依据正负弹性关系以及计算得出的弹性系数值，划分出了 8 种具体的脱钩关系，用以区分具体的脱钩程度与脱钩状态。该指标的优点是将环境压力指标与经济驱动力的各种可能组合给予合理定位。

本研究在塔皮奥脱钩理论的基础上构建脱钩分析模型，用膳食虚拟水消费代表资源消耗变量，用 GDP 变化率表示经济增长程度，得到第 n 年末的脱钩弹性指数，公式如下：

$$E_n = \frac{(VWA_n - VWA_{n-1})/VWA_{n-1}}{(GDP_n - GDP_{n-1})/GDP_{n-1}} \tag{6.13}$$

式 (6.13) 中，n 为第 n 个年份，E_n 为第 n–1 年到第 n 年的脱钩指数。VWA_n 为第 n 个年份的膳食虚拟水消费量，VWA_{n-1} 为第 n–1 个年份的膳食虚拟水消费量；GDP_n 为第 n 个年份的经济生产总值，GDP_{n-1} 为第 n–1 个年份的经济生产总值。

根据塔皮奥和李坚明等（2005）等学者的研究，脱钩弹性值 0.8 和 1.2 可以作为脱钩状态划分依据，且分别用 β_1、β_2 表示脱钩弹性临界值 0.8、1.2，建立虚拟水消费量与 GDP 脱钩程度坐标如图 6 - 1 所示，脱钩程度的判别见表 6 - 2。

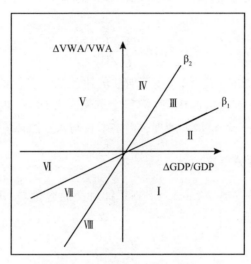

图 6 - 1　弹性分析指标体系

表 6 - 2　　　　　　　　　　　脱钩程度判别及意义

区位	$\Delta GDP/GDP$	$\Delta VWA/VWA$	E	名称	意义
I	>0	<0	≤0	强脱钩	经济总量在增长，虚拟水消费量在减少
II	>0	>0	(0, 0.8]	弱脱钩	经济增速快于虚拟水消费速度
III	>0	>0	(0.8, 1.2]	扩张耦合	经济增速与虚拟水消费速度基本保持一致
IV	>0	>0	>1.2	扩张负脱钩	虚拟水消费速度快于经济增长速度
V	<0	>0	≤0	强负脱钩	经济衰退，虚拟水消费在增加
VI	<0	<0	(0, 0.8]	弱负脱钩	经济衰退速度快于虚拟水消费减少速度
VII	<0	<0	(0.8, 1.2]	衰退耦合	经济衰退与虚拟水消费减缓的速度同步
VIII	<0	<0	>1.2	衰退脱钩	虚拟水消费的减小速度快于经济减少速度

6.2 中国城乡居民膳食虚拟水消费特征分析

6.2.1 我国城乡居民食物虚拟水消费量演变

表 6 - 3 显示了我国农村居民 2004 ~ 2015 年各种食物人均虚拟水消费量的变化趋势。2004 ~ 2012 年虚拟水消费总量呈下降趋势，2013 年达到最大值，随后又开始下降。在各类食物消费中，农村居民的粮食人均虚拟水消费量不断减少，从 2004 年的 218. 26 立方米降至 2015 年的 159.50 立方米，减少了 58. 76 立方米（-27%）；鲜菜的人均虚拟水消费量稳中略降，从 2004 年的 10. 66 立方米降至 2015 年的 8. 87 立方米，减少了 1. 79 立方米（-17%）；食用植物油的人均虚拟水消费量逐年增加，从 2004 年的 22. 58 立方米增加至 2015 年的 48. 21 立方米，增加了 113. 50%；动物性食物人均虚拟水消费量均呈上升趋势，其中奶类消费增长幅度最大，2015 年人均虚拟水消费量比 2004 年增加了 8. 21 立方米（218. 35%），猪肉、蛋类、水产品和禽类的人均虚拟水消费量分别增长了 40. 47 立方米（44. 88%）、13. 08 立方米（80. 29%）、13. 55 立方米（60. 35%）和 13. 89 立方米（126. 73%）。随着农村居民生活水平的逐步提高和消费观念的改变，农民对粮食和蔬菜的需求已经达到饱和，也开始追求食物的营养和健康，导致粮食消费量呈下降趋势，动物性食物消费水平有增加趋势，但由于农村居民受经济收入等因素的限制，食品消费方式还处在"生存型"，水平仍然相对较低。

表 6 - 3　　　　　　　　　　我国农村居民人均虚拟水消费量　　　　　　单位：立方米

年份	粮食	鲜菜	食用植物油	猪肉	禽类	奶类	蛋类	水产品	总量
2004	218. 26	10. 66	22. 58	90. 18	10. 96	3. 76	16. 29	22. 45	395. 15
2005	208. 85	10. 23	25. 68	104. 65	12. 85	5. 43	14. 80	24. 70	407. 19
2006	205. 62	10. 05	24. 73	103. 58	12. 29	5. 99	17. 75	25. 05	405. 06

续表

年份	粮食	鲜菜	食用植物油	猪肉	禽类	奶类	蛋类	水产品	总量
2007	199.48	9.90	26.51	89.58	13.51	6.69	16.76	26.80	389.23
2008	199.07	9.97	28.09	84.76	15.26	6.52	19.28	26.25	389.19
2009	189.62	9.84	28.40	93.53	14.88	6.84	18.89	26.35	388.35
2010	181.44	9.33	28.92	96.48	14.70	6.75	18.18	25.75	381.54
2011	170.74	8.94	34.58	96.61	15.75	9.80	19.17	26.80	382.40
2012	164.27	8.47	36.31	96.48	15.75	10.05	20.84	26.80	378.97
2013	178.50	8.92	48.73	127.97	21.70	10.83	24.85	33.00	454.50
2014	167.60	8.75	47.16	128.64	23.45	12.16	25.56	34.00	447.32
2015	159.50	8.87	48.21	130.65	24.85	11.97	29.47	36.00	449.52

表 6-4 显示了我国城镇居民 2004~2015 年的各种食物人均虚拟水消费量的变化趋势。2004~2015 年消费总量呈逐年增加趋势。在各类食物消费中，城镇居民的粮食人均虚拟水消费量呈波动上升趋势，从 2004 年的 97.73 立方米上升至 2015 年的 112.60 立方米（15.21%）；鲜菜的人均虚拟水消费量从 2004 年的 12.23 立方米降至 2015 年的 10.02 立方米（-18%）；其他类食物的虚拟水消费量都较稳定，略升或略降。其中 2015 年的食用植物油虚拟水消费量较 2004 上升了 7.39 立方米（15.18%）；2015 年的奶类虚拟水消费量较 2004 年略有下降，下降了 3.29 立方米（-9.20%）；蛋类、猪肉、水产品、禽类的消费量分别增长了 0.54 立方米（1.47%）、10.12 立方米（7.87%）、11.10 立方米（17.79%）和 10.60 立方米（47.53%），增速均小于农村居民，但其实际虚拟水消费大于农村居民。出现上述变化趋势的原因主要是城镇居民的收入水平较高，消费方式具有"享受型"特征，对于肉禽蛋等虚拟水含量高的动物型食品的消费量高，但是其趋势放缓，主要是因为人们对于食品的需求已经达到饱和，消费逐渐向新的领域扩张，例如住房、旅游、教育等。

表 6 - 4　　　　　　　　　　我国城镇居民人均虚拟水消费量变化　　　　　单位：立方米

年份	粮食	鲜菜	食用植物油	猪肉	禽类	奶类	蛋类	水产品	总量
2004	97.73	12.23	48.68	128.57	22.30	35.78	36.74	62.40	424.88
2005	96.23	11.86	48.47	135.01	31.40	34.05	36.92	62.75	437.43
2006	94.90	11.76	49.15	134.00	29.19	34.81	36.96	64.75	436.53
2007	97.00	11.78	50.46	122.01	33.81	33.73	36.67	71.00	437.05
2008	100.00	12.32	53.81	129.04	28.00	28.86	38.13	72.00	442.16
2009	101.66	12.05	50.67	137.35	36.65	28.33	37.52	74.00	457.89
2010	101.88	11.61	46.11	138.69	35.70	26.60	35.50	76.00	451.71
2011	100.88	11.46	48.73	138.02	37.10	26.03	35.86	73.00	450.90
2012	98.50	11.23	47.68	142.04	37.80	26.60	37.28	76.00	457.43
2013	121.30	10.01	55.02	136.68	28.35	32.49	33.37	70.00	487.22
2014	117.20	10.01	55.54	139.36	31.85	34.39	34.79	72.00	495.14
2015	112.60	10.02	56.07	138.69	32.90	32.49	37.28	73.50	493.54

注：2012 年之前的城镇居民粮食消费的统计数据采用的是成品粮，而农村居民采用的是原粮标准，本研究按 100∶85 的标准将 2012 年之前的人均成品粮消费折算成原粮。

　　总的来说，2004~2015 年期间，农村居民仅粮食的虚拟水消费量高于城镇居民，其他类食物（食用植物油、猪肉、禽类、奶类、蛋类、水产品）的人均虚拟水消费量均小于城镇居民；但农村居民对于动物类食品虚拟水消费的增速快于城镇居民。城乡居民对虚拟水含量高的动物类食的消费呈逐年上升趋势，然而，由表 6-4 虚拟水含量表可以看出肉禽蛋等动物性食物的虚拟水含量比粮食和鲜菜的虚拟水含量高，即在生产的过程中会伴随着大量的水资源的消耗，这种以动物性食物的消费量的增加趋势势必会增加未来水资源的压力。

6.2.2 我国城乡居民食物虚拟水消费结构演变

　　依据人均虚拟水消费量数据绘制 2004 年、2015 年我国城乡居民食物虚拟水消费结构图，如图 6-2 所示。

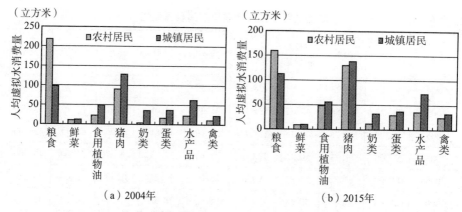

（a）2004年　　　　　（b）2015年

图6-2　我国城乡居民食物虚拟水消费结构对比

图6-2（a）反映了2004年我国城乡居民食物虚拟水消费结构，人均粮食虚拟水消费相差最大，农村人均粮食虚拟水消费比城镇居民多120.53立方米；其他食物的人均虚拟水消费农村居民均低于城镇居民，其中蔬菜的虚拟水消费相差最小（1.57立方米）、食用植物油人均虚拟水消费相差26.10立方米、猪肉人均虚拟水消费相差38.39立方米、奶类人均虚拟水消费相差32.02立方米、蛋类人均虚拟水消费相差20.45立方米、水产品人均虚拟水消费相差39.95立方米、禽类人均虚拟水消费相差11.34立方米。

图6-2（b）反映了2015年我国城乡居民食物虚拟水消费结构，依然是粮食虚拟水消费相差最大，农村居民人均粮食虚拟水比城镇居民多46.90立方米；其他食物的人均虚拟水消费均是城镇居民大于农村居民，其中蔬菜的虚拟水消费相差最小（1.15立方米）、食用植物油虚拟水消费相差7.86立方米；猪肉人均虚拟水消费相差8.04立方米、奶类人均虚拟水消费相差20.52立方米、蛋类人均虚拟水消费相差7.81立方米、水产品人均虚拟水消费相差37.50立方米、禽类人均虚拟水消费相差8.05立方米。

综上可以看出，农村居民的食物消费受经济收入，食品价格，消费偏好等因素的影响，消费结构以粮食虚拟水消费为主，消费模式较单一；城镇居民的生活水平与消费水平较高，消费结构更趋多元化。2004~2014年，城乡居民的人均食物虚拟水消费量差距在缩小。主要得益于国家对于缩小城乡差距的一系列政策。据国家统计局最新数据表明，2013年的全国居民收入基尼系数为 0.473, 2014 年为 0.469, 降低了 4 个百分点; 且 2014 年人均可支配收入农村居民的实际增速快于城镇居民 2.4 个百分点, 城乡居民收入倍差 2.75, 比上年缩小 0.06。

6.2.3 我国城乡居民食物虚拟水消费地域差异

我国幅员辽阔, 不同的资源禀赋、文化背景、社会制度造就了不同的消费和饮食习惯; 加之不同地域的经济发展水平的差异, 使得我国的食物虚拟水消费存在地域差异。为了更直观、清晰地反映各省市之间的食物消费状况, 进而进一步分析不同区域的食物需求占用水资源情况。本节以 2015 年各省区市的人均食物虚拟水消费量为基础数据, 将全国人均食物虚拟水消费量划分为 3 个等级, 并赋以不同的颜色, 颜色越深, 表明该区的人均食物虚拟水消费量越高, 对水资源的需求量越大 (如图 6-3 所示)。

分析图 6-3 我国农村居民虚拟水消费量的空间分布格局可得, 粮食人均虚拟水消费量较多的为江西、广西、甘肃、湖南、西藏等 8 个省区市, 虚拟水消费量较小的为青海、北京、吉林、山东、上海等 8 个省区市, 虚拟水消费量最高的省份与最低省份相差 206.49 立方米。人均鲜菜虚拟水消费量主要集中在东南及西南地区, 其中重庆、四川、湖北、辽宁等 4 个省市虚拟水消费量多, 而西北部虚拟水消费量较小, 其中西藏的虚拟水消费量最小 (1.34 立方米), 人均虚拟水消费最高的省份与最低的省份相差 12.13 立方米。食用植物油人均虚拟水消费量较多的为湖北、新疆、黑龙江等 6 个省份, 而虚拟水消费量较小的城市主要集中在南部地区, 主要有云南、海南、广西、贵州等 13 个省区市, 人均虚拟水消费量最高的省份与最低省份相差 59.01 立方米。猪肉虚拟水消费主要集中在南部地区, 主要有四川、重庆、广东、贵州等 9 个省区市, 而西北部地区虚拟水消费量较小, 主要有新疆、西藏、宁夏等 11 个地区, 人均虚拟水消费量最高的省份与最低省份相差 219.96 立方米。禽类虚拟水消费量较多的省份主要集中在广东、广西、海南这 3 个省区市, 而西北、华北和东北地区虚拟水消费量较小, 主要有西藏、陕西、山西、辽宁等 20 个省区市, 人均虚拟水消费量最高的省份与最低省份相差 69.85 立方米。蛋类人均虚拟水消费量较多的省份主要集中在北部沿海城市, 有天津、

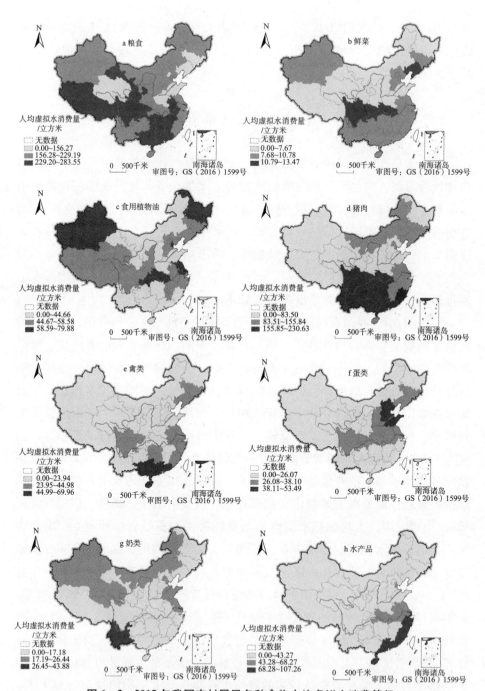

图6-3　2015年我国农村居民各种食物人均虚拟水消费等级

山东、北京、河北 4 个省市，而虚拟水消费量较小的省份集中在西北和南部沿海地区，有西藏、青海、海南、广西等 18 个省区市，人均虚拟水消费量最高的省份与最低省份相差 46.88 立方米。奶类虚拟水消费量较多省份有云南、新疆、北京、上海等，其中云南的最高为 43.88 立方米，而消费量较小的省份集中在南部地区，主要有海南、贵州、广西等 21 个省区市，人均虚拟水消费量最高的省份与最低省份相差 41.40 立方米。水产品虚拟水消费量最多的省份主要集中在南部沿海城市，包括海南、上海、福建、浙江等 5 个地区，而中西部内陆地区对水产品的虚拟水消费量较小，最小的为西藏地区（0.01立方米），人均虚拟水消费量最高的省份与最低省份相差 107.25 立方米。

如图 6-4 所示，人均粮食虚拟水消费量较多的有甘肃、黑龙江、江西等 9 个省区市，人均粮食虚拟水消费量较小的有青海、北京、吉林等 7 个省区市，人均虚拟水消费量最高的省份与最低省份相差 140.15 立方米。鲜菜虚拟水消费量主要集中在西南和东北地区，主要有四川、重庆、辽宁、黑龙江等 10 个省区市，消费量较少的主要有西藏、青海 2 个省区市，人均虚拟水消费量最高的省份与最低省份相差 7.48 立方米。食用植物油的虚拟水消费量主要集中在西南、西北和东北地区，有四川、重庆、新疆、黑龙江等 6 个省区市，虚拟水消费量较少的省份有海南、山西、青海等 15 个省区市，人均虚拟水消费量最高的省份与最低省份相差 32.34 立方米。猪肉的虚拟水消费量主要集中在西南和东部沿海地区，主要有四川、重庆、广西、广东等 7 个省区市，虚拟水消费量较少的省份主要集中在北部地区，有新疆、宁夏、内蒙古、山西等 15 个省区市，人均虚拟水消费量最高的省份与最低省份相差 188.91 立方米。禽类的虚拟水消费量主要集中在东南沿海地域，主要有海南、广西、广东 3 个省区市，而华北、西北和东北地区的虚拟水消费量较小，主要有山西、陕西、吉林等 19 个省区市，人均虚拟水消费量最高的省份与最低省份相差 65.09 立方米。蛋类的虚拟水消费量主要集中在北部沿海地区，主要有山东、天津、北京等 6 个省区市，而东南和西北地区的虚拟水消费量较小，主要有海南、青海等 14 个省区市，人均虚拟水消费量最高的省份与最低省份相差 40.8 立方米。奶类的虚拟水消费量主要集中在西北地区，如内蒙古、新疆、青海等 6 个省区市，消费量较小的省份集中在南部地区，有海南、湖南等 12 个省区市，人均虚拟水消费量最高的省份与最低省份相差 41.69 立方米。

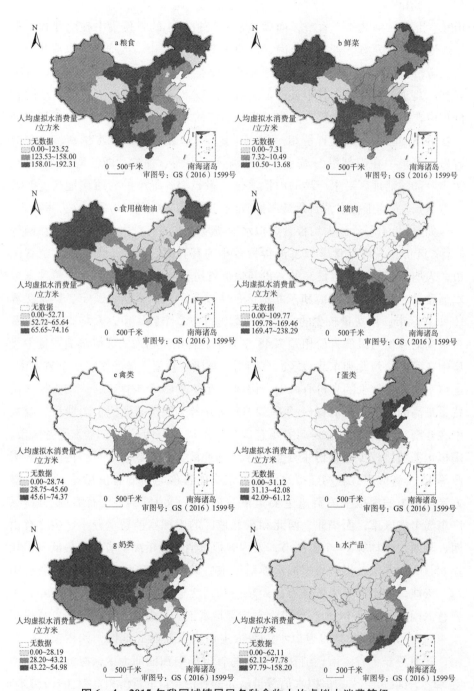

图6-4 2015年我国城镇居民各种食物人均虚拟水消费等级

水产品的虚拟水消费量主要集中沿海地区，有海南、福建、浙江等 5 个省区市，而中西部内陆地区的虚拟水消费均处于较低水平，主要有内蒙古、西藏、山西等 18 个省区市，人均虚拟水消费量最高的省份与最低省份相差 148.46 立方米。

6.2.4　政策启示

（1）倡导可持续的消费结构，降低人类对水资源安全的威胁。根据我国城乡居民食物虚拟水消费量的时间变化趋势可以看出粮食虚拟水消费量在减少，鲜菜虚拟水消费量趋于稳定，而对于动物性食物虚拟水消费需求还有较大上涨空间。动物性食物是水资源密集型产品，意味着在生产过程中会消耗更多的水资源，而且动物性食物消费量增加引发了作为饲料的谷物生产量大幅的上升，一定程度上还会威胁粮食安全。建议在满足人类基本营养需求的前提下，增加虚拟水含量较小的植物类产品的消费量，减少高虚拟水含量的动物类产品的消费量，以减少水资源的消耗量，保障用水安全。

（2）缩小城乡差距，提升居民消费水平，通过提高居民虚拟水消费的多样性，降低虚拟水消费量，实现节水目的。目前，我国农村居民食物消费处于较低水平，植物性食物摄入量偏多而动物性食物摄入量不足，农村居民的膳食结构仍不尽合理，对于动物性食物摄入量远低于城镇居民。城乡居民食物消费处于不同阶段，差异明显，究其原因，居民收入过低是造成这种情况的主要原因（孟繁盈等，2010）。因此，全面建设小康社会，切实落实惠农政策，努力提高农民收入，以加快其食品消费结构优化进程。

（3）实现区域水土资源禀赋与食品消费模式的协调发展。由于受不同地区经济发展水平、人们饮食习惯等多种因素的影响，各地区在食物虚拟水消费量及消费结构方面存在一定差异。这就要求我们针对不同地区食物虚拟水消费趋势，制定相应的水资源利用战略及农业发展战略，保障区域的水资源安全与食物安全。缺水地区应逐步优化当前的经济结构和居民食品消费结构，提倡适宜区域水资源条件的食品消费模式（田贵良等，2014），此外，加大区域间交流与合作，实施虚拟水战略，从而达到水资源节约效应。

（4）积极宣传营养知识，逐步培养人们的营养意识度。肉食消费是慢性疾病的诱因，为了引导居民健康合理饮食，相关部门应该充分利用各种媒介对健康饮食知识进行宣传，使居民有意识地对肉类进行适当消费，多增加蔬菜的摄入量（同海梅等，2015）。有学者提出，中国人的饮食应该以植物性食品为基础，以白肉类（例如鸡、鱼、水产种类）动物性食品为补充，这样的饮食结构既有益健康又对环境友好（许进杰，2009）。所以在满足人类基本的营养需求下，应大力提倡素食主义，建立健康合理的消费结构。

6.3 中国膳食虚拟水区域差异及驱动因素分析

6.3.1 中国区域间膳食虚拟水比较

1. 膳食虚拟水消费总量八大区域间差异分析

根据本研究的膳食虚拟水消费计算方法，得到 2000～2015 年的中国八大区域膳食虚拟水消费总量变化（如图 6-5）。

（1）从整体看，八大区域膳食虚拟水消费均呈上升趋势，但其上升的幅度均维持在 50% 以内。这是因为农产品作为人类的生活必需品，随着人口的增加和人们生活水平的提高，其消费量增加趋势是必然结果，但在一定时期及条件下，人们需要的热量、蛋白质、脂肪等食物要素是有一定数量限度的，所以膳食虚拟水消费呈现平稳上升态势。

（2）分区域来看，华北膳食虚拟水消费从 2000 年的 215.69 立方米升至 2015 年的 321.16 立方米，呈持续上升的态势，增幅最大（49.90%）；东北则稳中略升，增幅为 16.76%；黄淮海变化较波折，但基本呈上升态势；西北也呈平稳上升趋势，增幅为 28.01%；东南增加趋势较明显，增速为 40.27%；长江中下游变化幅度最稳定（11.98%）；华南上升趋势显著，增幅为 45.02%；西南呈现先升后降再升的趋势。

（3）从绝对量来看，黄淮海的膳食水足量最大，表明维持其食物需求所占用的水资源量最大，其次是长江中下游、西南、华南、东北、东南、西北、华北地区。这是因为黄淮海的人口总数和 GDP 总值均最高，造成其对水资源需求量最大，更深层次上威胁了该地区的水安全。

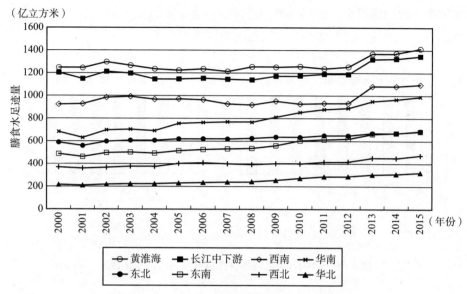

（亿立方米）

图6-5 中国八大区域膳食虚拟水消费量变化

2. 膳食虚拟水消费结构八大区域间差异分析

从中国八大区域膳食虚拟水消费的结构变化图（如图6-6）来看，整体变化，粮食虚拟水消费占比下降趋势明显，蔬菜虚拟水消费占比稳中略降，肉类和其他的虚拟水消费比重均升高。原因是当居民收入达到一定水平后，居民肉类消费量的急剧增加，替代了部分素食消量，此阶段的食品消费更多关注食物的营养价值和居民的消费偏好（曹志宏等，2012），居民既要吃饱以满足其饱腹感，又要吃好以满足其合理膳食和均衡营养的需要，因此导致居民粮食、蔬菜消费量下降，而肉、禽、蛋等动物性食品消费急剧增加。

分区域变化，其中黄淮海的粮食占比最大，但其下降趋势也最显著，西南的肉类占比最大且上升趋势也最明显，长江中下游其他虚拟水消费量占比例上升趋势明显，但从2015年绝对占比来看，东南的其他虚拟水消费占比最高。造成上述现象原因在于：黄淮海作为人口密集区，再加上城市化总体水平不高，所以对需求价格弹性小的粮食消费量大，后又由于国家政策鼓励，国内生产总值和城市化的不断发展，人们开始追求消费多样化，造成粮食消费量下降趋势；西南地区是牛羊肉产区且又是少数民族聚居地，受自然环境和传统文化的影响，人们的膳食结构形成了肉类消费以牛羊为主的格局，再加上牛羊肉的虚拟水含量高，即生产过程中会消耗较多水资源量，这种以肉类消费为主的增加趋势势必会增加西南地区的水资源压力。

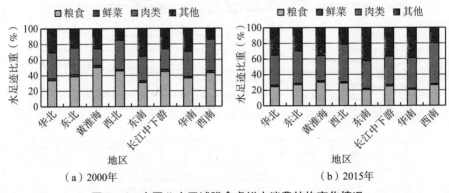

（a）2000年　　　　　　　　　　（b）2015年

图6-6　中国八大区域膳食虚拟水消费结构变化情况

6.3.2　中国区域间膳食虚拟水驱动因素分析

1. 驱动因素相关性分析

表6-5为各变量间的皮尔逊相关系数。从两两相关的角度来看，与膳食虚拟水消费的相关系数均通过了显著性检验，说明人类活动对水资源环境影响很大。同时自变量间的相关性也非常强，所有变量间的相关系数都在显著性水平 $\alpha = 0.01$ 或 0.05 上显著相关，可见自变量间存在严重共线性。为了消除变量间的多重共线性影响，提高参数模型的精度和稳定性，本节以PLS方法求解回归方程的未知参数，分析软件为SMICA - P。

表6-5　　　　　　　　　　　变量间的皮尔逊相关系数

变量	$\ln I$	$\ln P_1$	$\ln P_2$	$\ln A_1$	$(\ln A_2)^2$	$\ln T_1$	$\ln T_2$	$\ln T_3$
$\ln I$	1	0.888**	0.872**	0.890**	0.929**	-0.705*	0.879**	0.880**
$\ln P_1$		1	0.999**	0.997**	0.984**	-0.939**	0.992**	0.998**
$\ln P_2$			1	0.997**	0.979**	-0.949**	0.992**	0.997**

续表

变量	lnI	lnP$_1$	lnP$_2$	lnA$_1$	(lnA$_2$)^2	lnT$_1$	lnT$_2$	lnT$_3$
lnA$_1$				1	0.990 **	-0.929 **	0.996 **	0.995 **
(lnA$_2$)^2					1	-0.869 **	0.983 **	0.980 **
lnT$_1$						1	-0.930 **	-0.939 **
lnT$_2$							1	0.994 **
lnT$_3$								1

注：** 表示在 0.01 水平（双侧）上显著相关，* 表示在 0.05 水平（双侧）上显著相关。

2. 偏最小二乘回归模型检验

为了检验 PLS 回归方法的可行性及模型建立的可靠度，对其进行特异点分析。根据特异点分析原理，在 SMICA - P 软件中调用 Scatter Plot 可以画出关于主成分 t_1、t_2 的 T^2 椭圆形图（如图 6 - 7）。由图 6 - 7 可以看出，八大区域所有样本点都分散在 T^2 椭圆图内，并未发现奇异点，证明所选样本是符合建模要求的，样本的质量能够得到保证。

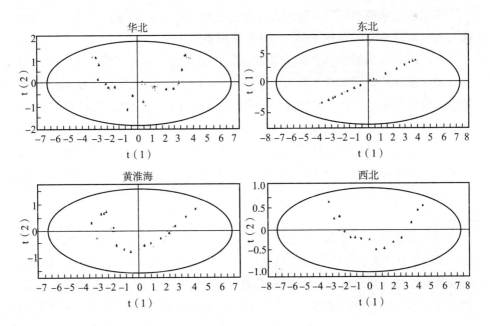

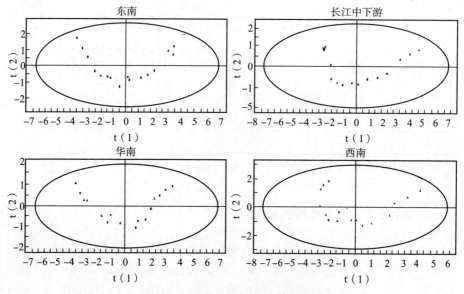

图 6-7 中国八大区域的 T^2 椭圆图

3. 偏最小二乘模型回归结果分析

偏最小二乘模型回归系数拟合结果见表 6-6，从回归系数值可以看出中国八大区域的驱动因素各不相同。从模型系数来看：

（1）人口总数对于八大区域膳食虚拟水消费均是促进作用，其中对黄淮海膳食虚拟水消费影响最大，人口总数每提高 1%，将会导致黄淮海膳食虚拟水消费量提高 0.579 个百分点。我国人口不仅基数大，而且 2015 年中央放开 "二孩" 政策，一定时期内人口总量增加趋势是必然的，食物又作为人类首要消费品，所以通过控制膳食虚拟水消费总量减少对虚拟水的消耗有一定困难，只能通过调整人们的膳食虚拟水消费消耗结构降低对水资源消耗，因此在满足人类基本营养状况下，应适当减少单位虚拟水含量高的动物类产品的消耗量。

（2）城市化对黄淮海和长江中下游膳食虚拟水消费量起到了抑制作用，城市率每下降 1%，这两个地区的膳食虚拟水消费量分别下降 0.054、0.058 个百分点，对其他地区膳食虚拟水消费均是促进作用。2011 年 12 月，中国社会蓝皮书发布，中国城镇人口占总人口的比重将首次超过 50%，标志着中国城市化首次突破 50%。有学者利用需求系统模型，对城市化对食品消费的影响做了定量分析，认为在收入和价格水平同等的前提下，一个居民从农村转移到中小城市，其口粮年消费量将减少 58.3 千克，转移到大城市将减少 64.2 千克；而畜产品的年消费量将增加 4.2 千克~7.2 千克（黄季焜等，1998）；可以看出，随着中国城市化不断发展，居民的膳食虚拟水消费结构也会不断发生变化，对虚拟水含量高的动物类食物增多。因此应提高居民的营养意识度，逐步追求合理健康的饮食结构，从而降低城市化产生的资源消耗压力。

（3）GDP 对西北地区膳食虚拟水消费量是抑制作用，意味着西北地区 GDP 每下降 1 个百分比，膳食虚拟水消费量将会降低 0.021 个百分比，对其他地区膳食虚拟水消费量均是促进作用，即随着地区生产总值的不断提高，膳食虚拟水消费量具有增加趋势。说明经济增长在一定程度上还是依赖资源消耗，还未实现经济可持续健康发展。GDP 的二次项的回归系数均是正值，意味着在观测数据的范围内，八大地区的膳食虚拟水消费消耗不存在环境库兹涅茨曲线，经济发展并未带来膳食虚拟水消费减少的拐点。

（4）膳食虚拟水消费强度指标对黄淮海和长江中下游膳食虚拟水消费量起到了正向促进作用，膳食虚拟水消费强度每增加 1 个百分点将会导致两个地区的膳食虚拟水消费量增加 0.706、0.417 个百分比，即在研究期内这两个地区的万元 GDP 消耗的虚拟水消费大，虚拟水利用效率低，膳食虚拟水消费强度指标作为华北、东北等 6 个地区膳食虚拟水消费负向因子，可见提高虚拟水利用效率，降低膳食虚拟水消费强度能有效缓解水环境压力。

（5）人均粮食产量对东北、华南、西南地区的膳食虚拟水消费是正向促进作用，对华北、西北、黄淮海等这 5 个地区的膳食虚拟水消费是负向抑制作用。就目前我国发展状况看，人口基数大，大幅减少粮食产量会影响我国的粮食安全问题，因此只能依靠技术手段提高我国的粮食生产能力，在一定程度上降低虚拟水消费消耗同时也可保障我国粮食安全。

（6）耕地灌溉面积每下降 1%，华南、西南这两个地区的膳食虚拟水消费分别降低 0.092、1.369 个百分点，而对华北、东北等其他 6 个地区则具有正向驱动影响。耕地资源是保障农作物生长的最基本资源，但随着工业化进程加快，经济增长对耕地占用压力增大，耕地流失现象严峻，威胁到我国粮食安全，而且水资源"农转非"问题日趋严重，因此不仅要加大国家耕地保护力度，还要采取农业节水行为补偿、节水设施投资等行为来保障农业用水稳定，在改善土地质量的同时降低虚拟水消费消耗。

表6-6　　　　　　　　　　八大区域偏最小二乘回归系数拟合结果

区域	常数项	$\ln P_1$	$\ln P_2$	$\ln A_1$	$\ln A_2^2$	$\ln T_1$	$\ln T_2$	$\ln T_3$
华北	6.886	0.236	0.153	0.242	0.319	−0.035	−0.063	0.082
东北	18.969	0.134	0.142	0.138	0.135	−0.132	0.140	0.139
黄淮海	21.549	0.579	−0.054	0.216	0.626	0.706	−0.232	0.216
西北	12.503	0.531	0.427	−0.021	0.567	−0.006	−0.798	0.239
东南	7.811	0.144	0.164	0.193	0.224	−0.063	−0.054	0.226
长江中下游	17.503	0.356	−0.058	0.134	0.347	0.417	−0.187	0.552
华南	7.242	0.120	0.249	0.313	0.403	−0.020	0.356	−0.092
西南	16.052	0.368	0.769	0.408	0.755	−0.080	0.045	−1.369

表6-7为八大区域各变量对膳食虚拟水消费的 VIP 值。八大区域各自变量对因变量的解释意义是有差异的。

①华北地区：人口总数、城市化率、富裕度指标对膳食虚拟水消费均具有显著的解释意义；膳食虚拟水消费强度和耕地灌溉面积的 VIP 值均大于0.8，具有中等解释意义；人均粮食产量对膳食虚拟水消费影响最小；

②东北地区：城市化率、富裕度、人均粮食产量、耕地灌溉面积的 VIP 值均大于1，对膳食虚拟水消费具有重要的解释意义；其次是人口总数、膳食虚拟水消费强度指标；

③黄淮海地区：人口总数、膳食虚拟水消费强度指标对膳食虚拟水消费量均具有显著的解释意义；人均粮食产量的 VIP 值大于0.8，具有中等解释意义；富裕度、城市化率、耕地灌溉面积具有不显著的解释意义；

④西北地区：人口总数、城市化率、人均粮食产量的 VIP 值均大于1，对膳食虚拟水消费量具有显著的解释意义；其余指标 VIP 值均大于0.8，具有中等解释意义；

⑤东南地区：人口总数、城市化率、富裕度的 VIP 值均大于 1，对膳食虚拟水消费具有显著影响，技术因素的 VIP 值均大于 0.8；

⑥长江中下游地区：所有变量的 VIP 值均大于 0.8，其中膳食虚拟水消费强度（1.136）和耕地灌溉面积（1.237）指标对膳食虚拟水消费具有显著解释意义，其次为人口总数、人均粮食产量、富裕度、城市化；

⑦华南地区：人口总数和富裕度指标 VIP 值均大于 1，对膳食虚拟水消费具有显著的解释意义；技术因素的 VIP 值均大于 0.8，具有中等解释意义；

⑧西南地区：人口总数（1.315）和耕地灌溉面积（1.276）对膳食虚拟水消费具有显著解释意义；膳食虚拟水消费强度指标和人均粮食产量具有不显著的解释意义。

表 6-7　　　　　　　　八大区域各变量对膳食虚拟水消费的 VIP 值

区域	$\ln P_1$	$\ln P_2$	$\ln A_1$	$\ln A_2^2$	$\ln T_1$	$\ln T_2$	$\ln T_3$
华北	1.115	1.069	1.118	1.131	0.927	0.756	0.809
东北	0.979	1.032	1.008	0.981	0.962	1.022	1.013
黄淮海	1.059	0.793	0.796	1.132	1.396	0.869	0.792
西北	1.016	1.009	0.999	1.018	0.945	1.014	0.998
东南	1.033	1.065	1.087	1.086	0.937	0.882	0.884
长江中下游	0.986	0.852	0.859	1.000	1.136	0.861	1.237
华南	1.007	1.068	1.096	1.111	0.955	0.828	0.899
西南	1.315	0.894	0.844	1.009	0.747	0.742	1.276

6.3.3　中国区域间膳食虚拟水消费与经济发展的脱钩效应

上述研究证实在本次观测数据范围内，经济增长与膳食虚拟水消费之间不存在环境库兹涅茨曲线假说，本节采用脱钩指数来具体分析两者之间的动态变化关系。

根据公式（6.13）建立的脱钩模型，将相关基础数据代入，得出中国 2000~2015 年膳食虚拟水消费总量与经济生产总值 GDP 的脱钩弹性值与评判结构，结果如表6-8所示。

表6-8　　中国八大区域 2000~2015 年膳食虚拟水消费与 GDP 的脱钩弹性值

年份	华北	东北	黄淮海	西北	东南	长江中下游	华南	西南
2000~2001	-0.077	-0.558	-0.269	-0.149	-0.349	-1.091	-0.078	-0.250
2001~2002	0.276	0.743	0.348	0.029	0.636	0.446	1.298	0.513
2002~2003	0.084	0.150	-0.157	0.339	-0.017	-0.100	-0.341	-0.130
2003~2004	-0.063	-0.005	-0.109	-0.193	-0.323	-0.177	-0.462	0.043
2004~2005	0.122	0.100	0.028	0.293	0.191	0.064	0.411	0.373
2005~2006	-0.004	-0.018	0.026	0.109	0.011	0.008	0.003	0.063
2006~2007	-0.015	-0.027	-0.112	-0.126	-0.048	-0.055	-0.035	-0.121
2007~2008	-0.089	0.009	0.124	-0.165	-0.078	-0.054	-0.111	-0.041
2008~2009	0.368	0.153	-0.050	0.270	0.357	0.185	0.682	0.139
2009~2010	0.106	-0.032	0.027	0.010	0.368	-0.036	0.119	-0.065
2010~2011	0.127	0.119	-0.061	0.112	0.061	0.049	0.052	0.023
2011~2012	-0.076	-0.022	0.062	-0.049	0.050	-0.065	0.051	0.113
2012~2013	0.252	0.351	0.999	0.324	0.520	0.983	0.647	1.723
2013~2014	0.052	-0.023	-0.044	-0.109	0.114	-0.009	0.115	-0.112
2014~2015	0.624	0.572	0.438	2.929	0.248	0.151	0.168	0.233

依据表6-2脱钩程度判断标准，2000~2015 年膳食消费虚拟水消费与 GDP 的脱钩关系主要呈现4种状态：强脱钩、弱脱钩、扩张耦合状态、扩张负脱钩状态，呈现出这4种状态的期数分别占统计期的 40.83%、55%、1.67%、2.5%。八大区域脱钩情况：华北地区出现6次强脱钩和9次弱脱钩状态，分别占统计期的 40% 和 60%；东北地区出现脱钩状态为6次强脱钩、9次弱脱钩；黄淮海出现的强、弱脱钩状态期数一样，分别占统计期的 46.67%，在 2012~2013 年出现1次扩张耦合状态；西北地区出现6次强脱钩状态、8次弱脱钩状态，在 2014~2015 年出现了扩张负脱钩状态；东南地区出现了5次强脱钩状态、10次弱脱钩状态；长江中下游分别出现了8次强脱钩状态、6次弱脱钩状态，在 2012~2013 年出现了1次扩张耦合状态；华

南地区出现了 5 次强脱钩状态，9 次弱脱钩状态，在 2001～2002 年出现了 1 次扩张负脱钩；西南地区出现了 6 次强脱钩状态、8 次弱脱钩状态，在 2012～2013 年出现了 1 次扩张负脱钩。

总体来说，八大区域中，只有长江中下游的强脱钩状态占比高于弱脱钩状态，黄淮海地区两者占比相同，其他地区弱脱钩状态占比高于强脱钩。在 2000～2015 年期间我国八大区域经济增长与虚拟水消耗之间的关系较为理想，并没有较多不利的情况。强脱钩状况出现的年份仅能体现当年的虚拟水消耗有较多的下降，多年的弱脱钩状况说明我国经济增长与水资源投入还未达到完全脱钩状态，距离经济健康可持续发展的理想状态还有一定距离，很可能随着经济增长的变缓或者消耗量的变化导致"挂钩"。这也从另外一方面验证了目前两者之间不存在环境库兹涅茨曲线假说。

6.3.4 结论与政策启示

1. 结论

（1）在研究时段内，全国整体的膳食虚拟水消费量呈现逐年增加的态势，表明维持八大区域食物消费所需的水资源量越来越大，其中华北地区的增幅最大（49.90%）；黄淮海的膳食虚拟水消费绝对量最大，且该区的粮食虚拟水消费占比最大；西南地区的肉类虚拟水消费占比最大。

（2）本研究基于 PLS 方法对 STIRPAT 模型的修正，拟合结果通过了特异点检验；人口总数对八大区域膳食虚拟水消费是正向驱动作用；城市化对黄淮海和长江中下游膳食虚拟水消费量起到了反向抑制作用，膳食虚拟水消费强度对这两个地区是正向促进作用；GDP 对西北地区膳食虚拟水消费量是负向影响；人均粮食产量、耕地灌溉面积对八大区域膳食虚拟水消费影响的驱动与抑制作用并存；各个指标因子对区域膳食虚拟水消费的解释力度（VIP 值）也是不同的。

（3）2000～2015 年间，八大区域大多数时期的虚拟水资源消耗与经济增长的关系处于弱脱钩状态（55%），也就是说食品消费过程耗用一定比例的水资源的同时也贡献了相应的 GDP；同时也表明我国还未达到经济增长与资源消耗完全脱钩的最佳状态，距离经济健康可持续发展的理想状态还有一定距离。

2. 政策启示

（1）根据八大区域的膳食结构变化趋势，粮食直接消费量将有所减少，肉类膳食虚拟水消费消费量将有较大的增长空间。而肉食消费是慢性疾病的诱因，相关部门应积极宣传营养知识，使居民有意识地对肉类进行适当消费，多增加蔬菜的摄入量。在满足人类基本的营养需求下，大力提倡素食主义，建立健康合理的消费结构。

（2）考虑到人口总量、城市率、国内生产总值的增长的趋势是必然，通过控制膳食虚拟水消费总量减少水资源压力有一定困难，因此只能通过调整膳食虚拟水消费结构来缓解虚拟水消费量的过快增长，建议在满足人类基本营养需求的前提下，增加虚拟水含量较小的植物类产品的消费量，减少高虚拟水含量的动物类产品的消费量，以减少水资源的消耗量，保障用水安全。

（3）降低膳食虚拟水消费强度，提高虚拟水利用效率，能有效实现节水目的。我国人口基数大，通过降低人均粮食产量和耕地灌溉面积减少膳食虚拟水消费量的措施不妥，会威胁到我国的粮食安全，因此只能依靠技术手段提高我国的粮食生产能力和耕地面积的生产能力，在一定程度上降低虚拟水消耗的同时也可保证我国的粮食安全。

第 7 章

中国农产品虚拟水区域差异的
空间分解与成因分析

7.1　研究方法

7.1.1　伪基尼系数差异成因分解

基尼系数的 Lerman – Yitzhaki 算法是国外最常用的基尼系数分解方法之一，由罗伯特·勒曼（Robert I. Lerman）和施罗莫·伊茨哈苛（Shlo – mo Yitzhaki）在 1985 年提出（Robert et al.，1985）。此方法最大的优点是可将总的区域发展差距分解成不同因子差距的贡献率，从而分析系统中不同分项因子对总的区域差异的影响程度。将各省市 $j = (1, 2, \cdots, n)$ 第 i 项虚拟水因子升序排列 $y_{i1} \leqslant y_{i2} \leqslant \cdots \leqslant y_{ij}$（Jonat，2002）。若第 i 项影响因子在各个地区的升序排列次序为 K，则有 $F_i(y_{ij}) = K/n$ 为第 i 项因子升序排列的位序所占总位序（n 为样本容量）的比重。方差分解第 i 项虚拟水因子基尼系数 G_i 的公式为：

$$G_i = 2\text{cov}[y_{ij}, F_i(y_{ij})]/u_i \qquad (7.1)$$

式（7.1）中，$\text{cov}[y_{ij}, F_i(y_{ij})]$ 的含义是 j 地区第 i 项因子 y_{ij} 与其升序位序所占总位次比重 $F_i(y_{ij})$ 的协方差。全国的总基尼系数 G 可表示为：

$$G = (u_1/u)C_1 + \cdots + (u_i/u)C_i = \sum S_i \cdot C_i \qquad (7.2)$$

式（7.2）中，u_i 是第 i 项因子的平均值，u 为全国平均值；s_i 表示第 i 项因子平均值占各项因子总体的平均值的比重。C_i 是第 i 项因子的伪基尼系数（Pseudo – Gini Coefficient），也称集中率（concentration rate），其公式为（牛飞亮，2006）：

$$C_i = R_i \times G_i = \{ cov[y_{ij},\ F(Y_j)] / cov[y_{ij},\ F_i(y_{ij})] \} \times G_i \qquad (7.3)$$

式（7.3）中，$Cov[y_{ij},\ F(Y_j)]$ 的含义是 j 地区第 i 项虚拟水因子 y_{ij} 与该项因子按总虚拟水升序排列所占位次比重 $F(Y_j)$ 之间的协方差。R_i 是第 i 项因子相应的协方差之比值。伪基尼系数并不是通常所讲的基尼系数，它可正、可负（Peter，1994）。第 i 个因子对总体区域差异的贡献率 I^i 可表示为（刘慧，2006）：

$$I^i = (u_i/u) \times (C_i/G) \qquad (7.4)$$

由式（7.4）可以看出，第 i 项因子对总体区域差距的贡献率既取决于第 i 个因子的虚拟水占总虚拟水的比重，也取决于第 i 项因子的虚拟基尼系数占总基尼系数的比重。

为了测度某一特殊因子来源的变化对总基尼系数的边际影响，引入不平等弹性系数 E_i。其含义是第 i 项因子每增加百分之一的量对整体地区分布不平等性的影响。第 i 项虚拟水因子的变化对总虚拟水基尼系数的边际影响可以用第 i 项虚拟水因子的不平等弹性系数来表示，其公式为：

$$E_i = (\partial G/\partial e_i)/G = S_i \times (C_i - G)/G \qquad (7.5)$$

式（7.5）中，e_i 表示第 i 项虚拟水的百分比变化量。在总基尼系数公式 $G = \sum S_i \times C_i$ 中，伪基尼系数 $C_i = R_i \times G_i$。它们的实际意义在于，当 $C_i \geq G$，E_i 为正时，表明第 i 项因子数量的增加将扩大地区整体不平衡程度；当 $C_i \leq G$，即 E_i 为负时，表明第 i 项因子增加将缩小整个虚拟水地区分布的不平衡程度。E_i 为正时，数值越大，表示第 i 项虚拟水因子增长对整体扩大虚拟水地区间差距的作用越明显；E_i 为负时，其绝对值越大，说明第 i 项因子增长对整体地区间差距的缩小作用越显著（牛飞亮，2006）。

7.1.2　锡尔指数空间差异分解

锡尔指数又称锡尔熵，是目前常用的地区分解方法，由锡尔（Theil，

1967）提出。本研究采用锡尔指数将农产品虚拟水分布的空间差异分解成两部分，即地区间的差异指标 I_{BR} 和地区内部差异指标 I_{WR}。总体差异指标 I_{theil} 公式为（徐建华等，2005）：

$$I_{theil} = I_{BR} + I_{WR} \tag{7.6}$$

I_{theil} 值越大，表示各区域间农业发展水平差异越大。将中国八大地区作为基本空间单元，则可以对锡尔系数做一阶段分解，从而将全国的总体差异分解为八大地区间的差异和地区内省际间的差异。若以农产品虚拟水的比重加权，则地区间的差异指标 I_{BR} 的计算公式为：

$$I_{BR} = \sum_{i=1}^{N} (v_i/v) \log[(v_i/v)/(d_i/d)] \tag{7.7}$$

式（7.7）中，N 为区域个数，v_i、v 分别为 i 地区、全国的农畜产品虚拟水数量，d_i 和 d 分别为 i 地区和全国的耕地总面积。以农产品虚拟水的比重加权，则全国总体差异的锡尔系数计算如下：

$$I_{theil} = \sum_i \sum_j (v_{ij}/v_i) \log[(v_{ij}/v)/(d_{ij}/d)] \tag{7.8}$$

地带内部各省际间的差异指标 I_{WR} 等于地带内部各省际间的非均衡性指标的加权和，则第 i 地带内部的省际间差异公式为：

$$I_i = v_i/v \sum_j (v_{ij}/v_i) \log(v_{ij}d_i/v_id_{ij}) \tag{7.9}$$

式（7.9）中，v_{ij} 和 v_i 分别代表第 i 地 j 省市和第 i 地带农畜产品虚拟水总量占全国的份额，d_{ij} 和 d_i 分别代表 i 地带中的 j 省市和第 i 地带的耕地面积占全国的份额。全国虚拟水地带内部整体差异指标 I_{WR} 公式如下：

$$I_{WR} = \sum_{i=1}^{n} I_i \tag{7.10}$$

根据沃尔什等（Walsh et al.，1979）的相关研究，锡尔指数中的区域之间差异和区域内部差异能进一步组合成一个反映区域之间相对分离的衡量——区域分离系数（Separation index），计算公式如下：

$$SEP_r = I_{BR}/\log(d/d_k) \times \log(d_k)/I_{WR} \tag{7.11}$$

式（7.11）中，SEP_r 为区域分离系数，I_{BR}，I_{WR} 分别代表区域之间差异和区域内部差异，d 代表所有区域的总耕地，d_k 表示所有区域中耕地最小区域的耕地面积。通过相同基本单元分类的区域分离系数值大小的比较，能够揭示区域系统内虚拟水差异的空间变化特征（Walsh et al.，1979；Terrasi，1999）。

7.2 中国虚拟水区域差异的成因分析

根据上述式（7.1）~式（7.5），计算出 2000 和 2015 年中国畜产品和农产品的虚拟水区域差异的因子分解（见表 7 - 1，表 7 - 2）。表 7 - 1 为 2000 年和 2015 年中国畜产品虚拟水差异来源的因子分解。不平等弹性系数 E_i 反映出虚拟水各因子的变动对畜产品虚拟水总差异的边际影响。2000 年的牛肉、禽蛋；2015 年的禽蛋、奶类虚拟水因子的不平等弹性系数 $E_i > 0$；说明这几项因子的增长对畜产品虚拟水总差异起到扩大的作用。相反，2000 年的猪肉、羊肉、禽肉、奶类以及 2015 年的猪肉、牛肉、羊肉、禽肉虚拟水因子的不平等弹性系数 $E_i < 0$，说明这几项虚拟水因子的增长会缩小畜产品虚拟水差异。由此可见，奶类虚拟水的变动对畜产品虚拟水差异扩大的影响由 2000 年的负效应转变为 2015 年的正效应，牛肉虚拟水的变动对畜产品虚拟水差异扩大的影响由 2000 年的正效应转变为 2015 年的负效应。从 $|E_i|$ 看，禽蛋的不平等弹性系数最大，对扩大畜产品虚拟水差异的作用最显著。

表 7 - 1　　　　2000 年和 2015 年中国畜产品虚拟水区域差异因子分解

项目	占总量的份额		伪基尼系数 C_i		G_i		因子贡献率 I^i		弹性系数 E_i		总基尼数 G	
	2000年	2015年	2000年	2015年	2000年	2015年	2000年	2015年	2000年	2015年	2000年	2015年
猪肉	26.43%	24.26%	0.389	0.352	0.465	0.458	21.85%	18.99%	-0.046	-0.053	0.470	0.449
牛肉	18.87%	16.72%	0.499	0.433	0.561	0.499	20.04%	16.11%	0.012	-0.006		
羊肉	8.74%	9.49%	0.361	0.415	0.563	0.583	6.71%	8.76%	-0.020	-0.007		
禽蛋	34.39%	31.00%	0.578	0.550	0.606	0.594	42.25%	37.95%	0.079	0.069		
禽肉	7.98%	8.35%	0.449	0.388	0.520	0.513	7.63%	7.22%	-0.004	-0.011		
奶类	3.58%	10.17%	0.200	0.484	0.549	0.657	1.53%	10.97%	-0.021	0.008		

从因子贡献率 I^i 看，禽蛋的因子贡献率最大，2000 年和 2015 年分别为 42.25% 和 37.95%；表明禽蛋在畜产品虚拟水差异中起决定作用。其次是猪

肉和牛肉，其贡献率也均达到16%以上。相比之下，2000年，奶类在畜产品虚拟水差异中的影响作用最小。从演变趋势分析，羊肉、奶类虚拟水对总畜产品虚拟水差异的贡献率均呈上升趋势，猪肉、牛肉、禽蛋、禽肉的虚拟水对总畜产品虚拟水差异的贡献率呈现出下降趋势。这主要是由于在我国传统饮食上猪肉和禽蛋、禽肉占据较为重要的位置；近年来，随着我国经济水平的快速发展，物质生活水平也不断提高。人们的饮食结构逐渐多元化，更讲究营养饮食，因此羊肉、奶类的虚拟水在畜产品虚拟水总差异中的作用逐年提升。预计未来在没有发生重大变革的情况下，这种趋势还会持续下去。

表7-2为2000年和2015年中国农产品虚拟水差异来源的因子分解。由表7-2的因子贡献率可以看出，在选取粮食作物和经济作物的10种农作物中，稻谷、小麦、玉米的虚拟水因子成为影响中国农产品虚拟水区域差异的主要因子，在2015年其对中国农产品虚拟水区域差异的贡献率分别高达28.16%、22.56%、19.49%。其次是水果、油料作物、豆类的虚拟水，其贡献率也分别达到了10.41%、7.78%、4.78%。相比之下，烟草、糖料作物、薯类、棉花的虚拟水因子贡献率分别仅为0.47%、1.71%、1.73%、2.91%，对中国农作物产品虚拟水的区域差异影响较小。从演变趋势分析，小麦、玉米、糖料作物、水果的虚拟水对农产品总虚拟水差异的贡献率呈上升趋势，稻谷、豆类、薯类、棉花、油料作物、烟草的虚拟水对农作物虚拟水区域差异的贡献率有下降趋势。这也充分地体现出饮食结构日趋多元化，因此大宗粮食作物的稻谷、薯类的虚拟水贡献率相对下降。

表7-2　2000年和2015年中国农产品虚拟水区域差异来源的因子分解

项目	虚拟水因子		占总量的份额		伪基尼系数 C_i		G_i		因子贡献率 I^i		弹性系数 E_i	
	2000年	2015年	2000年	2015年	2000年	2015年	2000年	2015年	2000年	2015年	2000年	2015年
稻谷	35.81%	27.94%	0.387	0.393	0.582	0.600	35.24%	28.16%	-0.006	0.002	0.393	0.390
小麦	17.16%	15.21%	0.508	0.579	0.661	0.737	22.17%	22.56%	0.050	0.073		
玉米	13.44%	19.81%	0.356	0.384	0.543	0.599	12.15%	19.49%	-0.013	-0.003		
豆类	7.62%	4.35%	0.370	0.429	0.559	0.605	7.16%	4.78%	-0.005	0.004		
薯类	6.47%	4.27%	0.297	0.158	0.453	0.519	4.89%	1.73%	-0.016	-0.025		

项目	虚拟水因子		占总量的份额		伪基尼系数 C_i		G_i		因子贡献率 I^i		弹性系数 E_i	
	2000年	2015年	2000年	2015年	2000年	2015年	2000年	2015年	2000年	2015年	2000年	2015年
棉花	3.11%	2.43%	0.493	0.468	0.784	0.855	3.90%	2.91%	0.008	0.005		
油料作物	8.70%	7.57%	0.429	0.401	0.499	0.527	9.49%	7.78%	0.008	0.002		
糖料作物	1.64%	1.84%	0.261	0.362	0.788	0.886	1.09%	1.71%	-0.006	-0.001		
烟草	0.91%	0.73%	0.323	0.252	0.707	0.752	0.75%	0.47%	-0.002	-0.003		
水果	5.15%	15.85%	0.240	0.256	0.573	0.495	3.14%	10.41%	-0.020	-0.054		

将伪基尼系数 C_i 与总基尼数 G 进行比较分析，发现 2015 年玉米、薯类、糖料作物、烟草、水果的伪基尼系数 C_i 小于总基尼系数 G，即 $E_i<0$，说明这几项虚拟水因子的增长会减弱地区农产品虚拟水不平衡程度。相反，稻谷、小麦、豆类、棉花、油料作物的伪基尼系数 C_i 大于总基尼数 G，即 $E_i>0$；表明其虚拟水的增长会扩大地区农产品虚拟水不平衡程度。

纵向比较表 7-1 和表 7-2 中的总基尼系数 G，发现 2000 年和 2015 年畜产品虚拟水的总基尼系数分别为 0.470 和 0.449，均大于农产品虚拟水的总基尼数 0.393 和 0.390；这表明中国畜产品虚拟水的空间分异现象比农产品空间分异现象更加显著，畜产品虚拟水是影响中国农业产品虚拟水总量空间分异格局的主导因素。在现实生活中，基尼系数比锡尔指数更多地用于评价社会现象的差距。但是，基尼系数是一个处于 0~1 之间的一个无量纲值，而边界值（0，1）不能在不同的空间尺度进行区域差异的分解，因此有必要引入锡尔指数对空间分异现象进行深入分析。

7.3 中国农产品虚拟水—耕地资源空间差异的演变特征

由于锡尔指数可通过识别不同空间尺度的区域差异，进而分解区域的整体发展差异。因此，将中国 31 个省区市划分为八大区、东中西三大地带

（欧向军等，2006）（见表 7 - 3），分解中国农产品虚拟水—耕地资源的空间差异。

表 7 - 3　　　　　　　　　中国东、中、西三大地带划分

三大地带	省自治区市
东部	辽宁、北京、天津、河北、山东、江苏、上海、浙江、福建、广东、广西、海南
中部	黑龙江、吉林、内蒙古、山西、河南、安徽、湖北、湖南、江西
西部	新疆、甘肃、宁夏、西藏、青海、重庆、四川、云南、贵州、陕西

7.3.1　农产品虚拟水—耕地资源区域差异分解

　　根据锡尔指数公式得出 2000～2015 年中国农产品虚拟水—耕地资源区域差异分解情况，同时计算农产品虚拟水—耕地资源基尼系数。发现锡尔指数和基尼系数两种差异测度方法所得的中国区域虚拟水—耕地空间总差异变化趋势基本一致（如图 7 - 1 所示）。16 年间总锡尔指数和基尼系数均呈现出先上下波动，后缓慢下降，最后趋于平缓的趋势；表明农产品虚拟水—耕地资源的区域总差异经历了"上下震荡—持续下降—相对平缓"的过程。2005 年锡尔指数和基尼系数分别为 0.029、0.207，均达到 16 年间的最小值。从演变

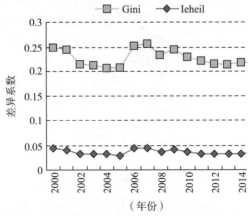

图 7 - 1　中国农产品虚拟水区域总差异演变趋势

趋势看，自 2009 年开始中国区域农产品虚拟水—耕地资源地区总差异呈缩小态势，逐渐收敛趋同；并且基尼系数历年在 0.26 以下，均小于 0.4 基尼系数的 "警戒线"，体现出地区农产品虚拟水的发展与耕地资源之间具有很大程度上的一致性，二者之间呈现明显的正相关关系。

7.3.2 中国农产品虚拟水区际间及内部空间分异动态演变特征分析

根据锡尔指数公式，对 2000 ~ 2015 年中国农产品虚拟水—耕地资源的区域总体差异分解为地区间差异以及地区内部差异（见表 7 - 4，如图 7 - 2）。从雷达图 7 - 2 中比较 3 条变化曲线，发现中国农产品虚拟水—耕地资源的总锡尔指数和八大地域组间锡尔指数 I_{BR}、地带内部差异 I_{WR} 历年变化曲线趋势和波动形状基本一致，均呈现出波动性下降趋势，表明自 2000 年来中国农产品虚拟水—耕地资源的区域总体差异呈现出缩小的趋势；同时发现 16 年间八大地域间区域差异水平对全国整体差异的贡献率较高，介于 74% ~ 85% 之间；表明农产品虚拟水—耕地资源的整体区域差异很大程度上源于八大区域间差异的不均衡发展。可见，八大区际间差异是决定中国农产品虚拟水—耕地资源空间分异格局形成的主要因素。

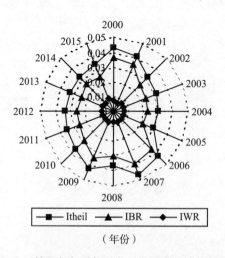

图 7 - 2　中国农产品虚拟水八大区差异分解的雷达

表 7 - 4　　　　　中国农产品虚拟水—耕地资源区域差异演变及分解

锡尔指数	2000 年	2001 年	2002 年	2003 年	2004 年	2005 年	2006 年	2007 年
Itheil	0.0429	0.0404	0.0318	0.0310	0.0297	0.0295	0.0432	0.0455
八大区 I_{BR}	0.0356	0.0339	0.0247	0.0240	0.0229	0.0224	0.0363	0.0379
贡献率%	82.98	83.95	77.53	77.34	77.07	75.85	84.03	83.24
I_{WR}	0.0073	0.0065	0.0071	0.0070	0.0068	0.0071	0.0069	0.0076
贡献率%	17.02	16.05	22.47	22.66	22.93	24.1	15.97	16.76
东北	0.0002	0.0007	0.0005	0.0008	0.0006	0.0003	0.0005	0.0006
贡献率%	0.49	1.73	1.46	2.50	1.98	1.13	1.12	1.28
华北	0.0002	0.0003	0.0000	0.0000	0.0001	0.0002	0.0002	0.0002
贡献率%	0.38	0.74	0.12	0.12	0.20	0.64	0.41	0.44
黄淮海	0.0004	0.0004	0.0012	0.0000	0.0003	0.0002	0.0004	0.0004
贡献率%	0.92	1.10	3.74	0.12	1.18	0.64	0.82	0.85
西北	0.0010	0.0005	0.0006	0.0007	0.0009	0.0009	0.0017	0.0018
贡献率%	2.31	1.35	1.86	2.21	2.97	2.89	3.87	3.89
东南	0.0003	0.0005	0.0006	0.0007	0.0006	0.0006	0.0003	0.0005
贡献率%	0.73	1.13	1.87	2.20	1.92	1.87	0.79	1.00
长江中下游	0.0016	0.0017	0.0014	0.0021	0.0017	0.0020	0.0018	0.0018
贡献率%	3.84	4.29	4.33	6.84	5.69	6.83	4.08	4.05
华南	0.0009	0.0006	0.0004	0.0002	0.0002	0.0004	0.0008	0.0005
贡献率%	2.09	1.38	1.17	0.72	0.82	1.27	1.81	1.16
西南	0.0027	0.0017	0.0025	0.0025	0.0024	0.0026	0.0013	0.0019
贡献率%	6.26	4.33	7.92	7.95	8.18	8.89	3.07	4.10
锡尔指数	2008 年	2009 年	2010 年	2011 年	2012 年	2013 年	2014 年	2015 年
Itheil	0.0373	0.0416	0.0363	0.0339	0.0328	0.0317	0.0330	0.0342
八大区 I_{BR}	0.0301	0.0337	0.0282	0.0255	0.0251	0.0241	0.0257	0.0254
贡献率%	80.71	81.17	77.65	75.12	76.41	76.11	77.80	74.18
I_{WR}	0.0072	0.0078	0.0081	0.0084	0.0077	0.0076	0.0073	0.0088
贡献率%	19.29	18.83	22.35	24.88	23.59	23.89	22.20	25.82
东北	0.0004	0.0004	0.0005	0.0006	0.0005	0.0005	0.0003	0.0003

续表

锡尔指数	2008 年	2009 年	2010 年	2011 年	2012 年	2013 年	2014 年	2015 年
贡献率%	1.02	0.90	1.26	1.73	1.66	1.59	1.02	0.84
华北	0.0002	0.0003	0.0002	0.0002	0.0001	0.0000	0.0000	0.0000
贡献率%	0.57	0.73	0.51	0.45	0.27	0.12	0.01	0.01
黄淮海	0.0003	0.0004	0.0004	0.0003	0.0003	0.0003	0.0003	0.0004
贡献率%	0.89	0.87	1.11	0.90	0.90	0.99	0.83	1.11
西北	0.0017	0.0020	0.0019	0.0019	0.0020	0.0020	0.0021	0.0023
贡献率%	4.67	4.78	5.22	5.62	6.02	6.30	6.47	6.75
东南	0.0004	0.0004	0.0004	0.0005	0.0005	0.0006	0.0006	0.0007
贡献率%	1.07	1.04	1.24	1.42	1.51	1.90	1.93	1.93
长江中下游	0.0020	0.0022	0.0021	0.0023	0.0022	0.0021	0.0021	0.0020
贡献率%	5.32	5.30	5.70	6.87	6.78	6.50	6.25	5.88
华南	0.0003	0.0004	0.0005	0.0004	0.0004	0.0003	0.0004	0.0017
贡献率%	0.93	0.96	1.28	1.28	1.14	0.91	1.07	4.84
西南	0.0018	0.0018	0.0022	0.0023	0.0017	0.0018	0.0015	0.0015
贡献率%	4.82	4.26	6.02	6.63	5.31	5.58	4.62	4.46

图 7 - 3、图 7 - 4 分别为 2000~2015 年农产品虚拟水—耕地资源中国南北方以及八大地域内部差异的演变趋势。由图 7 - 3 发现中国农产品虚拟水—耕地资源的南北方区域内部差异 2000~2015 年间几乎均围绕一波动轴上下震荡，且北方内部锡尔指数（0.0094~0.0228），南方内部锡尔指数（0.0098~0.0122），16 年内，在大多数年份北方内部锡尔指数大于南方。自 2011 年以后，南北方的区域内部呈现出收敛趋同的新格局。

图 7 - 4 反映了我国农产品虚拟水—耕地资源八大区域内部差异情况。由此可知，其组内锡尔指数较大的是西南、长江中下游、西北地区，表明其农产品虚拟水—耕地资源区域内部差异较大，由于这几大区域内部集中分布着我国重要的商品粮食大省，区内农业发展水平参差不齐。相比之下，组内锡尔指数较小的是华北、东南、华南、黄淮海、东北地区，表明这些地区虚拟水—耕地资源区域内部差异较小。值得注意的是西北地区自 2005 年开始，其

组内锡尔指数持续上升。

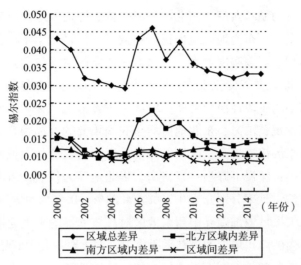

图 7 - 3　中国南、北方农产品虚拟水区域内部差异分解

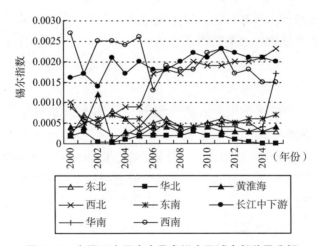

图 7 - 4　中国八大区农产品虚拟水区域内部差异分解

　　从农产品虚拟水—耕地资源的组内锡尔指数的历年发展近年来的波动趋势形态看可分为 3 类（如图 7 - 4）：第一类：缓慢上升型，以西北、长江中下游地区为代表，表明农产品虚拟水—耕地资源地区内部差异在拉大。这主

要是由于政策的引导、科技水平的提高使其自然生态环境逐步改善，区域内部的差异拉大的背后显示出其农业集约化的总体水平加速上升的发展模式。第二类：震荡波动型：西南、东北、东南、黄淮海地区组内锡尔指数起伏较为明显。其中东北、东南地区组内锡尔指数以一波动轴上下震荡明显；西南地区组内锡尔指数震荡幅度最大；东南地区差异的演变过程基本上服从威廉姆逊的"倒 U 形"曲线变化规律，呈现出农业发展初期差异趋于扩大，后阶段差异趋于缩小的阶段性演变特征；2003 年黄淮海地区锡尔指数在组内达到最大值。不难发现黄淮海、东北地区均是我国重要的商品粮基地，随着我国农业集约化水平的快速提高，区域内部各省市间的农产品虚拟水差异表现尤为明显。第三类：缓慢下降型：以华南、华北地区为代表，组内锡尔指数对总体锡尔指数的贡献率分别介于 0.72% ~4.84%、0.01% ~0.74% 之间。

综上，八大区域内部差异中西南地区对总体差异的形成起了至关重要的作用，西南区内的四川境内的成都平原作为我国重要的九大商品粮基地之一，具备较好水热匹配条件，因而形成较大的区域内部差异。华南地区组内锡尔指数除 2015 年突然上升到较高水平外整体呈下降趋势，这主要是由于华南地区地处于临海的低山丘陵地区，具备较好的水热匹配条件，依托较高的科技水平使本区农业集约化水平跃居于全国平均水平之上。总体来看，西南、长江中下游地区组内锡尔指数对总体锡尔指数的贡献率最高，对区域内部差异对总体差异的产生影响最大。

以东、中、西三大地带为区域单元的组内锡尔指数结果看（如图 7-5 及见表 7-5），东中西组间锡尔指数 I_{BR} 对总锡尔指数的贡献率介于 8.17% ~15.10% 之间，低于组内锡尔指数。可见，东、中、西三大地带内部差异对全国总体差异的影响起着主导作用。中部地带组内锡尔指数最大，东、西部地区组内锡尔指数相对较小，中部地带组内锡尔指数对总体锡尔指数的贡献率介于 53.85% ~65.42% 之间，表明中部地带的虚拟水区域差异是全国农产品虚拟水区域差异形成的主要原因。这主要是由于中部地带集中了全国部分重要的粮食生产基地（松嫩平原、三江平原、江淮平原、洞庭湖平原等），同时地带内部的农业集约化水平差距较大，黑龙江、吉林两省虽地处于东北平原上，耕地资源较丰富，但由于纬度较高，低温冷害的侵袭使农作物产量不高不稳。随着人口增长，人地矛盾的增强，森林过伐，毁林开荒等土地不合理利用人为因素破坏了自然生态，使本区土地生产效率降低。因此，搞好商品粮基地建设首要任务是改善农业生态环境，兼顾经济、生态、社会效益，建立高效多层次多功能的复合生态结构。

表7－5　中国农产品虚拟水—耕地资源东中西区域差异演变及分解（2000～2015年）

锡尔指数	2000年	2001年	2002年	2003年	2004年	2005年	2006年	2007年
Itheil	0.0429	0.0404	0.0318	0.0310	0.0297	0.0295	0.0432	0.0455
东部	0.0078	0.0062	0.0056	0.0047	0.0038	0.0039	0.0066	0.0057
贡献率%	18.08	15.43	17.66	15.28	12.85	13.16	15.23	12.48
中部	0.0231	0.0239	0.0172	0.0175	0.0179	0.0178	0.0264	0.0293
贡献率%	53.85	59.06	54.20	56.25	60.24	60.25	61.22	64.34
西部	0.0064	0.0042	0.0049	0.0046	0.0044	0.0045	0.0036	0.0041
贡献率%	14.93	10.47	15.30	14.71	14.84	15.14	8.45	9.06
东中西 I_{BR}	0.0056	0.0061	0.0041	0.0043	0.0036	0.0034	0.0065	0.0064
贡献率%	13.14	15.04	12.83	13.76	12.07	11.46	15.10	14.12
锡尔指数	2008年	2009年	2010年	2011年	2012年	2013年	2014年	2015年
Itheil	0.0373	0.0416	0.0363	0.0339	0.0328	0.0317	0.0330	0.0342
东部	0.0049	0.0061	0.0052	0.0045	0.0047	0.0046	0.0064	0.0060
贡献率%	13.05	14.64	14.30	13.27	14.34	14.57	19.27	18.17
中部	0.0238	0.0272	0.0229	0.0211	0.0209	0.0198	0.0201	0.0204
贡献率%	63.76	65.42	63.13	62.32	63.75	62.65	60.87	61.93
西部	0.0039	0.0040	0.0042	0.0043	0.0038	0.0038	0.0037	0.0039
贡献率%	10.50	9.74	11.62	12.53	11.50	12.06	11.22	11.74
东中西 I_{BR}	0.0047	0.0042	0.0040	0.0040	0.0034	0.0034	0.0029	0.0027
贡献率%	12.70	10.20	10.95	11.87	10.41	10.71	8.64	8.17

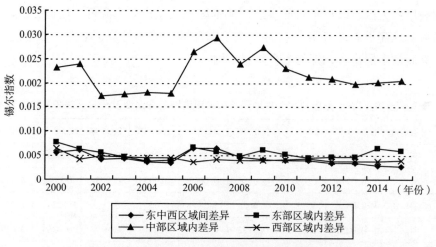

图7-5   中国东中西农产品虚拟水区域内部差异分解

7.4   中国地均农产品虚拟水变化与区域差异的演变分析

7.4.1   区域分离系数演变趋势

区域分离系数表示区域空间相互分离状况的大小，反映了区域差异的空间结构变化趋势。选取耕地最少的东南地区作为参照区域，计算我国八大地区、东中西三大地带、南北方农产品虚拟水—耕地资源的区域分离系数（表7-6，图7-6），发现2000~2015年间八大区域、南北方、东中西区域分离系数均不同程度呈现出波动性下降趋势，表明了各大区域农产品虚拟水逐渐收敛趋同；八大区域分离系数最大，介于4.609~8.792之间，其次为南北方、东中西区域。

表7-6   中国地区农产品虚拟水—耕地资源区域分离系数

区域分离系数	2000 年	2001 年	2002 年	2003 年	2004 年	2005 年	2006 年	2007 年
八大区分离系数	8.191	8.792	5.789	5.740	5.624	5.229	8.461	7.986

续表

区域分离系数	2000 年	2001 年	2002 年	2003 年	2004 年	2005 年	2006 年	2007 年
南北方分离系数	5.208	4.712	4.085	5.291	3.777	3.707	2.913	2.614
东中西部分离系数	0.988	1.149	0.950	1.014	0.869	0.816	1.094	1.011
区域分离系数	2008 年	2009 年	2010 年	2011 年	2012 年	2013 年	2014 年	2015 年
八大区分离系数	6.724	6.923	5.577	4.843	5.196	5.113	5.620	4.609
南北方分离系数	2.685	3.046	2.673	2.610	2.838	2.915	2.992	2.870
东中西部分离系数	0.894	0.698	0.756	0.828	0.714	0.737	0.580	0.546

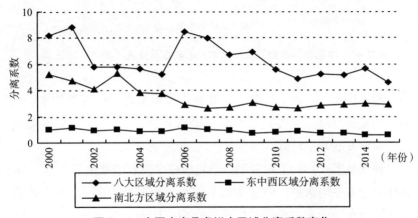

图 7 - 6　中国农产品虚拟水区域分离系数变化

7.4.2　地均农产品虚拟水变化对区域差异收敛与发散的空间分析

中国区域农产品虚拟水—耕地资源总差异的缩小，并不是一些省市地均农产品虚拟水下降造成的，而是其增长速度不同。因此对于任何一个省市的地均农产品虚拟水（不管它高于还是低于全国平均水平），只要在考察期内趋近于全国的平均水平，就认为是收敛，反之则为发散（Max et al.，2002；Terrasi，1999）。为此将 2000 ~ 2015 年间各省市的地均农产品虚拟水增长对虚拟水区域差异收敛或发散的影响分六种发展模式（如图 7 - 7 所示）。

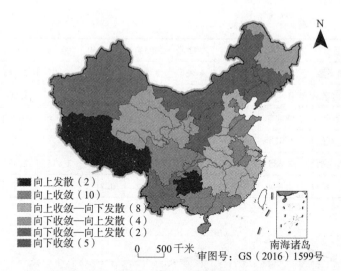

图 7 – 7　中国地均农产品虚拟水增长的收敛与分散（2000～2015 年）

　　第一种发展模式：向上发散型，其地均虚拟水高于全国平均水平，并快于全国平均发展速度，主要包括西藏、贵州 2 个省（区）；其农业集约化水平较高，农业发展基础较好。

　　第二种发展模式：向上收敛型，地均虚拟水发展速度快于全国平均速度，越来越接近全省平均水平，但总体水平仍低于全国平均水平，呈现出向上收敛的趋势。分布于山东、安徽、广西、海南、广东、天津、重庆、上海、北京、四川 10 个省市。以上两种发展模式均呈农业集约化加速发展的趋势。

　　第三种发展模式：向上收敛—向下发散型，主要是河北、河南、湖南等 8 个省市。主要由于近年来生态环境的改善和技术水平的提高，农业发展一直呈现出上升趋势。农业集约化发展速度经历了"先加快—后减慢"的过程，但农业集约化水平始终在全国平均水平之下。

　　第四种发展模式：向下收敛—向上发散型，分布于黑龙江、宁夏、青海、甘肃等省市。农业集约化发展速度经历了"减慢–加快"的过程，但农业集约化水平始终在全国平均水平之上。

　　第五种发展模式：向下收敛型，分布于山西、吉林、辽宁等 5 省。其农业集约化水平高于全国平均水平，但其发展速度较慢。在总体发展过程中表现为下滑的趋势。

第六种发展模式：向下收敛—向下发散型，分布于新疆、云南。农业集约化发展速度减速，但农业集约化水平由 2000 年高于全国平均水平转变为 2015 年以来的低于全国平均水平。上述两种发展模式在总体发展态势中呈持续下滑走低的态势。

7.5　结论与探讨

（1）运用伪基尼系数对虚拟水区域差异的成因进行了因子分解，表明畜产品中的禽蛋、猪肉、牛肉、农产品中稻谷、小麦和玉米成为影响中国虚拟水空间差异的主要因子。

（2）农产品虚拟水—耕地资源的总锡尔指数和基尼系数两种差异测度方法所得的中国区域虚拟水—耕地空间总差异变化趋势基本一致；表明农产品虚拟水—耕地资源的区域总差异经历了"上下震荡—持续下降—相对平缓"的过程。自 2009 年开始中国区域农产品虚拟水—耕地资源地区总差异呈缩小态势，逐渐收敛趋同。

（3）通过锡尔指数的空间地域差异分解发现，在 2000～2015 年间，中国农产品虚拟水的区域总体差异以及东、中、西三大地带、南北方、八大区域之间虚拟水—耕地资源的区域差异均呈减弱趋势。八大区域间的差异及其东中西三大地带的内部差异对全国总体差异的影响起着主导作用。八大区域中西南、长江中下游、西北地区的区域内部差异较为显著。中部地带成为东、中、西三大地带农产品虚拟水—耕地资源区域内部差异的主要因子。

（4）通过区域分离系数的计算分析得出，南北方、八大区域、东中西的区域分离系数均表现出收敛趋同的空间分布特征；其中，八大区域分离系数最大。根据各省市地均虚拟水演变对中国虚拟水—耕地资源区域总差异（收敛与发散）的贡献程度，主要表现六种不同发展模式。本研究结果能够揭示地均农产品虚拟水的空间分异特征规律，从而为制定不同区域类型农业发展决策提供相应的理论参考。

第 8 章

中国粮食贸易中虚拟水要素
流动格局成因分析

8.1 研究方法

8.1.1 虚拟水贸易量化方法

粮食品种繁多、各方统计数据口径差别过大等原因提高了区域粮食贸易流量的分析难度。稻米、小麦和玉米是我国主要的三大粮食品种，其总产量占全国粮食产量的八成以上（稻谷产量占全国粮食总产量的 39%，小麦为 21.7%，玉米占 25.3%，三者累计占全国粮食总产量的 86%）。同时，中国是世界上重要的大豆消费国，从 1996 年起成为大豆净进口国，且进口量逐年增加。2001 年，中国进口大豆 1394 万吨，占全球大豆总进口量（5590 万吨）的 25% 左右，已成为世界上最大的大豆进口国。因此，稻米、小麦、玉米和大豆四大粮食作物对于保证中国粮食安全具有很重要的战略意义，选取稻米、小麦、玉米和大豆四大粮食作物为研究对象，所得结果基本上可以反映中国粮食虚拟水流动的主要规律。粮食贸易的虚拟水流量计算包括国内区际间和国外进出口流量两部分。由于我国粮食产品中大豆主要通过国外进口，国内大豆贸易的资料还相当有限，因而对其区际间贸易所产生的虚拟水流动量暂且忽略不计。

以生产地的虚拟水含量为例，来表示虚拟水贸易量，公式为：

$$VWT[n_e, n_i, c, t] = CT[n_e, n_i, c, t] \times SWD[n_e, c] \qquad (8.1)$$

式（8.1）中，VWT 表示在年份 t 从国家 n_e 向国家 n_i 出口作物 c 中所包含的虚拟水量（立方米）；CT 表示年份 t 从国家 n_e 向国家 n_i 出口作物 c 的量（吨）；SWD 表示国家 n_e 出口作物 c 的虚拟水含量（立方米/千克）。

各种进口作物的虚拟水量求和可以得到在年份 t 的虚拟水总进口量，公式：

$$GVWI[n_i, t] = \sum_{n_e, c} VWI[n_e, n_i, c, t] \qquad (8.2)$$

各种出口作物的虚拟水量求和可以得到在年份 t 的虚拟水总出口量，公式：

$$GVWE[n_e, t] = \sum_{n_i, c} VWE[n_e, n_i, c, t] \qquad (8.3)$$

虚拟水的总进口量减去总出口量，即为虚拟水的净进口量，在年份 t 的虚拟水平衡公式如下：

$$NVWT = GVWT[n_i, t] - GVWE[n_e, t] \qquad (8.4)$$

8.1.2　数据包络分析法

一个经济系统或一个生产过程都可以看成是一个单位（或一个部门）在一定可能范围内，通过投入一定数量的生产要素并产出一定数量的"产品"的活动。虽然这种活动的具体内容各不相同，但其目的都是尽可能地使这一活动取得最大的"效益"。由于从"投入"到"产出"需要经过一系列决策才能实现，或者说，由于"产出"是决策的结果，所以这样的单位（或部门）被称为决策单元（decision making unit，DMU）。因此，可以认为，每个DMU（第 i 个 DMU 常记作 DMU_i）都表现出一定的经济意义，它的基本特点是具有一定的投入和产出，并且将投入转化成产出的过程中，努力实现自身的决策目标。在许多情况下，我们对多个同类型的 DMU 更感兴趣。所谓同类型的 DMU，是指具有以下三个特征的 DMU 集合：具有相同的目标和任务；具有相同的外部环境；具有相同的投入和产出指标。

DEA 是 1978 年由美国运筹学家 A. 查恩斯和库珀等（A. Charnes & Cooper et al.，1978）在"相对效率评价"的基础上提出来的，根据多指标投入和多指标产出对相同类型的单位进行相对有效性或效益评价的一种新的系统分析方法，对于处理多输入、多输出的评价问题是有绝对优势的，是处理多目标决策问题的好方法。它其中的一个优点是可以对非有效决策单元（DMU）能指出指标的调整方向及程度（规模冗余），并进行纵向的时间比较和横向的空间比较。

传统的 DEA 模型存在一定的缺陷：①只能将 DMU 分为有效和非有效两类，而对有效 DMU 的进一步区分却"无能为力"；②每个 DMU 都从最有利于自己的角度求权重，使得不同的 DMU 拥有不同的权重向量，从而导致不同 DMU 的相对效率缺乏"可比性"和"公信力"；③DEA 作为一种常用的评价方法，应该充分考虑到决策者的偏好问题，而传统的 DEA 模型是一种纯客观优化方法，且权重往往集中在 1~2 个指标上，而且由于指标量纲的影响，权重往往成数量级的差别（刘英平等，2006）。

鉴于上述缺陷，本研究在前人基础上，通过引入最优与最劣两个虚拟 DMU，将 DEA 与 AHP 方法结合起来，以最优 DMU 效率值最大且最劣 DMU 效率值最小为目标，通过线性规划技术，求出一组兼顾主观性与客观性的公共权重，进而求出各 DMU 的相对效率值，在此基础上实现决策单元的有效性排序。

设有 n 个决策单元 DMU_k（$k = 1$，2，$\cdots$，n），每一个决策单元有 m 个输入指标，s 个输出指标，输入向量为 $X_k = (x_{1k}$，x_{2k}，$\cdots$，$x_{mk})^T$，输出向量为 $Y_k = (y_{1k}$，y_{2k}，$\cdots$，$y_{sk})^T$。其中，x_{ik} 与 y_{rk} 分别表示 DMU_k 的第 i 个输入指标值和第 r 个输出指标值，v_i、u_r 分别为相应指标的权重系数；C_m、B_s 是根据输入指标、输出指标重要性大小构造的判断矩阵；λ_m、λ_s 分别是断矩阵 C_m、B_s 的最大特征值。

在已有 DMU 的基础上，引入两个虚拟 DMU，即最优 DMU 与最劣 DMU，分别记为 DMU_{n+1}、DMU_{n+2}，此时总的 DMU 数目为 $n+2$ 个，其中实际 DMU 数目为 n。最优虚拟决策单元 DMU_{n+1} 的输入指标值取 n 个实际 DMU 相应指标值的最小值，输出指标值取 n 个实际 DMU 相应指标值的最大值；类似的，最劣虚拟决策单元 DMU_{n+2} 的输入指标值取 n 个实际 DMU 相应指标值的最大值，输出指标值取 n 个实际 DMU 相应指标值的最小值。改进的 DEA 模型的具体形式见式（8.5）。

$$
\begin{cases}
\min \sum_{r=1}^{s} u_r y_{r,n+2} \\[2mm]
\text{s. t.} \sum_{i=1}^{m} v_i x_{i,n+2} = 1 \\[2mm]
\sum_{r=1}^{s} u_r y_{r,n+1} - \sum_{i=1}^{m} v_i x_{i,n+1} = 0 \\[2mm]
\sum_{r=1}^{s} u_r y_{rj} - \sum_{i=1}^{m} v_i x_{ij} \leqslant 0, \ j \neq n+1 \\[2mm]
(C_m - \lambda_m E_m) v \geqslant 0 \\[2mm]
(B_s - \lambda_s E_s) u \geqslant 0 \\[2mm]
u_r \geqslant 0, \ r = 1, 2, \cdots, s \\[2mm]
v_i \geqslant 0, \ i = 1, 2, \cdots, m
\end{cases}
\tag{8.5}
$$

$$
\theta_k^* = \sum_{i=1}^{s} u_r^* y_{rk} \Big/ \sum_{i=1}^{m} v_i^* x_{ik}
\tag{8.6}
$$

由式（8.5）求得公共权重 u_r^*、v_i^*；再利用式（8.6）求出各 DMU 的相对效率值，相对效率值越大，表明系统运行效率越高。

8.2　中国粮食虚拟水流动格局与成因分析

马静等（2004，2006）对我国八大区域间以粮食为载体的虚拟水流量进行了计算，但其假设条件相对简化，本节借鉴陈永福（2004）对中国食物供求与预测的研究思路，建立我国各省市自治区各粮食品种的供求平衡表，运用微观经济学、计量经济学、市场整合和空间均衡模型等方法分别对商品需求、供给和价格等进行理论和实证分析并建立供求模型，将该模型拓展至2007 年。模型模拟结果与殷培红（2006）对我国粮食供需平衡格局进行的研究结果大致相符。基于以上粮食作物的国内区际间贸易量以及国际进出口流量，本研究计算出 2000 年和 2015 年我国粮食贸易的虚拟水流量关系矩阵（如表 8 - 1 和表 8 - 2 所示）。

表 8-1　2000 年中国粮食贸易的虚拟水流量关系矩阵

单位：10^8 立方米

二级区	输出									国外虚拟水净进口（大米/小麦/玉米/大豆）	虚拟水总流动
输入	东北	华北	黄淮海	西北	东南	长江中下游	华南	西南	合计	国内虚拟水区际流动（大米/小麦/玉米）	
东北	-/-/-	-/-/-	-/55.8/-	-/-/-	-/-/-	-/-/-	-/-/-	-/-/-	-/55.8/-	-7.5/7.6/-67.2/2.3	-9.2
华北	18.2/-/8.9	-/-/-	-/46.1/-	-/-/-	-/-/-	-/4.1/-	-/-/-	-/-/-	18.2/50.2/8.9	-2.6/5.1/-2.7/22.7	94.8
黄淮海	4.1/-/24.5	-/-/-	-/-/-	-/-/-	-/-/-	11.9/-/-	-/-/-	-/-/-	16.0/-/24.5	-7.1/-/-19.7/73.9	87.6
西北	-/-/-	-/-/-	2.3/-/-	-/-/-	-/-/-	2.1/41/-	-/-/-	-/36.5/-	4.4/77.5/-	-0.1/11.1/-/-4.7	88.2
东南	-/-/48.9	-/-/-	-/0.8/-	-/-/-	-/-/-	27.9/7.1/-	-/-/-	-/-/-	27.9/7.9/48.9	-0.6/1/-/-23.3	108.4
长江中下游	-/-/38.2	-/-/16.2	-/2.4/54.9	-/-/14.7	-/-/-	-/-/-	-/-/-	-/1/-	-/3.4/115.2	-20.8/0.6/-/-52	150.4
华南	-/-/59.8	-/-/-	-/-/-	-/-/-	-/-/-	28.8/-/-	-/-/-	-/11.3/-	28.8/11.3/59.8	2.9/7.2/-0.4/34.1	143.8
西南	-/-/-	-/-/16.2	4.7/-/14.1	1.4/-/11.3	-/-/-	27.6/-/-	7.3/-/-	-/-/-	41.0/-/11.3	-/-/-/1.8	54.1
合计	22.2/-/180.3	-/-/16.2	7/105.1/60.3	1.4/-/26	-/-/-	98.3/52.2/-	7.3/-/-	-/48.8/-	136.3/206.1/282.7	-35.8/32.7/-90.1/205.4	732.2

表8-2 2015年中国粮食贸易的虚拟水流量关系矩阵

单位：10⁸ 立方米

二级区		国内虚拟水区际流动（大米/小麦/玉米）输出									国外虚拟水净进口（大米/小麦/玉米/大豆）	虚拟水总流动
		东北	华北	黄淮海	西北	东南	长江中下游	华南	西南	合计		
输入	东北	-/-/-	-/-/-	-/68.3/-	-/-/-	-/-/-	-/-/-	-/-/-	-/-/-	-/68.3/-	-3.9/1.5/0.3/155.8	221.9
	华北	24.9/-/8.6	-/-/-	-/56.6/-	-/-/-	-/-/-	-/7.9/-	-/-/-	-/-/-	24.9/64.5/8.6	2/2.6/0.3/143	246.8
	黄淮海	16.5/-/22.3	-/-/-	-/-/-	-/-/-	-/-/-	-/-/-	-/-/-	-/-/-	16.5/-/22.3	1.2/4.2/3.1/454.6	501.9
	西北	-/-/-	-/-/-	3.3/70.4/-	-/-/-	-/-/-	2/-/-	-/-/-	-/10.5/-	5.3/80.9/-	-/4/-	90.2
	东南	-/-/66.4	-/-/-	14.1/-/-	-/-/-	-/-/-	65.1/12.1/-	-/-/-	-/-/-	79.2/12.1/66.4	3.9/4.6/2.1/155.4	323.7
	长江中下游	-/-/22.9	-/-/15.7	-/3.9/63.2	-/-/21.1	-/-/-	-/-/-	-/-/-	-/-/6.2	-/3.9/129.1	2.7/0.7/4/228.6	369.1
	华南	25.7/-/49.1	-/-/-	3.9/-/24.1	-/-/-	-/-/-	67.8/10.7/-	-/-/-	-/19.8/-	97.4/30.5/73.2	26/21.9/15.3/399.8	664.1
	西南	-/-/-	-/-/-	6.3/3.1/-	-/-/18.1	-/-/-	23.8/16.2/-	-/-/-	-/-/-	30.1/19.3/18.1	1.2/1/1.8/15.6	87.2
	合计	67.1/-/169.3	-/-/15.7	27.6/202.3/87.3	-/-/39.2	-/-/-	158.7/46.9/-	-/-/-	-/30.3/6.2	253.4/279.5/317.7	33.1/40.6/26.9/1552.8	2504.9

8.2.1 中国与国际间虚拟水流动格局及成因分析

1. 中国与国际间虚拟水流动格局

中国利用国际市场调节国内供求，减少或基本停止了国内供大于求的产品进口（小麦和玉米），增加了国内需求旺盛的产品进口（大豆）。2000 年小麦和大豆为净进口，虚拟水流量分别为 32.7 亿立方米和 205.4 亿立方米；而大米和玉米为净出口，虚拟水流量为 35.8 亿立方米和 90.1 亿立方米。2015 年大米和玉米由净出口变为净进口，虚拟水流量分别为 33.1 亿立方米和 26.9 亿立方米。结果同时表明，大豆在整个粮食贸易虚拟水流动中所占比重非常大。已有研究成果表明，中国大豆不具有比较优势，按照比较优势理论，中国应生产具有比较优势的产品来换取大豆的进口。但中国是世界上重要的大豆消费国，随着人们生活水平的提高，对大豆的需求必将进一步呈上升趋势。从满足国内市场需求和稳定市场的角度考虑，中国应当提高大豆的单产水平（2015 年大豆产量为 1589.8 万吨，比 2000 年的 2010.0 万吨减少20.91%），保持大豆主要生产国的地位。

2. 中国与国际间虚拟水流动格局成因分析

2001 年加入 WTO 后，中国与世界建立起更广泛的联系，粮食贸易所面临的国内外环境有了重大变化，造成中国对外粮食贸易虚拟水流动格局的主要原因为：①我国人口众多，保持较高的粮食自给率是保证社会安定和国民经济持续发展的前提。中国大豆进口量的增加，玉米和大米出口量的减少，是中国基于国内粮食安全角度所采取的贸易策略，充分体现了粮食贸易为粮食安全服务的目的。②虽然我国人口增势已经放缓，但人口的总数还在增加，粮食的消费在持续增长，水土资源潜力有限并时时受到其他产业的挤占，而利用国际资源进行必要的补充，不仅符合比较优势原则，而且可以调剂品种，实现区域平衡，保证粮食安全。③从长期变化情况来看，中国大豆比较优势逐步丧失；玉米和大米是中国传统的比较优势品种，但其优势呈下降趋势。由此可以看出，中国出口玉米和大米，进口大豆的贸易政策，是符合中国粮食比较优势状况的。

中国农业发展进入新阶段，实施竞争性农业发展战略，坚持按"市场需求"和"比较优势"两个原则，加快农业结构调整和全面提高农产品质量，是从根本上促使中国农业增效、农民增收和农村发展的必然选择（刘彦随，2003）。我国可根据本国的资源特点和比较优势，加快发展劳动密集型的产品，相当于出口部分劳动力，同时适当进口粮食，间接的进口部分水资源和土地，这符合我国资源利用战略调整的原则，即从单一内向型资源利用转向以利用国内和国际两种资源，这意味着扩大了资源利用的空间，有利于国内资源的保护和可持续发展，有利于农业功能作用的发挥（刘江，2002）。

8.2.2 中国区际间虚拟水流动格局及成因分析

1. 中国区际间虚拟水流动格局

扣除虚拟水的国际贸易量外，2015 年中国区际间虚拟水总流量为 850.6 亿立方米，比 2000 年增加了 36.07%，而同期相同粮食品种产量增加幅度为 34.45%，说明 2015 年国内区际间粮食贸易比 2000 年有所加强。①2015 年虚拟水流量比 2000 年显著增加的地区为黄淮海地区，贡献最大的是小麦。小麦是主要的口粮作物（全世界 70% 的小麦用作口粮），我国国内小麦区域供求特征是：由山东、河南和江苏及以其为中心的周边地区向其他地区呈辐射状供给。②2015 年国内区际间大米虚拟水流量为 253.4 亿立方米，比 2000 年增加 117.1 亿立方米。中国大米贸易输出的重点地区为黑龙江、湖南、江苏和江西等地区。③相比之下国内玉米虚拟水总流量变化不大，玉米的主要输出区集中在中国的北方地区。

从中国国内粮食贸易的虚拟水流动格局来看，调入区主要由 3 部分构成：大城市带、沿海开放地区（东南）、耕地资源不足地区（西南、华南）。进入20 世纪 90 年代，我国粮食供求不平衡矛盾加剧，东部、西部地区粮食需调进；而中部、北部地区供求平衡有余，粮食可净调出。如图 8 - 1、图 8 - 2和表 8 - 2 所示，2015 年从我国北方向南方地区通过粮食贸易输出的虚拟水量高达 337.6 亿立方米，而从南方调往北方的虚拟水量仅有 20.4 亿立方米。

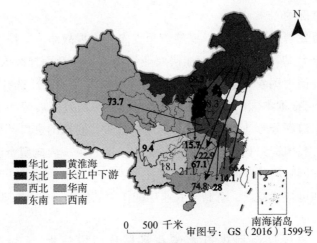

图 8 - 1　北方粮食贸易的虚拟水输出流向

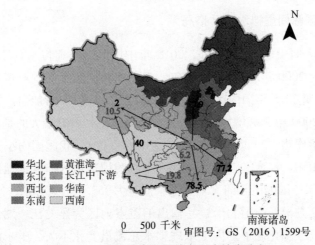

图 8 - 2　南方粮食贸易的虚拟水输出流向

在八个二级区间，从调出的虚拟水总量看，黄淮海、东北、长江中下游地区调出的虚拟水量最多，分别为317.2亿、236.4亿、207.6亿立方米。从调入的虚拟水总量看，华南、东南、长江中下游以及西北地区调入的虚拟水量较大，分别为201.1亿、157.7亿、133亿、86.2亿立方米。虚拟水的总体流向是：东北、黄淮海以及长江中下游地区为虚拟水净流出区，净流出的虚拟水量为168.1亿、278.4亿和74.6亿立方米。其余五个大区均为虚拟水净流入区，其中华南和东南为主要的净流入地区，净流入的虚拟水总量分别为201.1亿和157.7亿立方米。从可持续发展的角度考虑，中国应在保持较高的粮食自给水平的前提下，适当扩大粮食贸易的虚拟水国际调入量，以缓解本国水资源短缺状况。

2. 中国区际间虚拟水流动格局成因分析

粮食虚拟水区际贸易格局的形成是我国历史和经济发展的产物，受到与自然地理因素相关的区域比较优势、产业政策、消费结构变化等因素的影响，本节从以下五方面对其成因进行分析：

（1）资源禀赋角度：从耕地资源的分布来看，西部和北部地区比较丰富，而东南沿海地区人多地少，这是我国粮食增长中心"北上"的客观原因。如东部地区粮食短缺的主要制约因素是人均耕地较少，土地、资金、劳动力等生产要素大量流向非农产业，抑制了粮食生产发展；珠江三角洲、长江三角洲等基地的商品粮已日趋减少。从水资源的分布来看，西部自然、经济条件较差，虽人均耕地面积相对较多，但受水资源约束，单位面积产量水平较低。因此，东、中、西三个区中粮食增长的中心越来越集中于中部地区。

（2）资源优化配置角度：我国的粮食区际贸易导致了大量的虚拟水从北方向南方流动，2015年中国南方地区通过粮食贸易从北方地区净调入的虚拟水量达337.6亿立方米（如表8-2所示），但我国水资源分布不均匀，全国仅有约20%的水资源分布于长江以北地区，虚拟水流动拉大了水资源空间分布的不平衡性，是区域可持续发展的隐患。而规划的南水北调跨流域调水工程从南方往北方最大调水总量约为437亿立方米，若扣除南水北调工程调运过程中的管道泄漏和蒸发散失的水量，南方实际向北方调入的实体水量与每年从北方以粮食贸易向南方调入的虚拟水量基本相当。从虚拟水的角度看，当前虚拟水国内贸易方向很难改变，从国外进口虚拟水面临诸多挑战，南水北调工程的重要作用就显得尤为突出了。因此，南水北调工程是解决我国北方地区水资源短缺和优化农业资源合理配置的有效途径，为中国粮食虚拟水流动做出了巨大的支持和贡献，是保障国家粮食安全和水安全、促进社会经济可持续发展的重大举措。所以，南水北调工程是"虚拟水战略"实施的必要条件，也是中国区际间虚拟水流动的重要驱动力。

（3）经济价值角度：我国耕地和水资源的经济价值存在较大差异。在我国现行的经济体系中，耕地资源的经济重要性远高于水资源。因此，迄今粮食的流动还是较大程度上取决于耕地这一限制因子的区际差异。南方地区正是经济较为发达的地区，土地用于农业的机会成本太高。相比之下，在当前作为重要的生态要素——水资源定价过低，可见，长期以来水资源条件在决策过程中未被放在较为优先的位置进行考虑，以及传统以满足供给为原则的水资源规划管理模式，是目前形成这种局面的主要原因。

（4）自然属性角度：耕地和水资源的自然属性不同，耕地是一种不可流动的资源，其限制性最强，而水资源是具有流动性且可更新的资源。粮食贸易的虚拟水流动则可以视为耕地资源流动的替代品，水资源也只是土地的"附属品"，必须依附于耕地之上才能发挥其生产力（闫丽珍，2008）。由此也反映出，耕地资源仍然是制约农业发展的极为重要的限制因子。

（5）其他角度：①随着人民生活水平的提高，饮食结构也相应地发生了很大改变，带动了粮食消费总量的快速增长。对农产品需求量的增长，也激发了农民的积极性，以满足不断扩大的市场需求，所以粮食主产区（东北、黄淮海以及长江中下游平原等）的农产品产量不断攀升。②市场和运输条件的变化也是影响原因之一。便利的交通为粮食生产发展创造了比较好的条件。③国家实施的战略和政策导向也会产生一定的影响作用，如西部大开发、东北振兴、中原崛起等战略。

为进一步探讨中国粮食贸易虚拟水要素流动格局与粮食安全的保障问题，采用改进的数据包络分析法（DEA）测算中国各地区农业资源利用效率，对我国农业资源的发展态势进行研究，综合开发，合理利用，提高农业生产力，为中国农业可持续发展提供决策支持。

8.3 基于虚拟水的中国粮食安全与农业资源利用效率分析

长期以来，中国农业增长主要依靠资源开发和消耗，由此带来的生态环境不断恶化和水土资源日益紧缺，成为制约我国农业今后持续健康发展的主要瓶颈，这种增长方式将难以为继。随着人口增加和城镇化进程加快，在实施可持续发展战略的大环境下，如何促进我国农业资源的可持续利用以及保障粮食安全，正在成为 21 世纪中国资源可持续发展的重要任务。

8.3.1　农业资源利用相对效率的计算

资源利用效率研究是一种投入、产出的生产率分析，适合应用融合了线性规划、多目标规划等数学规划的数据包络分析法（DEA）进行评价。而由于传统的 DEA 模型对有效决策单元无法做进一步的精确划分，因此本节采用改进的 DEA 模型来计算中国农业资源利用相对效率。从数据资料的可获得性出发，选择农村人口（农业人力要素资源）、农作物播种面积（自然要素资源）、人均 GDP（资本要素资源）、绿水资源量（降水和水资源总量的差值）以及农业用水量（社会要素资源）作为输入指标，以单位面积的粮食产量和粮食虚拟水总量为输出指标，利用改进的 DEA 方法计算出 2000 年和 2015 年我国 31 个省、自治区、直辖市农业资源利用的相对效率，计算结果见表 8 - 3：

表 8 - 3　　　中国各地区 2000 年和 2015 年农业资源利用的相对效率

地区	2000 年	2015 年	地区	2000 年	2015 年
北京	0.326	1	湖北	0.307	0.675
天津	0.261	1	湖南	0.327	0.726
河北	0.444	0.810	广东	0.325	0.472
山西	0.151	0.775	广西	0.220	0.554
内蒙古	0.155	0.633	海南	0.119	0.588
辽宁	0.362	0.781	重庆	0.222	0.817
吉林	0.284	1	四川	0.327	0.730
黑龙江	0.319	1	贵州	0.126	0.631
上海	0.585	1	云南	0.195	0.636
江苏	0.393	0.666	西藏	0.055	0.314
浙江	0.317	0.529	陕西	0.212	0.628

续表

地区	2000 年	2015 年	地区	2000 年	2015 年
安徽	0.284	0.798	甘肃	0.105	0.381
福建	0.232	0.522	青海	0.037	0.242
江西	0.232	0.801	宁夏	0.091	0.333
山东	0.465	0.782	新疆	0.100	0.514
河南	0.386	1	全国平均	0.257	0.688

8.3.2 粮食安全与农业资源利用相对效率时空分异分析

1. 农业资源利用相对效率时间分异

随着经济发展、社会进步和科技水平的迅猛提高，人类在资源开发利用空间的问题上已经发生了深刻的变化，特别是在涉及资源的价值实现、配置机制、利用方式、管理体制和制度等方面更是发生了许多质的变化。从表 8-3 计算结果可以看出，全国各地区农业资源利用相对效率都有所提高，2000 年全国平均水平为 0.257，而 2015 年提高为 0.688。2000 年仅上海的资源利用相对效率在 0.5 以上，全国大部分地区数值普遍较低，到 2015 年，我国农业资源利用相对效率整体上迈入了一个新台阶，超过 0.5 的地区有 26 个，全国大部分地区资源利用相对效率都得到了较大的提高，说明我国的建设正朝着农业资源可持续利用方向发展。

2. 农业资源利用相对效率空间分异

从八大区域来看，黄淮海、华北、东南以及东北地区农业资源利用效率普遍高于全国平均水平，黄淮海地区最高，长江中下游地区比较接近全国平均水平，华南、西南和西北地区的农业资源利用效率普遍低于全国平均水平，西北地区最低。农业资源利用效率空间特征具体表现为：沿海高于内地，北方高于南方，东部高于西部，西北地区最低；经济发达省（市）高于欠发达省（区）的特征。农业资源利用效率差异主要受农业生产方式、资金状况、技术水平、劳动力素质、土地资源状况、国家产业政策等因素的影响。

3. 中国粮食安全与农业资源利用效率分析

中国农业资源利用效率在近些年有很大提高，但区域差别还是很悬殊。表 8－3 显示西北地区、西南地区以及华南地区在全国八大地区中农业资源利用效率较低，东北地区的内蒙古、华北地区的山西以及东南地区的福建和浙江在各自所属二级地区的资源利用效率偏低。主要原因有以下几点：①西部地区由于受自然禀赋和社会经济条件的限制，广种薄收比较普遍，农业资源利用方式粗放，利用率与产出率极低。对于这类地区，其资源粗放利用为农业的集约化挖潜提供了巨大空间，因此，西部地区在未来增加粮食虚拟水供应中具有很大潜力。②华南地区和东南地区的福建和浙江，是经济较为发达的地区，虽然具有发展外向型经济的区位条件，且光、热、水资源比较丰富，但土地资源质量不高，且土地用于农业的机会成本太高，所以导致该区域农业资源利用效率偏低。③东北地区的内蒙古以及华北地区的山西地区，均属北方地区，前者土地资源比较丰富，但质量不高，水资源缺乏，而做好内蒙古黄河灌区的防治盐渍化与节水高效农业建设是该区农业发展的关键；山西的农业资源利用相对效率较华北地区的北京和天津偏低的主要原因是，经济发展水平不高，资源利用的科技含量偏低。另外，需要说明的是本次计算农业资源利用效率是相对的，虽然黄淮海和华北地区资源利用效率相对较高，数值较大，而上海、北京、天津等地的资源利用相对效率为 1，这只是表示在当前此类地区农业资源利用效率相对较高，但这类地区资源利用效率并不是没有提高的潜力。目前我国科技在农业增长中的贡献率大体只有 35%，而世界农业发达国家已高达 60% 以上，实践证明，农业发展的根本出路在于由资源依赖型向科技推动型转变，充分发挥科技在集约降本、增产提质、提升拓展方面的潜力，使农业发展由粗放型经济增长向集约型经济增长转变（万宝瑞，2006）。

中国经济的高速增长和贸易自由化程度的提高引起了国内外有些学者对中国食物和能源安全的担忧。而由上述对我国农业资源利用相对效率的计算和分析可见，中国的资源利用效率具有很大的提高潜力。中国的经济增长不会对本身和世界的粮食安全带来威胁，相反它将提高中国和世界的粮食供给量。不管是过去、现在还是将来，作为世界上人口最多的国家，中国在居民粮食安全保障上都会成功地给世界做出榜样，切实扮演负责任的大国形象，为社会的发展和人类的进步做出贡献。中国在粮食安全保障上的成就为世界所瞩目。然而，在面对国际环境迅速变化的同时，我国仍将长期处在工业化发展阶段，人均物质资源和产品水平还较低，工业化、城镇化和人口增长对农业资源和农产品的需求总量仍将继续增加。而可持续的农业发展要实现资源利用的升级，尤其是强化对水资源和耕地资源的有效保护。需要借鉴国外很多农业发达国家和地区的经验，高度重视并且搞好农业资源的科学开发和合理配置，增强农业综合生产能力，提高农业劳动生产率、土地生产率和产品转换率；充分利用国内外资源的空间置换（特别是我国农业的比较优势部分），提升我国粮食及农业应对国际经济一体化的竞争能力，紧密结合国内市场和粮食需求缺口、促进农业产业结构升级和优化国内资源配置为前提的粮食进口政策，充分获取国内外产业比较优势和区位优势所带来的比较利益；运用高新技术来大量开发利用新材料、新能源和可再生资源，大力发展生态经济和实现农业清洁生产，逐步建立全面节约型生产社会和消费社会。

8.4 "虚拟水战略"对中国粮食安全的重要意义

8.4.1 "虚拟水战略"的适用性

传统意义上的"虚拟水战略"是指缺水地区通过贸易的方式从富水区购进水资源密集型产品来获得对本区水资源的补偿，从而保障自身水资源安全的一种构想。这不失为解决贫水国或地区水资源约束问题的一条有效途径，但是我们也应看到"虚拟水战略"的出发点和立足点仅注重了水资源要素禀赋方面，忽略了其他资源（如耕地）、生产技术以及水资源机会成本等因素的影响。

中国农业能在国际化过程中充分合理地利用国际农业水土资源，对于缓解中国农业自然资源的短缺形势的积极意义是十分明显的。而我国的粮食区际贸易却使大量的虚拟水从北方向南方流动，在我国水资源较为丰富的地区（东南和华南）有较大的虚拟水调入量，而水资源比较短缺的地区（黄淮海和东北地区）虚拟水的调出量却非常惊人，该研究结果与理论上的"虚拟水战略"不相符。因此，实施虚拟水战略是打破传统的粮食生产模式和农业用水模式的有效尝试，然而，完全依靠水资源因素实施"虚拟水战略"却具有一定的局限性。"虚拟水战略"的实施还要取决于区域其他资源及相关经济和社会条件，不是任何地区都完全适宜实施"虚拟水战略"。基于对我国粮食贸易虚拟水流动格局的量化研究，分别从时空角度探讨分析"虚拟水战略"在我国的适用性。

1. 空间角度分析

（1）从全球尺度上分析。

我国粮食产量和消费量占世界总量的21%左右，正常年份粮食贸易量占世界贸易总量的15%～20%，具有典型的大国效应。加入WTO，意味着我国经济将逐步融入世界经济体系，参与国际分工和竞争，我们可以有效地利用两种资源、两个市场，实现国内有限资源的最佳配置，在坚持粮食基本自给的前提下，有条件逐步开放市场，逐步提高市场准入程度，合理利用国际粮食市场，以实现国内粮食供求平衡，保障国内粮食安全和水安全。

（2）从国家尺度上分析。

一方面，我国粮食贸易的虚拟水流动在一定程度上缓解了南方耕地资源短缺的矛盾。另一方面，粮食贸易的虚拟水流动是我国水资源的逆向配置，即粮食贸易形成的虚拟水流动是从贫水区向富水区转移有限的水资源，加剧了贫水区水资源的稀缺程度。从虚拟水流动和区域水土资源分布的角度看，"北粮南运"和"南水北调"共存仍是今后发展的方向。而实体水调度（如南水北调等）与虚拟水流动（如北粮南运等）的适度耦合才是解决我国粮食安全与水安全的根本措施。

（3）从区域尺度上分析。

在提高节水意识、改善节水技术水平以及提高水资源效益的基础上，在各区域适度开展"虚拟水战略"，通过粮食区际贸易，将"剩余"的水资源通过"农转非"方式加以利用，以达到区内水资源高效利用的目的。而增强虚拟水的经济、政策关联性，可以为不同地区制定科学合理的"虚拟水战略"，实现农业可持续发展提供科学依据和决策支持。

根据资源禀赋、虚拟耗水、经济效益、产业基础以及发展潜力等指标综合起来指导农业生产及进行农业结构调整：①中部粮食主产区（其中，黄淮海旱作地区应大力推广旱作节水农业技术，提高水资源利用率）和东北产粮区（该区中低产田地区应重点提高耕地地力与质量），要增强粮食生产能力，保证大宗农产品的稳定生产和供应；②西部地区根据具体情况宜农则农、宜林则林、宜牧则牧，同时，加强基本农田建设，改善生产条件，发展旱作农业（特别是西北干旱地区，还可生产并出口水果、蔬菜以及花卉等水稀疏型产品，进口水密集型产品，如粮食）；③南方草山草坡地区重点加快草地改良，提高畜牧良种率，发展草地畜牧业；④大中城市郊区应在严格保护农业生产能力的基础上，适度调减粮食播种面积，扩大经济作物生产，大力发展外向型、城郊型和高科技农业；⑤而沿海地区可利用良好的区位发展优势，将高科技应用于农业生产，同时依据出口导向决定农业生产结构并及时进行调整，大力发展劳动密集和资本、技术密集的产业和产品。

2. 时间角度分析

中国作为世界上最大的发展中国家，其稳定与发展以及水资源危机引起了国际上的高度注意。布朗（Brown，1998）发出了"中国的水源短缺将震撼世界的食物安全"，虽有失片面，但却为我们敲响了警钟。国际贸易和世界经济一体化虽然提供解决水资源危机的新机遇—进口部分粮食，但从中长期考虑，在保障我国粮食安全战略的选择上，立足国内资源，实现基本自给，是保障国家粮食安全的基本前提；而利用国外资源，适度进口调剂，是保障国家粮食安全和水安全的必要补充。在国际进出口粮食贸易的选择上应该注意以下几点：①优先增加饲料的进口，以利于发展使用劳动力较多、加工链较长的畜牧业和渔业。②适度增加小麦和玉米的进口，以缓解我国北方部分小麦和玉米区缺水的困难，减慢地下水下降的速率。同时，世界市场上小麦和玉米的供应量大，出口国多，不易形成卖方的独家垄断。③适度限制大米的进口。考虑到大米在我国的重要性和世界市场上有限的供应量，大米应保持自给自足，保障国内稳定的口粮供应。④适度限制大豆的进口。从满足国内市场需求和稳定市场的角度考虑，中国应当提高大豆的单产水平而不能放弃大豆生产，应当保持大豆主要生产国的地位。实现基本自给与进口调剂相结合，效率与安全相统一，经济效益、社会效益、生态效益相协调，切实保障国家粮食与水安全，使中国农业得以稳定、可持续、高速的发展。

从时空角度探讨"虚拟水战略"在我国适用性的同时，还应注意实施地区多为主体功能区中的限制开发区。"虚拟水战略"的实施，意味着在一部分区域经济利益缺失的同时，生态效益却增加了，而生态效益则不仅仅局限于此区域，被毗邻乃至更大区域所共享，因此，只有增强对其生态补偿的功能，才能更好地保障"虚拟水战略"的实施。

8.4.2 基于"虚拟水战略"的中国粮食安全对策

伴随着中国加入 WTO，必须清醒地认识到，我国农业的市场化和国际化将是一个不可逆转且不断深入推进的过程；由此，我国农产品的市场竞争关系将会发生重大的变化：一方面，国内的市场竞争将会越来越激烈，另一方面，将由单一的国内竞争逐渐转向国内、国际的双重竞争。在此背景下，我国小规模经营的农户如何因地制宜，根据资源禀赋来充分发挥自身的比较优势，提高自身的市场竞争能力，适应市场化和国际化的农业大市场，将是我国农业发展在较长时期内必须要面对的巨大挑战。正是在这种大背景下，我国政府提出了要对农业进行战略性的结构调整，并且取得了较好的成效，按照比较优势原则和市场导向原则的区域农业分工与格局也开始在近年来逐步形成。

作为一个人口大国，我国的粮食安全问题必须要立足于国内，毕竟目前全球每年粮食的正常贸易量仅为 2.3 亿吨左右，即使全部购买下来也只能满足我国粮食需求的 45% 左右，从长远来看，世界上其他国家和地区倾其所有粮食剩余，也只能够填补中国粮食供求缺口的一部分。当然，立足于国内，也并不完全排斥国际市场，作为一个农业资源约束性极强的国家，在贸易自由化条件下，保持传统的高度自给自足来实现我国的粮食安全的代价将会越来越大。我国的粮食安全问题不是孤立的，必须要充分利用国内外两个市场、两种资源，把确保我国粮食安全与推进我国农业结构的战略性调整、提高区域乃至我国整体农业的竞争力等长期目标结合起来。以提高粮食综合生产能力和优化粮食生产布局为主，以粮食储备和进出口调节为辅，充分发挥市场机制在粮食资源配置中的基础性作用，强化对低收入阶层的粮食援助，积极探索一条具有中国特色的粮食安全之路，具体来说，要做到以下几点。

1. 要确立全新的"粮食安全观"

粮食安全是一个包含着经济因素、社会因素、制度因素以及发展因素在内的广泛的概念，随着经济的发展和人们消费水平的提高，"粮食安全"的内涵也在不停地演进。

一方面，由于消费水平的提高，绝大多数城乡居民的膳食结构发生了较大的变化，以口粮形式直接消费的粮食比重在大大下降，而代之以畜牧水产以及蔬菜水果等农产品，食物结构日渐多元化。因此当前的"粮食安全"正在逐步转变为"食物安全"问题，即今后考虑我国的粮食安全问题，不仅要看粮食（主要是指谷物）生产和储备的安全，还要把畜牧、水产和蔬果产品等的生产、消费和流通问题综合考虑在内。而在我国，由于收入水平上的差异，既有食不果腹的贫困人群，也有一批高消费者，但更普遍、也是大多数人所处的状态，是介于两者之间。粮食安全的概念对于上述集中消费群体来说，绝对是不能等同的。所处的消费层次不同，面临的食物需求状况不同，因而粮食安全的含义就不同。故而今后对粮食安全问题的关注，除了要继续关注口粮安全以外，要更多地从满足多样化的需求角度来考虑。当然，对于那些还没有解决温饱的贫困人口，要格外关注，给予救济、扶持和帮助，因为市场化改革也只有在这部分人的粮食安全问题解决之后才会彻底。

另一方面，要从全球的视点来看待新时期的我国粮食安全问题。我国人多地少，耕地、水资源极为稀缺，今后，随着工业化和城镇化步伐的加快，耕地、水资源严重不足的矛盾将更加突出。因此，在基本立足于国内生产外，应该将比较优势原则扩大到全球范围内，将一部分粮食供给问题放到国际市场上来解决。可以这样认为，进口粮食就等于进口土地和水资源，也即进口生态产品，从而可以缓解我国农业资源不足和生态产品紧缺的矛盾。从欧洲各国和日本、韩国以及我国台湾等地区的经验来看，在对外开放条件下，以全球视角解决本国或地区的粮食问题，并不会对本国或地区的粮食安全构成威胁，反而有利于本区域内的粮食安全。在开放度较高的国家或地区，当面临国内食品资源不足时，真正威胁粮食安全的因素是外汇支付能力。从我国目前国际收支状况看，我国外汇储备充足，完全可以动用外汇储备从国际市场上进口粮食，以弥补国内供给的不足。

2. 保护和提高粮食综合生产能力，确保国内粮食的有效供给

"我国粮食安全的关键在于口粮安全，口粮安全的关键又在于粮食生产能力的安全。我们应当做的是投资科研和基础设施建设，以培育粮食生产能力，以期未来需要时可以从容地生产出来，而不是追求现实的产量过快增长"。也就是要变藏粮于库为藏粮于地。因此，虽然我国不需要自己生产所需的全部粮食，但是我国的粮食生产能力却必须保持和提高，这是一切稳定和发展的基础。从我国的具体国情出发，我国当前的粮食自给率应当维持在90%左右，保持总量基本平衡；人均粮食占有量应当维持在 400 公斤左右的水平，满足人们的基本需求；粮食安全储备警戒线应当维持在 18% 以上，切实做到有备无患。解决好我国的粮食问题，关键是要保护粮食主产区，保护农民种粮积极性，保护粮食综合生产能力，保障国家的粮食安全。具体说来，在当前情况下，要保护和提高我国的粮食综合生产能力，主要是要做好以下几方面的工作。

（1）切实提高耕地保护的有效性，稳定粮食播种面积。耕地是实现粮食生产的基础，粮食综合生产能力必须要有足够数量和质量的耕地作为保障，保护耕地就是保护粮食生产能力，只要耕地不减少，粮食生产就有保障。在粮食供给充裕时，耕地可以根据市场需求改种其他作物，但不能转为非农用地，以备粮食供给出现短缺时，可以随时用来种粮。这样一方面可以减少粮食库存压力，减轻财政负担；另一方面可以提高土地资源的产出效益，提高农民的收益。必须高度重视和保护耕地资源，坚持"十分珍惜、合理利用土地和切实保护耕地"的基本国策，继续实行最严格的耕地保护制度，实现耕地数量、质量及生态的全面管护和协调统一。

（2）建立农业投入长效机制，提高粮食生产能力。粮食生产受自然条件的影响很大，正如马克思所论述"在农业中，问题不只是劳动的社会生产率，而且还有由劳动的自然条件决定的自然生产率。可能有这样的情况：在农业中，社会生产力的增长仅仅补偿或甚至还补偿不了自然力的减少，这种补偿总是只能祈祷临时的作用。"因此，稳定和提高粮食生产必然要加大对农业基础设施建设的投入，不断改善生产条件，增强生产能力。然而，多年来我国对农业的投入一直存在着总量不足、结构不合理和机制不灵活等问题，这些问题已严重影响到粮食产量的增长。在市场经济条件下，我们应该从经济法规、政策支持和市场机制三方面保证和规范农业的有效投入、高效投入和高效运作，构建以"投入要素多元化、渠道多样化、利益分配合理化"为主要特征的农业投入长效机制，开展以"政府投入为导向，农户投入为主体，信贷投入为支柱"的农业投入运作方式。

（3）加快科技创新，努力、提高粮食生产科技含量。科技是第一生产力，是提高粮食综合生产能力的重要支撑，中国的粮食问题最终要靠科技来解决。新中国成立以来，特别是改革开放以后，我国政府非常重视对粮食生产的科技投入，不断提高粮食单产水平和品种质量，粮食平均产量由1978年的每亩168.5公斤增加到2005年的309.5公斤。但是近年来，粮食作物科研基础研究和应用研究薄弱，科技储备严重不足，新品种、新科技等的推广应用也不普遍；这些都对我国粮食生产的长远发展带来严重的威胁。为此，必须要做好以实施种子工程为突破口，加大对农业科技的投入力度，尽快建立健全良种选育、扩繁和供种体系；稳定农业科技队伍，健全农技推广服务体系；并且要把节水作为战略性措施来抓以促进农业可持续发展。

（4）采取各种有效措施，提高农民种粮积极性。增加粮食生产，调动人的积极性很重要，要让农民在进行粮食生产中有利可图；现阶段，种粮收益太低，以至于粮食种植成为农民在没有非农就业机会时的最后选择；因此，要提高农民种粮积极性，就必须要保证种粮农民能获得至少不低于种植其他经济作物农户的收入，降低农户种粮的机会成本；实行优质优价，拉开质量差价，使种植优质粮食的农民有较高的收益；调整和优化我国的粮食直接补贴方式；实施非正常年景的生产救助政策，提高农民应对自然灾害的能力。

3. 实施"竞争农业"发展战略，优化我国粮食区域布局

人均GDP超过1000美元，是一个国家食品消费结构升级加快的重要转折期，在这个阶段，口粮比重下降，畜产品、蔬菜和水果等非粮产品消费将

大幅度增加,传统的"粮食安全"将会逐步向"食物安全"转变。因此,对于我国这样一个收入地区差异与城乡差距较大且农业资源禀赋又有明显区域特征的国家,我们应该在确保粮食基本安全的前提下,以市场为导向,充分发挥我国农业的国内区域比较优势和国际竞争优势,实施"竞争农业"发展战略,合理调整我国粮食区域布局和品种结构,提高农业资源的生产效率和农业综合生产能力,实现我国农业区域机构优化和国家粮食安全的"双赢"。为此,要做好以下几方面的工作:

(1) 要优化我国粮食生产区域布局。确保粮食安全并不意味着所有地区都要实现粮食自给,更不能否定个别地区通过与主产区交换或国际贸易而获取粮食的可能性。我国地域辽阔,地区间自然条件差异巨大,要求全国各地都要确保粮食的产需平衡是不可能的,粮食生产的区域布局应该扬长避短、趋利避害,充分发挥各地的自然优势,通过地区间的交换和协作才能达到全国总体的粮食供求平衡。为了在区域之间建立起稳定的粮食供需平衡协作关系,先应该根据各地的比较优势,在区域间进行合理的分工布局。如果依据各区域的生产资源条件、经济发展水平、粮食生产的潜在优势和实际效果,结合目前国内政策导向和经济理论界倡导的农业区域发展战略来看,我国农业的区域布局分工应该是:在东南沿海经济发达地区,要大力发展外向型经济,建立高科技含量、高档次、高品质、高产值、高效益、高效率的特色种植、养殖出口创汇农业区;在中部传统农业区,要在发挥粮棉生产比较优势基础上,注意提高农产品品质和质量,走产业化、集约化经营之路,大力推广先进适用技术,建立高产、稳产、高效粮棉生产区;在西部生态环境脆弱的地区和江河源头地区,要从长远利益和整体利益出发,坚决实施退耕还林、退耕还草、退田还湖的战略方针,保护和改善生态环境,同时发展特色农业、节水农业和生态农业,实现农业可持续发展。

(2) 要调整粮食品种结构。自 20 世纪 90 年代以来,粮食品种结构的平衡对于实现我国粮食供求平衡的影响在不断加深,以至于粮食供求失衡问题往往表现为某类品种粮食供给的过剩或不足。如在 20 世纪 90 年代末,我国粮食虽然在总量上供过于求,但并非所有种类的粮食均出现过剩,总体而言是小麦、大豆供给不足,玉米、大米出现过剩;而大米中主要是早籼稻过剩(谭向勇等,1999)。近年来随着我国粮食消费结构的变动,粮食品种结构也必须随之发生变动，按照口粮和饲料粮需要调整种植结构，继续压缩一般品种，扩大优质稻谷、专用玉米、专用小麦、优质大豆的生产，搞好产销衔接，促进优质专用粮食向区域化种植、专业化生产和产业化经营方向发展，这样我国的粮食安全才会更有保障。

（3）要推进粮食产业化经营。我国粮食加工程度、产业科技含量等与发达国家相比均存在很大的差距，同时目前我国粮食的国内市场价格大都高于国际市场价格，加上国力的限制，国内价格进一步提高的可能性较小。在这种情况下，如何保证粮食安全呢？从河南、吉林、黑龙江等产粮大省的经验看，在政府对粮食产业的保护十分有限的情况下，通过发展产业化经营，可以延伸粮食的产业链，较大幅度地增加粮农的收入，增强粮食产业的发展能力，从而提高粮食的安全水平。所谓粮食产业化是指围绕粮食生产环节，实行粮食生产的专业化和规模化，并把粮食产前的花肥、农药、农用机械、种子等生产资料供应部门，产后的粮食收购、面粉加工、食品制作、饲料生产、发酵做工业原料等部门联结在一起，充分利用农村剩余劳动力资源，尽量将涉粮产业滞留在农村，增加粮食附加值。在当前情况下，粮食转化是粮食产业化的重点，粮食转化主要有三种类型的用途：食品加工是粮食最古老和最主要的用途；饲料加工是适应经济发展、人们生活水平提高对畜牧产品需求增加的新形势而发展起来的用途；将粮食用于工业原料将是未来很重要的用途。

4. 合理利用国际市场调节国内粮食供求

粮食的生产波动是不可避免的，我国粮食生产的波动幅度与世界上其他主要粮食生产国相比并不算高，但是，由于我国粮食市场化程度及流通环节的缓冲能力较为低下，因而我国粮食生产的波动对粮食市场价格形成和农民收入等诸多方面产生的影响比较大。要使我国的粮食供求趋于平衡，就应设法稳定供应，减少粮食供应的年度波动。消除或减少国内粮食供应波动可以有几种选择：一是极力刺激生产，尽一切力量扩大生产量，使最低年生产量也能满足当年需要；二是完全依靠国内储备，靠以丰补歉的方式抹平年度间的波动。前者看似绝对安全，但是以上升的边际成本和下降的边际效益为代价，生产成本升高，粮食价格下降，生产者利益受损，除了产量最低的年份外，国家需耗费大量财政支出以处理过剩的粮食供应；后者则由于加大储备的成本负担和损耗，导致国内价格上升，粮食品质下降，消费者利益受损。这两种选择都会导致对粮食产业补贴的增加，加重国家的财政负担。此外，还有另一种选择是部分利用国际市场，利用国际贸易与储备等手段一起来抹平年度间的供应波动，增产年份多出口、少进口，减产年份多进口、少出口。近些年来，由于技术进步和生产条件的改善，世界粮食增长快于人口增加的速度，国际粮食市场长期处于供大于求的状况，而从长远来看，我国大部分粮食品种在国际市场上并没有较强的竞争力，因此，越来越多的人开始意识到利用国际市场来调节供应比完全自给自足更为经济，且能从很大程度上缓解我国人地紧张的矛盾，有助于实现农业生产的可持续发展。同时，由于我国粮食产量占世界总产的 1/5，已经告别了绝对短缺时期，因此，利用国际市场有较大的回旋余地。然而进入国际市场就意味着引入风险，这种风险就是国际粮食市场的供求与价格的变化。粮食是一种关系国计民生的特殊商品，对于我国来说，要利用国际市场来实现国内的供需平衡，最大的担心就是世界粮食市场的供应安全。因此，我国应在加快完善粮食物流设施和统一粮食内外贸易政策的基础上，视 WTO 框架下粮食进口配额制度为我们有利的国际粮食贸易条件，从国际政治、投资和贸易等多方面入手，尽早与有关国家建立战略性的粮食安全合作关系，确保国际粮食资源的国内供给，需要做好以下几方面的工作：

（1）根据比较优势理论优化粮食生产布局。我国是人多地少、水资源匮乏的发展中大国，这些农业资源禀赋条件决定了我国的粮食安全问题并不能完全依靠国内粮食生产来解决，必须根据比较优势理论，充分利用国际粮食资源和粮食市场，通过交换来实现国内粮食市场的品种结构和供求平衡。近年来国际粮食市场上的大量事实更是表明：在国际关系中，粮食进口国处于被动局面的时代，已经基本结束了，与出口国相比，粮食进口国往往处于较为有利的地位。因此，今后在粮食进出口方面，我国更应该主动利用国际市场来调节国内粮食供求。我国对国内粮食自给率的定位，也不必设得很高，从目前定位的 95% 降到 90%，应该是必要的、可行的。

目前，我国主要粮食作物总体上已经不具备比较优势，各地根据各自的资源禀赋条件来进行农业生产和优化农业结构，不仅有利于整个农业经济资源配置效率的提高，也有利于粮食生产水平和农民收入水平的提高；并且随着我国加入 WTO 和对外开放程度的不断提高，适当进口一部分我国不具有比较优势的粮食产品，并将相应的资源转移到具有比较优势的部门，有利于提高我国人民的综合福利水平。

（2）确定合理的粮食进出口战略。在进行具体的粮食进出口操作时，必须坚持实行有进有出的粮食进出口战略；也就是说，要根据比较优势，出口我国相对具有优势的粮食产品（如大米），进口我国相对不具有比较优势的粮食产品（如小麦、玉米、大豆）；用我国具有比较优势的非粮食类农产品换取我国没有优势或优势很小的粮食产品，以使我国的粮食供求更深入地融入全球统一大市场中，在较低的成本上有效地实现我国的粮食安全。具体来说就是要出口有比较优势的大米产品，适当进口小麦和饲料粮，对玉米实行南进北出的进出口战略，扩大我国具有比较优势的经济作物的出口，大力发展我国的经济作物生产，通过扩大经济作物等劳动、技术密集型产品的出口，换回我们需要的粮食，保障我国的粮食安全。

（3）解决粮食进出口的"逆向调控"问题。为了解决我国粮食进出口的"逆向调控"问题，首先，必须改变目前进出口管理上的"部门分割，行业垄断"的管理体制；其次，要把粮食进出口权较完整地交给那些大型粮商，使这些企业能随时根据市场的情况来对进出口计划进行调整，从而提前做出进出口粮食的决策，使粮食进出口真正有可能成为平衡国内粮食供求的有效工具；最后，必须打破粮食产品由少数几家外贸企业垄断出口的格局，适当放开主要粮食品种的出口经营权，要建立粮食出口的市场信息网络，及时向出口企业发布国际市场信息。

5. 科学引导粮食消费

（1）科学健康的食品消费模式。消费是实现粮食供求平衡的一个重要方面，由于消费模式的不同，东西方国家的人均粮食消费量有很大的差异。根据我国 20 世纪 90 年代的研究表明，年人均粮食 370 公斤就能够基本满足对食品的消费需要，超过这个数量，就会出现卖粮难；日本（1966 年）以315.5 公斤、韩国（1968 年）以 304 公斤的年人均粮食消费水平，也达到了国际食物安全标准；而以欧、美为首的西方发达国家的人均粮食消费量大大高于这个水平。这主要是由东西方不同的消费习惯及模式所决定的，欧美发达国家每年人均肉类消费在 70～120 公斤，东方国家消费习惯以素食为主，几乎难以想象中国人会像西方国家那样年人均消费 100 公斤的肉食。因此在我国的粮食消费上，应该保持我国的东方特色，提倡和推广"中热量、高蛋白、低脂肪"的食品消费模式，在食品结构上以植物食品消费为主，适当增加动物食品的消费。

（2）开辟和合理利用食物资源。随着城乡居民收入的增长和消费结构的升级，自"九五"以来，我国饲料用粮每年以超过 2% 的速度增长，预计饲料用粮的刚性增长将成为今后影响我国粮食安全的最重要因素；但我国长期以来粮饲不分的现状，又对我国的饲料粮供给安全增加了很多压力。长期以来，我国的粮食既供人们直接消费，又用作饲料，饲料作物不做专门的种植安排，饲料生产仍然依附于口粮生产，我们的饲料用粮是高投入低产出，大多数用粮食作原材料，而没有专门的饲料用粮。这样就会造成对粮食的极大浪费。以玉米为例，美国饲用玉米单产为食用玉米单产的 2 倍以上，如果在我国进行玉米品种改换，就可以节省大量耕地用于发展价值更高的其他作物，而没必要每年种植这么大面积的食用玉米用作饲料。今后我国必须要加快发展专用饲料作物。同时，我们必须要加强各种饲料资源的开发和利用，通过改进我国的畜牧业饲养方式，可以提高饲料的报酬率和转化率。

（3）适当进行行业用粮控制。由于我国粮食生产的水平还不高，粮食的消费要适应我国的国情。随着人民生活水平的提高和收入的增加，对粮食的消费也是呈稳步增长态势，尤其是行业用粮和饲料用粮的增长趋势较为明显。如工业用粮中的酿酒用粮，我国已成为饮酒大国，而这种消耗还有增长的趋势，白酒特别是高度白酒不仅对人体有害无益，而且大量消耗粮食，目前我国每生产 1 公斤白酒平均需要耗粮 2.2 公斤。因此，生产和消费的白酒越多，耗费的粮食也越多，今后我国应该限制白酒的生产和消费，鼓励发展果酒和啤酒，对于白酒的生产和消费，要逐步提高价格和税收，以此来控制对白酒的生产和消费。

（4）树立良好社会风气，杜绝粮食浪费。粮食是生存之本，但是我国浪费粮食的现象却十分严重。目前我国每年产后的粮食损失为 6000 万吨左右，消费领域的损失占相当大的比重。学校、饭店、机关、团体、部队等集体饮食单位都存在大量的损失和浪费现象。据测算，如果我们没有不必要的浪费，降低粮食流通中的各种损耗，并尽可能压缩行业用粮和民用粮，可相当于每年增产粮食30%，这是一个潜力多么大的无形良田。因此，在我国粮食资源比较紧张的情况下，我们一定要加强宣传教育，运用报纸、广播、电视等各种媒介，向城乡居民宣传科学用餐、节约用粮，谴责大吃大喝、挥霍浪费粮食的不良现象。

第9章

中国区域农作物绿水占用指数
估算及时空差异分析

9.1 研究方法

9.1.1 空间自相关分析方法

1. 空间自相关分析

空间自相关分析（spatial auto-correlation analysis）主要用于空间数据的统计分析，分析结果依赖于数据的空间分布。自从 1950 年莫兰（Moran，1950）提出空间自相关测度以来，其后二十多年空间统计学一直在缓慢曲折中发展着。近几年来，空间自相关理论及其空间模型的应用十分广泛（Cressie，1993；Schabenberger & Gotway，2005；Andrienko N & Andrienko G，2006）。其检验手段也在不断发展和完善。

（1）空间自相关的相关概念。

托布勒（Tobler，1970）曾指出"地理学第一定律：任何东西与别的东西之间都是相关的，但近处的东西比远处的东西相关性更强"。空间自相关是指一些变量在同一个分布区内的观测数据之间潜在的相互依赖性（Griffith，1987）。许多地理现象由于受到在地域分布上具有连续性的空间过程所影响而在空间上具有自相关，主要包括空间相互作用过程和空间扩散过程。空间自相关统计量是用于度量地理数据（geographic data）的一个基本性质：某位置上的数据与其他位置上的数据间的相互依赖程度（Ord，1975）。通常把这种依赖叫作空间依赖（spatial dependence）。地理数据由于受空间相互作用和空间扩散的影响，彼此之间可能不再相互独立，而是相关的。

空间自相关是检验某一要素的属性值是否显著地与其相邻空间点上的属性值相关联的重要指标，分为空间正相关和空间负相关。空间正相关表明某个单元的属性值变化与其相邻空间单元的属性值具有相同的变化趋势，空间负相关表示某个单元属性值的变化与其相邻单元具有相反的变化趋势。

（2）全局空间自相关。

全局空间自相关指标主要用来探索属性值在整个区域所表现出来的空间特征。表示全局空间自相关的指标和方法有很多，主要包括 Moran's Ⅰ 指数，Geary's C 指数和 Getis and Ord's G 指数。

①全局 Moran's Ⅰ 指数。莫兰（1950）首次提出 Moran's Ⅰ 的估计量，随后克里夫等（Cliff et al.，1969）利用上述指标来计算空间中属性之间的自相关。全局 Moran's Ⅰ 指数的计算公式是：

$$\text{Moran's } Ⅰ = \frac{\sum_{i=1}^{n} \sum_{j \neq 1}^{m} W_{ij}(x_i - \bar{x})(x_j - \bar{x})}{S^2 \sum_{i=1}^{n} \sum_{j \neq 1}^{m} W_{ij}} \tag{9.1}$$

式（9.1）中：$S^2 = \frac{1}{n} \sum_{i=n}^{n} (x_i - \bar{x})^2$，$\bar{x} = \frac{1}{n} \sum_{i=1}^{n} x_i$，n 为地区的数目，$x_i$ 和 x_j 分别为地区 i 和地区 j 的观测值，W_{ij} 为二进制的邻接空间权重矩阵，表示空间对象的邻接关系。i = 1，2，…，n；j = 1，2，…，m；当区域 i 和区域 j 相邻时，$W_{ij} = 1$；当区域 i 和区域 j 不相邻时，$W_{ij} = 0$。当 x_i 和 x_j 同时大于 $\bar{x}$ 时，$(x_i - \bar{x})(x_j - \bar{x}) > 0$，这时 I > 0，表示相邻地区具有相似的特征，属性值高和属性值低的地区都存在空间聚集现象，即正自相关；反之，$(x_i - \bar{x})(x_j - \bar{x}) < 0$，则 I < 0，表示相邻地区资料差异性较大，数据呈现高低价格分布，即存在负空间自相关。因此 Moran's Ⅰ 值介于 [-1，1]，当绝对值越接近于1，表示空间的自相关程度越高，当空间分布为随机时，则 Moran's Ⅰ 的值越接近于随机分布的期望值 $-\frac{1}{n-1}$。注意 I 统计量本身的大小并不说明

空间聚集的类型（热点/冷点）。

若要判断空间自相关在全局上是随机还是非随机，可由标准化的 Z – Score 统计量来判断，如果变量是独立同分布（independent and identically distributed，IID），满足如下两个基本假定：变量满足渐进正态分布和随机排列（randomly permuted），则该统计量服从标准正态分布（Loughlin，1998），原始假设 H_0：总体为随机分布，原始假设 H_1：总体非随机，即存在空间自相关性。检验统计量如下：

$$Z(I) = \frac{I - E(I)}{\sqrt{Var(I)}} \sim N(0, 1) \tag{9.2}$$

其中，$E(I) = -\frac{1}{n-1}$。

在正态条件下方差的计算公式为：

$$Var(I) = \frac{n^2(n-1)S_1 - n(n-1)S_2 - 2(S_0)^2}{(S_0)^2(n^2-1)} \tag{9.3}$$

在随机条件下方差的计算公式为：

$$Var(I) = \frac{n[S_1(n^2-3n+3) - nS_2 + 3S_0^2] - k[S_1(n^2-n) - 2nS_2 + 6S_0^2]}{(n+1)(n-1)(n-3)S_0^2} + \left(\frac{1}{n-1}\right)^2 \tag{9.4}$$

式（9.4）中：$S_0 = \sum_{i=1}^{n} \sum_{j=1}^{n} w_{ij}$，$i \neq j$，

$$S_1 = \frac{1}{2} \sum_{i=1}^{n} \sum_{j=1}^{n} (w_{ij} + w_{ji})^2, i \neq j,$$

$$S_2 = \sum_{i=1}^{n} \left[\sum_{j=1}^{n} (w_{ij} + w_{ji})^2 \right],$$

$$k = n \sum_{i=1}^{n} (x_i - \bar{x})^2 / \left[\sum_{i=1}^{n} (x_i - \bar{x})^2 \right]^2$$

一般而言，在 α 的显著水平下，当 $Z(I) > Z_{\alpha/2}$，表示分析范围内变量的特征有显著空间相关性且是正相关；若 $-Z_{\alpha/2} \leq Z(I) \leq Z_{\alpha/2}$ 表示分析范围内变量的特征无显著相关性，即不存在空间自相关性；$Z(I) < -Z_{\alpha/2}$ 时为负相关性。

②全局 Geary's C 指数。全局 Moran's I 定义相关或不相关用偏离均值来计算，吉尔里（Geary，1954）提出另一空间自相关加权统计量 C，该方法以实

际距离来估计其空间相关性，其估计统计量服从标准正态分布，结果如下：

$$\text{Geary's } C(d) = \frac{n-1}{2\sum\limits_{i=1}^{n}\sum\limits_{j=1}^{n}w_{ij}} \times \frac{\sum\limits_{i=1}^{n}\sum\limits_{j=1}^{n}w_{ij}(x_i-x_j)^2}{\sum\limits_{i=1}^{n}(x_i-\bar{x})^2} \tag{9.5}$$

此处，Geary's C 的检验 Z – 统计量如下：

$$Z[C(d)] = \frac{C(d)-E[C(d)]}{\sqrt{\text{Var}[C(d)]}} \tag{9.6}$$

在正态分布条件下 Geary's C 的方差为：

$$\text{Var}[C(d)] = \frac{(2S_1+S_2)(n-1)-4S_0^2}{2(n+1)S_0} \tag{9.7}$$

在随机条件下 Geary's C 的方差为：

$$\text{Var}[C(d)] = \frac{S_1(n-1)[n^2-3n+3-k(n-1)]}{S_0 n(n-2)(n-3)} + \frac{n^2-3-k(n-1)^2}{n(n-2)(n-3)}$$

$$- \frac{(n-1)S_2[n^2+3n-6-k(n^2-n+2)]}{4n(n-2)(n-3)S_0^2} \tag{9.8}$$

Geary's C 值越接近于 1，表示空间自相关性越低，即发散分布的状态；当 C 显著地大于 1 时表示存在空间负自相关性；当 C 显著地小于 1 时表示存在正自相关性（Anselin, 1992）。

③全局 Getis and Ord's G 指数。Getis 和 Ord（1992）提出一种测度空间相关的方法，该方法的计算公式为：

$$\text{Getis's } G(d) = \frac{\sum\limits_{i=1}^{n}\sum\limits_{j=1}^{n}w_{ij}x_i x_j}{\sum\limits_{i=1}^{n}\sum\limits_{j=1}^{n}x_i x_j}, \quad i \neq j \tag{9.9}$$

检验统计量服从标准正态分布，可采用如下统计量：

$$Z[G(d)] = \frac{G(d)-E[G(d)]}{\sqrt{\text{Var}[G(d)]}} \sim N(0, 1) \tag{9.10}$$

其中，G(d) 的均值和方差计算公式分别为：

$$E[G(d)] = \frac{\sum\limits_{i=1}^{n}\sum\limits_{j=1}^{n}w_{ij}}{n(n-1)}, \, j \neq i \tag{9.11}$$

$$\mathrm{Var[\,G(d)\,]} = \cfrac{\begin{matrix} B_0\,(\sum\limits_{i=1}^{n}x_i^2)^2 + B_1 \sum\limits_{i=1}^{n}x_i^4 + B_2\,(\sum\limits_{i=1}^{n}x_i)^2\sum\limits_{i=2}^{n}x_i^2 + \\[2mm] B_3\sum\limits_{i=1}^{n}x_i\sum\limits_{i=1}^{n}x_i^3 + B_4\,(\sum\limits_{i=1}^{n}x_i)^4 \end{matrix}}{[\,(\sum\limits_{i=1}^{n}x_i)^2 - \sum\limits_{i=1}^{n}x_i^2\,]^2 n(n-1)(n-2)(n-3)} - [\,E(G(d))\,]^2$$

$$(9.12)$$

其中，

$$B_0 = (n^2 - 3n + 3)S_1 - nS_2 + 3\,(\sum_{i=1}^{n}\sum_{j=1,j\neq i}^{n}w_{ij})^2\,;$$

$$B_1 = -\,[\,(n^2 - n)S_1 - 2nS_2 + 6\,(\sum_{i=1}^{n}\sum_{j=1,j\neq i}^{n}w_{ij})^2\,]\,;$$

$$B_2 = -\,[\,2nS_1 - (n+3)S_2 + 6\,(\sum_{i=1}^{n}\sum_{j=1,j\neq i}^{n}w_{ij})^2\,]\,;$$

$$B_3 = 4(n-1)S_1 - 2(n+1)S_2 + 8\,(\sum_{i=1}^{n}\sum_{j=1,j\neq i}^{n}w_{ij})^2\,;$$

$$B_4 = S_1 - S_2 + (\sum_{i=1}^{n}\sum_{j=1,j\neq i}^{n}w_{ij})^2\,。$$

上述统计量的取值范围是 [0, 1]，其值越接近于 1 表示高值集聚，其值越接近于 0 表示低值集聚。

（3）局部自相关。全局自相关假定空间是同质的，也就是只存在一种充满整个区域的趋势。但实际上，从研究区域内部来看，各局部区域的空间自相关完全一致的情况是很少见的，常常是存在着不同水平与性质的空间自相关，这种现象称为空间异质性（spatial heterogeneity）。区域要素的空间异质性非常普遍，局域自相关就是通过对各个子区域中的属性信息进行分析，探查整个区域属性信息的变化是否平滑（均质）或者存在突变（异质）。揭示空间自相关的空间异质性可以用 LISA（local indicators of spatial association）来表示。LISA 是一组指数的总称，如 Local Moran's Ⅰ、Local Geary's C、Local Getis 和 Ord's G_i^* 等等。局域空间自相关计算结果一般可以采用地图的方式直观地表达出来。通过定义不同类型的子区域范围（构造不同的空间连接矩阵），可以更为准确地把握空间要素在整个区域中的异质性特征。

①局部 Moran's Ⅰ指数。全局性 Moran's Ⅰ和 Geary's C 仅能描述某现象或事件的整体空间分布情况，通过显著性水平的检验是否存在空间相关性，但无法

判断各地区的空间自相关情况。因此安塞林（Anselin，1995）提出局部空间自相关指标（local indicators of spatial association，LISA）的方法，主要用来度量区域内空间单元对整个研究范围空间自相关的影响程度，影响程度大则代表区域内的异常值（outliers），即为存在空间聚集现象，采用如下指标：

$$局部\ Moran's\ I_i = \left(\frac{x_i - \bar{x}}{m}\right) \sum_{j=1}^{n} W_{ij}(x_i - \bar{x}) \tag{9.13}$$

式（9.13）中，$m = \sum_{i=1}^{n}(x_i - \bar{x})^2$，$I_i$ 值为正表示该空间单元周围相似值（高值或低值）的空间集聚，I_i 值为负表示非相似值之间的空间集聚。再根据式（9.14）计算出局部 Moran's I 的检验统计量，对有意义的区域空间关联进行显著性检验。

$$Z(Moran's\ I) = \frac{Moran's\ I_i - E(Moran's\ I_i)}{\sqrt{Var(Moran's\ I)}} \tag{9.14}$$

式（9.14）中，$E(Moran's\ I_i) = \sum_{j=1}^{n} w_{ij}/(n-1)$，$Var(I_i) = w_i \dfrac{n-b}{n-1} + \dfrac{2w_{i(kh)}(2b_2 - n)}{(n-1)(n-2)} - \dfrac{w_i^2}{(n-1)^2}$。此处，$b_2 = \dfrac{m_4}{m_2^2}$，$m_2 = \sum_{i=1}^{n} \dfrac{x_i^2}{n}$，$m_4 = \sum_{i=1}^{n} \dfrac{x_i^4}{n}$，$w_i = \sum_{j\neq i}^{n} w_{ij}^2$，$w_{i(kh)} = \dfrac{1}{2} \sum_{h\neq k}^{n} \sum_{k\neq i}^{n} w_{ik}w_{ih}$，$i$，$k$ 和 h 分别表示第 i，k 和 h 个地区。

　　LISA 分析可以检验各地区 Moran's I_i 值对全局 Moran's I 的影响程度，局部性 Moran's I_i 值对全局 Moran's I 的影响程度越大，表示该地区 i 可能是空间聚集区，同时通过显著性水平检验判断该地区是否存在空间自相关。当 $Z_{Ii} > Z_{\alpha/2}$ 时，表示为空间聚集（spatial cluster）现象，此时又分为热点（hot spots）和冷点（cold spots），其中前者为相邻区域的 Moran's I 都很高，以 High – High 表示，后者为相邻地区的 Moran's I 值都很低，以 Low – Low 表示，两者都是正的空间自相关；$Z_{Ii} < Z_{-\alpha/2}$ 表示该地区的观测值差异性大，属于特殊情况，称为空间异常值（spatial outliers）或者称为空间发散，可分为变量值高的地方相邻地区变量值低，变量值低的地方相邻地区变量值高，可以用 High – Low 和 Low – High 表示，上述情形为负空间自相关（如图 9 – 1 所示）；当该检验没有通过显著性水平时，即 $-Z_{\alpha/2} < Z_{Ii} < Z_{\alpha/2}$，表示呈现随机分布，即不存在空间自相关。在空间相关的解释上，High – High 和 Low – Low 称为提升效应（pull through effect），是由相邻地区的变化造成的，可以作为空间

扩散的依据；High – Low 和 Low – High 可称为互斥效应，表示相邻地区的影响是相反的结果。

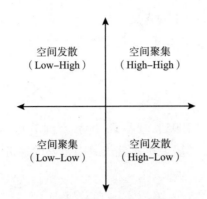

图 9 – 1   Moran's I 空间自相关象限图

②局部 Geary's C。根据安塞林（1995），局部 Geary's C 可以定义为：

$$局部 \ Geary's \ C_i = \sum_{j \neq i}^{n} w_{ij} \ (z_i - z_j)^2 \tag{9.15}$$

式（9.15）中，$z_i = x_i - \bar{x}$，$z_j = x_j - \bar{x}$

检验统计量为：

$$Z_{C_i(d)} = \frac{C_i(d) - E[C_i(d)]}{\sqrt{Var[C_i(d)]}} \sim N(0, \ 1) \tag{9.16}$$

$$E[C_i(d)] = \frac{n \sum_{j=1}^{n} w_{ij} \sum_{j=1}^{n} (z_i - z_j)^2}{(n-1)^2} \tag{9.17}$$

$$Var[C_i(d)] = \frac{\begin{aligned}&[(n-1)\sum_{i=1}^{n} w_{ij}^2 - (\sum_{j=1}^{n} w_{ij})^2] \times [(n-1)\sum_{i=1}^{n} (z_i - z_j)^4 \\ &- (\sum_{j=1}^{n} (z_i - z_j)^2)^2]\end{aligned}}{(n-1)^2(n-2)}$$

$$\tag{9.18}$$

③局部 Getis 和 Ord's G_i^* 指数。安塞林（1995）归纳各种局部自相关分析的研究方法（LISA），表述公式为：

$$\Gamma = \sum_{j=1}^{n} w_{ij} x_{ij} \tag{9.19}$$

对式（9.19）的假设不同，可发展成多种空间聚集方法，如 $x_{ij} = (x_i - \bar{x})(x_j - \bar{x})$ 就是 Moran's I 的含义，若 $x_{ij} = x_i$ 或者 $x_i = x_j$ 就是 Getis 和 Ord 的含义，前面的全局 Getis 和 Ord's G 就是如此，而局部 Getis 和 Ord's G 空间自相关检验统计量如下：

$$G_i^*(d) = \sum_{j=1}^{n} w_{ij} x_j \bigg/ \sum_{j=1}^{n} x_j \tag{9.20}$$

奥德（Odr, 1992, 1995）证明 $G_i^*(d)$ 空间单元 i 的邻居数增加服从渐进正态分布，一般 8 个邻居或更多就能确保足够的逼近。采取的检验方法与上述类似。

$$Z[G_i^*(d)] = \frac{G_i^*(d) - E[G_i^*(d)]}{\sqrt{Var[G_i^*(d)]}} \sim N(0, 1) \tag{9.21}$$

其中，$E[G_i^*(d)] = \bar{x} \sum_{j=1}^{n} w_{ij}$，$Var[G_i^*(d)] = \dfrac{\sum_{i=1}^{n} (x_i - \bar{x})^2}{n(n-1)}[n(\sum_{j=1}^{n} w_{ij}^2) - (\sum_{j=1}^{n} w_{ij})^2]$

如果 $Z[G_i^*(d)] > 2.58$，可以认为通过 1% 的显著性水平检验，表示显著的高值聚集；如果 $Z[G_i^*(d)]$ 在 $1.65 \sim 1.96$ 和 $1.96 \sim 2.58$ 之间认为通过 10% 和 5% 的显著性水平检验，表示比较显著的高值聚集；如果 $-1.65 < Z[G_i^*(d)] \leq 1.65$ 表示不存在显著的空间聚集；$-1.96 \sim -1.65$ 和 $-2.58 \sim -1.96$ 之间则为通过 10% 和 5% 的显著性水平检验，表示比较显著的低值聚集。

（4）空间权重矩阵（spatial weight matrix）的构造。空间权重矩阵是基于多边形（polygon）特征，需要相邻（contiguity）矩阵去进行空间计量的估计，而且空间权矩阵的权重是根据相邻的关系来定义的。对于相邻而言，一种方式可以通过以边界相邻为基准（contiguity-based），安塞林（1988）认为通常有三种可能的相邻关系（如图 9.2）：Rook（共边），Bishop（共点）和 Queen（共边点）三种，Rook 指两个空间单元的边界有接触，Bishop 是对角相邻，Queen 是指边界或者对角都相邻。通常可以定义如下的二元对称空间权重矩阵，常见一阶相邻矩阵（first order contiguity matrix），空间权矩阵的每一个元素都可以通过式（9.22）获得（Anselin，1988）。

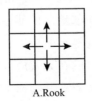 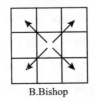 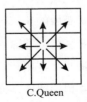

A.Rook   B.Bishop   C.Queen

图9.2 空间相邻关系

$$W_{ij}^* = \begin{bmatrix} 0 & w_{12}^* & \cdots & \cdots & w_{1n}^* \\ w_{21}^* & 0 & & & \vdots \\ \vdots & & 0 & & \vdots \\ \vdots & & & 0 & \vdots \\ w_{n1}^* & \cdots & \cdots & \cdots & 0 \end{bmatrix} = \left[w_{ij}^* \right]_{n \times m} \tag{9.22}$$

$$W_{ij}^* = \begin{cases} 1, & \text{当地区 i 和 j 相邻时} \\ 0, & \text{当地区 i 和 j 不相邻时} \end{cases}$$

这种空间权重矩阵 W^* 是一个由 0 和 1 组成的 $n \times n$ 阶的对称矩阵，在空间计量分析中，为了固定各空间单元相邻效应的影响，减少或消除区域间的外在影响，使元素的和为零，因此格里菲思（Criffith，1995）和蒂费尔斯多夫（Tiefelsdorf，1999）将空间权矩阵 W^* 经过行标准化（Row-standardized），获取如下的标准化相邻矩阵 $W = (w_{ij})_{n \times n}$。

$$W = \begin{bmatrix} 0 & w_{12} & \cdots & \cdots & w_{1n} \\ w_{21} & 0 & & & \vdots \\ \vdots & & 0 & & \vdots \\ \vdots & & & 0 & \vdots \\ w_{n1} & \cdots & \cdots & \cdots & 0 \end{bmatrix} = \left[w_{ij} \right]_{n \times m} \tag{9.23}$$

其中，$w_{ij} = w_{ij}^* / \sum_{j=1}^{n} w_{ij}^*$

此外，安塞林（1996）提出了高阶相邻矩阵的算法，目的是消除在创建矩阵时出现的冗余及循环。二阶相邻矩阵（second order contiguity matrix）表示了一种空间滞后的相邻矩阵，即该矩阵表达了相邻地区的邻近区域空间信息，当使用时空数据并假设随着时间推移存在空间溢出效应时，这种类型的空间权矩阵将非常有用，在这种情况下，特定地区的初始效应或随机冲击将不仅会影响其相邻地区，而且随着时间的推移还会影响其相邻地区的邻近地区（高远东，2010），本研究以一阶相邻矩阵为主。

另一种方式是以距离为基准（distance-based），该方法以空间单元的中心（centroid）间的直线距离来定义空间相邻关系。克里夫（1973）建议一般的空间权矩阵 W 里的元素 w_{ij} 应该基于两个空间单元的欧几里得距离（euclidian distance）d_{ij} 和空间单元 i 与空间单元 j 有共同边界的部分占完整的空间单元 i 边界的部分 β_{ij}，即：

$$w_{ij} = d_{ij}^{-a} \beta_{ij}^{-b} \tag{9.24}$$

其中，参数 a 和 b 被假定大于零。这种空间权矩阵可以应用于空间单元并非正规的栅格结构，同时由于空间单元并不等于实际的物理形式，β 可变，因此此时空间权矩阵将不对称。通常可以分为最近 K 邻居（k-nearest neighbors），径向距离等五种权重。

①最近 K 邻居（k-nearest neighbors）。定义每个空间单元 i 到所有空间单元 $j \neq i$ 的距离，并排序 $d_{ij(1)} \leq d_{ij(2)} \leq \cdots \leq d_{ij(n-1)}$，对每个 $k = 1, 2, \cdots, n-1$，定义集合 $N_k(i) = \{j(1), j(2), \cdots, j(k)\}$ 包含距离 i 的最近的 k 个单元。对于每个 k，最近 k 邻居形式如下：

$$w_{ij} = \begin{cases} 1, & j \in N_k(i) \\ 0, & 其他 \end{cases} \tag{9.25}$$

②径向距离权重（radial distance weights）。径向距离权重即门限距离权矩阵，该方式设定一个门限距离（threshold distance）或带宽（bandwidth）d，当空间单元之间的中心小于该门限 d 时，则这两个空间单元为相邻区域，即

$$w_{ij} = \begin{cases} 1, & 0 \leq d_{ij} \leq d \\ 0, & d_{ij} > d \end{cases} \tag{9.26}$$

③幂距离权重（power distance weights）。径向权矩阵被假定直到门限距

离 d 不存在递减效应（diminishing effects），如果随着距离 d_{ij} 的增加存在递减效应，则可设如下负幂函数形式：

$$w_{ij} = d_{ij}^{-a} \tag{9.27}$$

其中，a 是正数，常取值为 a = 1（逆距离）或 a = 2（二次型逆距离，如空间交互作用的重力模型）。

④指数距离权重（exponential distance weights）。上述负幂函数也可取负指数函数形式，即：

$$w_{ij} = \exp(-ad_{ij}), \ 0 < a < \infty \tag{9.28}$$

⑤双幂函数权重（double-power distance weights）。有时一个更有弹性的族包括有限带宽，具有良好形状的逐渐变细的函数。其权重的定义为：

$$w_{ij} = \begin{cases} [1-(d_{ij}/d)^k]^k, \ 0 \leqslant d_{ij} \leqslant d \\ 0, \ d_{ij} > d \end{cases} \tag{9.29}$$

2. 绿水占用指数空间自相关分析方法

空间自相关是检验某一要素的属性值是否显著的与其相邻空间点上的属性值相关联的常用指标，为探讨各区域属性值的空间分布模式、空间相对差异变化提供了有效手段。可分为全局空间自相关分析和局部空间自相关分析。

（1）全局空间自相关。主要通过对 Global Moran's I 全局空间自相关统计量的估计，分析区域总体的空间关联和空间差异程度，是对属性值在整个区域空间特征的描述，其表达式为：

$$I = \frac{n \sum\limits_{i=1}^{n} \sum\limits_{j \neq 1}^{n} w_{ij}(x_i - \bar{x})(x_j - \bar{x})}{\sum\limits_{i=1}^{n} \sum\limits_{j \neq 1}^{n} w_{ij} \sum\limits_{i=1}^{n} (x_i - \bar{x})^2} \tag{9.30}$$

式（9.30）中，I 为全局 Moran 指数；n 为参与分析的空间单元数；x_i 和 x_j 分别为绿水占用指数在空间单元 i 和 j 上的观测值；$\bar{x}$ 为观测值的均值；w_{ij} 为研究对象 i 和 j 之间的空间邻接矩阵。空间邻接矩阵用来定义空间对象的相互邻接关系，是空间自相关分析的前提，一般按照邻接规则或是距离规则定义。本节按照邻接标准，当 i 和 j 邻接时，空间权重矩阵的元素 $w_{ij} = 1$，否则为 0；I 值介于 -1 到 1 之间，在给定显著性水平时，I 值大于 0 为正相关，小于 0 为负相关，I 的绝对值越大表示绿水占用指数在空间分布的相关性越大，当其值趋于 0 时，表示其空间分布呈随机分布。

（2）局部空间自相关。利用 Local Moran's I_i（LISA）局部空间自相关统计量，可以度量每个区域与周边地区之间的局部空间关联和空间差异程度，并结合 Moran 散点图，将局部差异的空间格局可视化，研究其空间分布规律。之所以选用 Moran 散点图和 Local Moran's I_i 这两种方法，主要在于它们与全局空间自相关统计量 Global Moran's I 之间具有内在的联系。

将变量 z（观测值与均值的离差向量）与其空间滞后向量（wz）之间的相关关系，以散点图的形式加以描述，则构成 Moran 散点图。其中，横轴对应变量 z 的所有观测值，纵轴对应空间滞后向量（wz）的所有取值。我们可以进一步将 Moran 散点图划分为四个象限，分别对应四种不同的区域绿水占用指数空间差异类型：

①第一象限（HH）：区域自身和周边地区的绿水占用指数均较高，相邻区域单元具有较高的空间正相关，其空间差异程度较小；

②第二象限（HL）：区域自身绿水占用指数较高，周边地区较低，相邻区域单元具有较高的空间负相关，其空间差异程度较大；

③第三象限（LL）：区域自身和周边地区的绿水占用指数均较低，相邻区域单元具有较高的空间正相关，其空间差异程度较小；

④第四象限（LH）：区域自身绿水占用指数较低，周边地区较高，相邻区域单元具有较高的空间负相关，其空间差异程度较大。

Local Moran's I_i 统计量，是 Global Moran's I 的分解形式，其数学形式为：

$$I_i = z_i \sum_j w_{ij} z_j \qquad (9.31)$$

式（9.31）中，z_i 和 z_j 是区域 i 和 j 上观测值的标准化。在给定显著性水平时，若 I_i 显著大于 0，说明区域 i 与周边地区间的绿水占用指数空间差异显著性小；若 I_i 显著小于 0，说明区域 i 与周边地区间的绿水占用指数空间差异显著性大。

9.1.2 农作物绿水占用指数的构建

绿水概念是 1995 年瑞典水文学家富肯马克（Falkenmark，1995）针对农业与粮食安全问题提出的，认为降水在陆地生态系统中被分割成蓝水和绿水。

蓝水是降水中形成地表水和地下水的部分，即传统的水资源。绿水是降水下渗到非饱和土壤层中用于植物生长的水，是垂向进入大气的不可见水，可以认为是蒸散发 (Falkenmark et al., 2006)。绿水系统包括森林、草场、湿地及雨养农作物的耗水，既支撑陆地生态系统，也支持雨养农作物生产，对维持陆地生态系统安全和雨养农业粮食安全具有十分重要的作用。由此可知，农业生态系统与陆地生态系统之间存在着对绿水资源的争夺问题，因此在粮食生产与维系自然生态系统服务之间分享绿水将成为21世纪的又一生态水文挑战 (程国栋等, 2006)，而测算农业生态系统与陆地自然生态系统占用的绿水量就显得尤为重要。鉴于此，本章构建了农作物绿水占用指数，估算出中国各省农业生态系统所占绿水比重，期望有助于协调农业生态系统和陆地自然生态系统间的绿水量，达到既保障粮食生产安全又维护陆地自然生态系统服务功能的目的，同时为开展绿水管理及蓝绿水综合利用研究等提供参考。需要说明的是"农作物绿水占用指数"的构建是以农作物虚拟水量为基础，并且其能反映出各省区农业生态系统与陆地自然生态系统对绿水资源的占用情况。

绿水虽然是一种不易被看见的水，但却是支撑地球陆地生态系统和雨养农业生产的主要水源。陆地生态系统的淡水需求往往是看不到的，但维持其生产功能和服务功能的确需要大量的绿水。另外，绿水支撑着约占全球耕地面积83%的雨养农业，为世界70%的人口提供粮食保障。由此可知，农业生态系统与地球陆地生态系统的耗水要占绿水量的绝大比例，如何从粮食安全和陆地生态系统安全的角度研究绿水资源显然是合理配置和利用水资源的关键问题。

一直以来，农田灌溉占用了人类直接用水中的大部分蓝水，可高达蓝水资源总量的70% ~ 80%，这一庞大的数字使我们忽略了绿水资源在农业生产中的作用。事实上，绿水资源对人类社会极其重要，全球谷类生产中，66%的作物需水来自有效降水，来自灌溉的作物需水量只占34%。因此，测算农作物生长过程中消耗的绿水量，对蓝水、绿水的综合利用以及水资源的合理配置具有重要意义。

通过对绿水、蓝水、虚拟水及农作物生产用水等多方面的研究，本研究提出"农作物绿水占用指数"：

$$\beta = \frac{W_v - W_a \times \eta}{mm - W} \times 100\% \tag{9.32}$$

式（9.32）中，W_v 为农作物生产所需的虚拟水总量，W_a 为农田灌溉用水量，η 是灌溉用水有效利用系数，mm 为降水总量，W 是水资源总量。

根据生态水文学观点，降水总量包括蓝水和绿水两部分（Falkenmark et al.，2004），而蓝水即是我们传统的水资源总量，因此式（9.32）中分母为绿水总量；农作物生产所需的虚拟水总量能反映农作物在生产过程中消耗的真实的水资源量（由农作物单产虚拟水含量乘以农作物的生产量求得），其值要远大于农田灌溉蓝水用量，因为其中包含了很大一部分绿水量。η 是指某一时期灌入田间可被作物利用的水量与水源地灌溉取水总量的比值（崔远来等，2009），所以 $W_a \times \eta$ 则是农作物生长过程中消耗掉的真实的蓝水量，所以式（9.32）中的分子即为农作物生长过程中消耗的绿水量。"农作物绿水占用指数" β 的真实含义为：农作物生产过程中消耗的绿水量占绿水总量的比重。进一步可计算出农作物生长过程中所消耗的绿水量，即 $\beta \times (mm - W)$，以及农作物生长消耗的绿水量占虚拟水的比重：

$$\frac{\beta \times (mm - W)}{W_v} \times 100\% \qquad (9.33)$$

"农作物绿水占用指数"的高低，可以反映出农作物在生长过程中消耗的绿水量占总绿水量的大小，农作物绿水占用指数越高，说明农业生态系统占用总绿水量的比重越大，陆地生态系统占用总绿水量的比重越小，反之亦然。农作物虚拟水量由绿水和蓝水两部分构成，农作物绿水占虚拟水的比重越大，灌溉蓝水占虚拟水的比重就越小。由于可供利用的蓝水资源是有限的，农作物生长占用的蓝水量越少，可供工业、生活等利用的蓝水资源就会相应增多，同理，农作物生长过程中绿水占虚拟水的比重越小，蓝水比重越大，可供工业、生活等利用的蓝水资源就会减少。

综上所述，农作物生产和陆地生态系统服务功能在水资源尤其是绿水资源的利用上此消彼长，计算出农作物生长对绿水的消耗量，有助于协调农业生态系统和陆地生态系统间的绿水量，以期达到既保障粮食生产安全又维护陆地生态系统的服务功能。同时农作物生长消耗的绿水量与灌溉的蓝水量也密切相关，计算出农作物消耗的绿水量，有利于我们对蓝水、绿水资源进行合理配置和利用。

9.2 中国区域农作物绿水占用指数时空差异分析

9.2.1 中国农作物绿水占用指数计算

1. 农作物虚拟水总量计算

首先求出各农作物虚拟水含量,本研究采用分省区的数据求中国各省级区域农作物虚拟水总量,即我国各省区各类农作物单位质量虚拟水含量与相应省区各类农作物产量的乘积。本研究的农作物主要包括:粮食类(水稻、小麦、玉米、大豆、薯类)及经济作物类(棉花、油料作物、甘蔗、甜菜、烟草、水果),所得结果基本可以反映中国各省区市农作物虚拟水总量分布的主要规律。

2. 农作物绿水占用指数计算

根据式(9.32)计算我国31个省区市2000~2015年的农作物绿水占用指数,结果如图9-3所示,前3位分别是河南、山东和河北,其农作物绿水占用指数依次为69.64%、60.23%和48.25%;后四位的分别是西藏、青海、新疆和内蒙古,其农作物绿水占用指数分别是0.27%、0.73%、2.26%和7.98%。很显然,河南、山东、河北等地的农作物在生长过程中消耗的绿水量占其总绿水量的比重较大,而西藏、青海等地农作物的生长消耗的绿水量占其总绿水量的比重较小。这一结果与实际相符,河南、山东、河北等地是我国的人口大省,农作物产量很高,导致水资源的大量消耗,最重要的是它们均位于我国缺水最严重的华北平原上,蓝水资源严重缺乏,这就迫使农作物在生长过程中不得不挤占大量的绿水资源,从而降低陆地生态系统对绿水资源的占有量。而西藏、青海、新疆等地,位于我国西部地区,人口稀少,农作物产量低,所以农作物生长对绿水资源的占用量小,而大量的绿水资源可供陆地生态系统消耗。

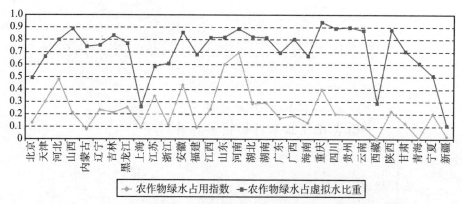

图9-3 中国农作物绿水占用指数及农作物绿水占虚拟水比重区域差异

3. 中国农作物绿水消耗量解析

根据式（9.33）计算我国31个省区市农作物绿水占虚拟水的比重（见图9-3）。据此可将农作物绿水资源的使用情况分为4种类型：一类为农作物绿水占用指数和农作物绿水占虚拟水比重均高的地区；二类为农作物绿水占用指数和农作物绿水占虚拟水比重均低的地区；三类为农作物绿水占用指数高而农作物绿水占虚拟水比重低的地区；四类为农作物绿水占用指数低而农作物绿水占虚拟水比重高的地区。借助SPSS软件，利用聚类分析，对我国31个省区的绿水资源使用情况进行分类，结果见表9-1。

一类地区的特点是陆地生态系统对绿水资源的占有量小，但可供给工业、生活的蓝水资源相对较多。该类型地区包括的7个省区中，大部分是我国重要的商品粮生产地，需要的粮食产量高，因而挤占大量绿水资源，威胁到陆地生态系统对绿水的需求，这些地区今后应该重点发展节水农业，提高农业用水效率，减少对绿水资源的消耗，协调好农业生态系统与陆地生态系统间的绿水资源，以保证农业生态系统健康可持续发展，稳步提高粮食产量，巩固这些省区在我国粮食生产中的地位。

二类地区的特点是陆地生态系统对绿水资源的消耗量较大，但工业、生活占有的蓝水资源相对较少。该类型包括的4个省区主要以畜牧业为主，由于气候干旱，生态环境脆弱，陆地生态系统对绿水的消耗以非生产性消耗为主，该类型地区今后应该加大植树种草力度，提高生产性绿水利用效率，保护生态环境的同时，保障畜牧业的较好发展；适当控制农业生产，实施虚拟水战略，缓解这些地区水资源短缺的压力。

三类地区包括江苏、北京、天津和上海，该类型的特点是陆地生态系统对绿水资源的占有量小，且供给工业、生活用水的蓝水资源也较少。该类型地区今后应降低一产比重，以发展耗水量小的产业为重点，大幅降低对水资源量的消耗，适当采取虚拟水战略，减少农业用水消耗的同时保证粮食需求，必要时调水以缓解农业生态系统与陆地生态系统及工业、生活间的水资源用量。

四类地区的特点是陆地生态系统占用的绿水资源量较大，且工业、生活占有的蓝水资源相对较多。该类型地区主要以西南和东北省区为主，对西南地区而言，其水资源丰富，农产品与陆地生态系统及工业、生活间的水资源用量较均衡。今后应该注重提高用水效率，不能因水资源丰富而浪费；另外，考虑到该地区地形多以丘陵为主，应该发展特色经济作物，与产量多的地区进行交换，发挥农作物比较效益。而东北地区平原广阔、土壤肥沃，应该加大农业投入力度，适度扩大农业生态系统对绿水资源的占用，提高用水效率，促进粮食产量不断增加，为缺粮地区提供粮食保障。

表 9 – 1　　　　　　　　中国农作物绿水资源利用分类

类型	省区市
一类地区	安徽、重庆、山东、河南、湖北、湖南、河北
二类地区	新疆、西藏、青海、宁夏
三类地区	北京、天津、上海、江苏
四类地区	云南、四川、贵州、广西、辽宁、吉林、黑龙江、广东、江西、海南、福建、内蒙古、浙江、陕西、甘肃、山西

9.2.2　中国农作物绿水占用指数空间自相关分析

1. 中国农作物绿水占用指数总体空间差异分析

利用全局空间自相关模型，计算我国 31 个省区市 2000 ~ 2015 年农作物绿水占用指数 Global Moran's Ⅰ 的估计值，结果见表 1，数据显示 Global Moran's Ⅰ 估计值的正态统计量 Z 值均大于正态分布函数在 0.05 水平下的临界值（1.96），说明结果均通过了显著性检验。由表 9 - 2 可知，中国 31 个省区市之间的农作物绿水占用指数在空间分布上具有明显的正自相关关系，说明全国各省区市农作物绿水占用指数的空间分布并非表现出完全随机状态，而是表现出相似值之间的空间集聚，即农作物绿水占用指数较高的省区相对地趋于和较高农作物绿水占用指数的省区市靠近，农作物绿水占用指数较低的省市区相对地趋于和较低农作物绿水占用指数的省区相邻，从整体上讲中国 31 个省区市农作物绿水占用指数空间上存在着明显的集聚现象。

表 9 - 2　　中国 2000 ~ 2015 年农作物绿水占用指数的 Moran's Ⅰ 检验

参数	2000	2001	2002	2003	2004	2005	2006	2007	2008	2009	2010	2011	2012	2013	2014	2015
Moran's Ⅰ	0.583	0.558	0.533	0.517	0.514	0.520	0.556	0.505	0.493	0.487	0.486	0.498	0.473	0.452	0.449	0.428
Z 值 Z value	4.234	4.063	3.891	3.782	3.759	3.800	4.048	3.629	3.618	3.599	3.601	3.425	3.387	3.306	3.301	3.268

为具体说明我国农作物绿水占用指数时空格局的差异，借助估算区域差异水平常用的统计方法变异系数（CV）和基尼系数（Gini），与 Global Moran's Ⅰ 估计值进行对比分析，如图 9 - 4 所示。结果表明变异系数和基尼系数的曲线变动趋势基本一致，均表现出上下波动的上升趋势，而 Global Moran's Ⅰ 曲线的发展趋势与前两者相反，呈波动下降的趋势，表明这三种统计方法对我国农作物绿水占用指数时空格局演变趋势的估算总体上是一致的。但 2007 ~ 2009 年的 Global Moran's Ⅰ 曲线与变异系数及基尼系数曲线的变化趋势相同，都呈下降趋势，看似差异变化出现矛盾，实则不然，因为 Global Moran's Ⅰ 值考虑了各地区空间地理位置的相互影响，而变异系数和基尼系数是从纯粹的数值入手，分析各地区间的差异变动，因此 Global Moran's Ⅰ 值能更真实地反映出我国农作物绿水占用指数时空格局差异的演变。从 2000 ~ 2015 年，Global Moran's Ⅰ 下降了 0.155，说明我国这 16 年间农作物绿水占用指数在空间上的集聚现象有减弱趋势，地区间的差异在扩大。

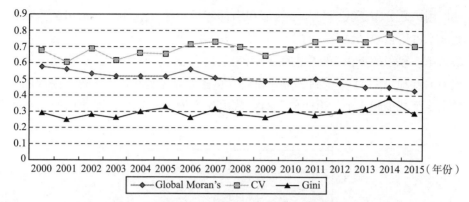

图 9-4　我国农作物绿水占用指数区域差异变化

通过计算结果分析可以得出以下几点结论：①农作物绿水占用指数表征的是农作物生长过程中消耗的绿水量占绿水总量的比重，它与气候条件、降水量、水资源量等自然因素密切相关，必然导致地理位置相邻近的地区由于自然因素接近而使其农作物绿水占用指数在空间上呈集聚。②由于农作物绿水占用指数也与粮食生产量、农业用水效率等社会因素有关，而空间效应和社会、经济、技术等发展条件的差异及空间相互依赖作用，同样导致区域农作物绿水占用指数在空间上集聚。③虽然近年来随着西部大开发战略及东中西三大地带协调发展策略的实施，我国各省区市之间的社会、经济、技术交流不断加强，各省区社会因素间的差异可能会有所减小，但东中西间的真实差距依然很大，并且农作物绿水占用指数很大程度上与自然因素相关，这可能是导致我国农作物绿水占用指数地区间差异扩大的原因。

2. 中国农作物绿水占用指数局部空间差异分析

（1）Moran 散点图。

通过观察 Moran 散点图的年际变化（如图 9-5 和图 9-6 所示）。可以发现：①2015 年 Moran 散点图中各点整体上比 2000 年趋于离散分布，表明我国各省区市农作物绿水占用指数总体空间差异在扩大，与上面 Global Moran's I 分析一致。②总体来说，我国大多数省区市主要落在一、三象限，均表现出空间正相关，而非典型地区，即空间负相关地区，如 HL 地区和 LH 地区，个数较少。其中 HH 地区主要集聚在我国黄淮海平原和长江中下游平原，而 LL

地区则广泛分布于我国北部、西部和南部省区，这从总体上揭示出全国农作物绿水占用指数区域分异的空间格局。③具体而言，2015 年 Moran 散点图中落入第一象限的点由 2000 年的 10 个变为 11 个，差异应该减小，但落入第三象限的点却由 11 个减少到 9 个，因此，总体差异还是在扩大。第二象限的点数由 5 个减少到 4 个，第四象限的点数由 5 个增加到 7 个，即非典型区有所

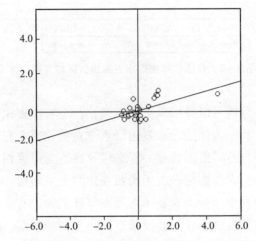

图 9 – 5　中国 2000 农产品绿水占用指数 Moran 散点图

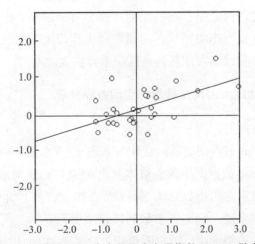

图 9 – 6　中国 2015 农产品绿水占用指数 Moran 散点图

扩大。这仅是从直观数值上揭示出我国农作物绿水占用指数区域分异的时间演变，看起来数值变化不大，但实质上各点代表的省区变动不小，为了更好地说明这一现象，采用空间联系局域指标（LISA）进一步解析我国农作物绿水占用指数区域分异的时空演变规律。

（2）空间联系局域指标（LISA）。

利用公式（9.31）计算 Local Moran's I_i 指数，对其进行显著性检验，并作出我国农作物绿水占用指数 LISA 聚焦图（如图 9 – 7、图 9 – 8 所示）。比较 2000 年和 2015 年的 LISA 聚焦图，总体而言 HH 地区向东北方和南方扩散，LL 地区更趋于向西部和南部聚集，而非典型地区呈向北聚集的趋势。这在一定程度上反映了我国自然条件的空间差异，同时也因地理位置的不同，受 HH 地区和 LL 地区辐射强度不同，另外由于各地区经济发展程度不同，导致各方面技术水平存在差异，且各地区的政策以及发展重心的不同均对我国农作物绿水占用指数的时空演变差异造成影响。

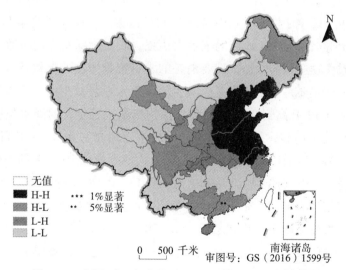

图 9 – 7　中国 2000 年农作物绿水占用指数 LISA 聚焦图

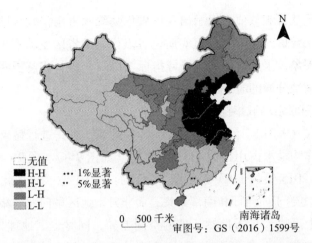

图 9－8 中国 2015 年农作物绿水占用指数 LISA 聚焦图

具体来说，湖北、江西、湖南落入 HH 地区，16 年来这四个地区的农作物绿水占用指数总体上都呈上升趋势。湖北该指数由 2000 年的 0.17 升到 2015 年的 0.33，原因是毗邻 HH 地区，自然因素与 HH 地区差异不大，而社会经济技术等因素受 HH 地区的辐射力更强，农作物绿水占用指数上升的主要原因是农作物产量的增加，需要消耗的水资源量增加而导致挤占绿水资源的增加；江西主要是由于降水量的减少使得绿水总量减少而导致农作物绿水占用指数从 0.12 升高到 0.24；湖南农作物产量较稳定，因降水量的减少促使农业用水效率提高，从而使得农作物绿水占用指数由 0.15 提高到 0.31。而北京、上海则从 HH 地区落入 LH 地区，这两个地区 16 年来的农作物绿水占用指数总体呈下降趋势，北京和上海从 0.13、0.18 分别降到 0.09 和 0.06。北京和上海第二、第三产业所占比重很高，经济高度发达，农作物产量逐年下降，导致农作物绿水占用指数降低。四川成为 LL 地区，一方面因为身处西部地区，自然条件与周边地区较相似，且受 LL 地区的影响较大；另一方面，由于降水量的增加使得绿水总量在扩大，同时因为水资源较丰富，农业用水浪费，农作物产量减少但农业灌溉用水却在增加，最终导致农作物绿水占用指数从 0.3 下降到 0.21。吉林变成 HL 地区，是因为距离 HH 地区较近，一定程度上受到其影响；另外，农作物产量的扩大使得绿水资源的消耗量也增大，导致农作物绿水占用指数由 0.16 升到 0.32。内蒙古、贵州从 LL 地区跌出，内蒙古因农作物产量有所增加而使农作物绿水占用指数有所升高，但幅度不大（仅升高 0.03），虽然其与 HH 地区较近，但它的绝大部分还属于西部地区，因此 HH 地区对它的影响力不大；贵州农作物绿水占用指数上升（上升了 0.08）的主要原因是农作物产量的增加，需要消耗的水资源量增加而导致挤占绿水资源的增加。

9.3　中国农业水资源安全对策研究

9.3.1　农业水资源可持续利用战略对策

1. 提高节水和环保意识，统一管理水资源

目前，我国水资源开发利用效率低，节水尚有较大潜力。与发达国家相比，我国单方水的产出明显较低，因此节约用水和科学用水应成为水资源合理利用的核心，同时也是水资源管理的首要任务（陈克强等，2005）。应通过广播、电视等多种宣传形式，深入开展节约和保护水资源的相关法律、法规宣传，进行节水宣传教育，使广大干部群众深入了解水资源缺乏的严重性，以及加强水资源保护的重要性。同时，采取征收水资源费、调整水价、实行计划供水和取水许可证等多种手段，使广大企业及个人逐步树立节约用水的观念，并自觉落实到自己的行动中去，保证节水目标的实现。并且，要逐步改变"先污染后治理"的现状，并彻底根除"水资源保护即水污染防治"的陈旧思想观念，确立水资源保护和利用的整体观念和全局意识（李远华等，2001）。只有农民自发节水，不论是农业节水灌溉还是农村水环境保护，都会取得事半功倍的效果，这有利于水资源的可持续性发展。

水资源按流域形成自然体系，只有按流域统一管理方可做到保护与合理配置相结合，使上下游依赖水资源的各经济部门得到均衡发展。水资源按流域统一管理，要统筹兼顾水资源开发利用与消除水旱灾害和保护生态环境，要化水患为水利，既要管水量的合理分配利用，也要管水质的监测和保护。

为此需要制定规划和阶段实施计划；需要将按流域统一管理与分地区、分部门的分级管理相结合，明确化分各级管理机构的职责和权限，在运行过程中并行不悖，各司其职，各尽其责。

区域水资源统一管理，主要是统一发放取水许可和排水许可，统一征收水资源费和污水排放费，统一部署防洪、抗旱、节水、治污，统一调度地表水、地下水、污水处理再利用及其他多重水源，统一协调城乡之间，生活、生产、生态之间，第一、第二、第三产业之间用水，在流域统一规划的指导下，在本区域内实现水资源合理配置和可持续利用。流域管理和区域管理相结合，全局与局部相结合，协调一致，优势互补，并通过相应立法，使水资源统一管理的体制和机制不断完善。

2. 提高农业用水效率，发展高效灌溉农业

（1）提高农田输水工程效率。据有关资料分析，全国各级渠道每年渗漏损失水量达到1700亿立方米，渠系水分利用系数仅为0.55左右。当前我国农田水分利用效率只有1千克/立方米，不足发达国家的1/2。如果将当前的灌溉水利用系数提高到0.6~0.7，由此产生的节水潜力就可以达到600亿~1000亿立方米。

提高输水工程效率主要有两个方面：渠道防渗技术和管道输水技术。首先，我国渠道防渗技术不断提高。随着国家加大对农业基础设施的投入，农业灌溉水利设施也不断完善，由原来的土渠逐步发展为浆砌石渠道或混凝土渠道，其中浆砌石防渗可减少50%~60%，混凝土减少60%~70%。其次，现今管道输水是农田灌水采取的常用措施。它是指将灌溉水直接通过输水管道送到田间，可提高输水速度和加快灌水进度，有效控制灌水量，水的有效利用率可达到95%，具有节能、省地、省工的特点。

（2）改进传统灌溉模式，确立非充分灌溉制度。所谓"非充分灌溉制度"就是寻找作物在不同的生长阶段的"适宜需水量下限"和达到一定产量水平的最低需水量；将有限的水量安排在水分临界期供水，追求的是最大经济效益而非最高单产；促进最终走上精确的按需灌溉之路。之所以提出非充分灌溉制度，是因为在农田灌溉中，充分供水（灌溉）并非是高产的充（必）要条件。因此对于传统的灌溉模式有必要进行改革，例如可以根据作

物的遗传和生理特征，在生育期的某阶段，认为主动施加一定程度的水分胁迫（亏缺），从而调控地上和地下生长，提高作物产量（俞双恩等，2001）。也可以综合利用地理信息系统等先进的现代科技，根据土壤及作物的需要，在农事操作上实现精确的水分、肥料、农药等投入品的控制，达到节水、节肥、环保等多种目标。

（3）加快发展节水灌溉技术。根据区域实际情况，相关部门应把推广农田节水技术作为搞好农业增效、农民增收和生态农业工作的一项重要措施来抓，通过大力宣传，搞好技术培训和搞好试验示范促进面上推广，使节水技术为广大农民所认识，使之成为新农村建设中受欢迎的一项主要农业技术。目前农业灌溉技术主要包括地面灌溉技术、喷灌技术、微灌技术、膜上灌技术等。

首先，以改进地面灌溉技术为主。现今我国地面灌溉面积占到总灌溉面积的97%，而且在相当长的时间内，地面灌溉在我国农田灌溉中仍占主导地位。改进地面灌溉技术，可以有效地减少田间深层渗漏及无效的田间蒸发，从而节约农业灌溉用水，有效提高灌溉水的利用效率。波涌灌（surge irrigation）是一种新型的地面灌溉技术。它采用间歇供水和大流量的方式，整个灌水过程根据地块的大小被划分为几个供水周期，入地水流分阶段推进。这种灌溉方式能减低土壤的入渗率，提高田间灌溉的效率和均匀度。

其次，有条件地发展喷灌、微灌以及膜上灌技术。喷灌和微灌（包括滴灌、微喷灌、渗灌等）的特点就是可以通过机械设备控制灌溉水量，避免灌水过程中产生地面径流和深层渗漏。微灌可以将水分以很小的流量均匀、准确、及时直接输送到作物根部附近的土壤表面或土层，水肥同步并且适应性强。其中喷灌和微灌可分别节水30%～50%和50%～80%，膜上灌技术是新疆建设兵团创造和发展的一种节水技术。将地膜栽培的垄上覆膜改为垄间覆膜，灌水是水由膜上推进。提高了水流速度，同时缩短了水分供给作物的距离，并且极大地减少了土面蒸发。

3. 提高降水利用率

目前，我国天然降水的利用率只有10%左右。据测定5°～6°的山区道路，每100立方米产生的年径流量约为6～8立方米（张艳杰等，2005）。因此，提高降水利用率也是加强农村水资源可持续利用的有效途径之一。提高降水利用率有以下几点措施。首先，把加强以坡地改为梯田作为重点的基本农田建设。它可以明显减小径流速度，增加降水就地入渗，每亩梯田可拦蓄地表径流 15 ~ 50 立方米，一次可拦蓄 100 毫米左右的暴雨径流，有效提高原有土地的蓄水量，使作物产量提高 3 ~ 4 倍，同时还有助于改善生态环境。其次，合理耕作，增加土壤贮水量。通过水土保持耕作、垄沟种植、耙耱中耕、培土改土、合理轮作等措施，提高土壤有机质。同时，可以以地膜和秸秆等材料作为土壤覆盖物，降低无效蒸发。地膜覆盖可以起到增温保湿、保墒提墒、改善土壤理化性质的作用。秸秆覆盖可以起到改土培肥、保持水土、增加产量的作用，水分利用效率可提高 0.32 ~ 0.57 千克/（毫米·亩）。

4. 加强水污染的综合治理

（1）提高农村污水处理率。农村污水的乱排乱放是水质差的一个重要原因。为解决我国水资源短缺和水污染严重这两大问题，加快建设农村污水处理的步伐，并实施净化后废水资源化是必然的选择，那么处理的目标就是如何将污水再回收利用，防止乱排乱放（蒋宏伟等，2005）。目前国外在污水处理方面积累了很多经验：澳大利亚的"FIL TER"系统可大大降低污水中氮、磷、钾含量；美国、日本等国在土壤毛管渗滤系统对悬浮物、有机物等的去除率比较高。根据农村现状，我国目前也研究出了许多治理技术，有以土地处理为主的治理技术，如：慢速渗滤土地处理系统、快速渗滤土地处理系统、生活污水的砂滤处理系统、湿地系统等；还有蚯蚓生态滤池处理系统、集中型污水处理厌氧—好氧工艺。各地方政府可因地制宜建立适合当地的高效的污水处理方式。

（2）加强点源、面源污染的综合治理。目前我国虽然还没有根治点污染源，但面源污染的治理已经到了刻不容缓的时刻。乡镇企业排污、集约化养殖场的污染；化肥、农药不合理施用以及污水灌溉造成的面源污染，已经占据了水环境污染的 1/3，在中国将解决城市污染、工业污染作为重点，致使农业污染、面源污染开始显现。因此，面源污染应与生态农业的建设相结合，通过合理施用化肥、农药，回收利用集约化养殖场的废水、废渣等农业废料，以及加强对乡镇企业进行清洁生产的管理力度，将面源控制到最低限度（唐登银等，2005）。

　　加强污水灌溉的监管力度，防止未经处理的污水进入农田灌溉。同时加快发展农村污水处理设施建设，加大农村水资源环境的保护力度，最大限度回收利用处理后的废水，从而不但能有效避免农村面源污染，也提高了水资源的利用效率。

　　（3）以市场为导向，建立新型防污机制。建立以市场机制为协调的新型防污机制的核心是建立有偿占用水环境容量的意识，重点要开展以下几方面工作。

　　①依法征收排污费，调整其使用范围。我国从 1982 年就颁布了《征收排污费暂行办法》，但如何使用排污费则需要根据是多年的经验予以调整。征收的排污费应按一定的比例拨给水利部门用于改善水环境，征收排污费的范围除企业、事业单位外，居民也应缴纳排污费。此外，还应研究改单因子收费为多因子收费。

　　②实行"核定限额，超额加征"的制度。在供水紧张的情况下，对企事业单位和居民个人都要核定用水定额，在此定额以内按国家控制价格征收税费，超额用水加价收取水费，这样既可以鼓励节约用水，又可达到保护水资源和改善水资源的目的。

　　③辅以技术手段和行政手段。治理水环境是一项复杂的系统工程，虽然经济杠杆是主要手段之一，但是还要辅以技术手段和行政手段。采用先进技术降低农业生产成本，减少排污，包括废污水中污染物的回收、废污水资源化和建立生态农业等（梁祝等，2007）。通过科学技术来促进竞争，通过竞争来带动科技发展。

9.3.2　加强农业水资源配置的制度创新

1. 健全水资源管理体制，实行流域管理与区域管理相结合

　　虽然我国相继出台了《水污染防治法》《水土保持法》《河道管理条例》《取水许可制度实施办法》等法律法规，并且在水资源保护及管理方面收到了显著成效，但同时又存在许多与法律法规不健全有关的水质污染和水环境

问题。在实际工作中，法规、政策不完善及执法不严等现象，大大降低了水资源保护相关法规的执行力度和法律效力（黄初龙等，2005）。面对严峻的现实，理顺水资源管理体制和加速推进水务一体化势在必行。

国家对水资源实行流域管理与行政区域管理相结合的管理体制。区域管理要在流域统一管理的指导、协调下进行，而流域统一管理又要在区域管理的基础上才能真正实现。流域管理的最大优势，不受行政区域的局限，从流域的全局出发，对水资源的开发、利用、治理、配置、节约、保护，进行全面规划、综合治理，合理处理上下游、左右岸、干支流之间的关系和区域之间、城乡之间、国民经济与生态环境之间的关系。区域管理是流域管理的组成部分，行政区域是一级地方行政，拥有立法权和行政强制手段，同时也具有对区域内各行业、各部门进行统一协调的能力，从而为水资源统一管理提供了强有力的体制保障。

2. 加强农业水资源配置制度的创新

农业水资源配置制度的创新包括：构建限额的农业水权交易制度；利用水权市场，优化配置农用水资源；构建科学的农业水价制度和构建规范化的农业水费管理制度四个方面。

（1）构建限额的农业水权交易制度。限额的农业水权交易制度是指政府向灌区配置水资源的初始水权配置制度安排，即农业水权初始配置制度（金千瑜，2003）。中国农业水权初始配置可选择以下五种模式：①灌区人口配置模式，即以灌区农业人口的多少为依据来分配灌区应拥有的水资源量。②灌区灌溉面积配置模式，即以灌区灌溉面积的大小为依据来分配灌区应享有的水资源量。③灌区所在地农业总产值配置模式，即以灌区所在地区农业总产值的大小为依据来分配灌区应享有的农业水资源量。④现状配置模式，即在承认灌区用水现状的基础上，以现有的农业水资源使用量（上一年或近几年的加权平均值）为依据来分配灌区应享有的农业水资源量。⑤市场配置模式，即政府或水利行政主管部门在其所辖的不同灌区之间出卖所允许的取水限额。

（2）利用水权市场，优化配置农用水资源。在我国，灌溉用水占农用水资源的90%以上，这部分水量与灌溉面积、灌溉技术和当年的降水量有密切的联系，因此农用水资源体现的特点有，具有很强的季节性、"逆消费"（水多少用，水少多用）性、管理难度大等。

现行的农用水资源配置是低价按需供水制度，其用水时间和用水力度加大了水资源的短缺程度。因此，解决农用水配置问题除了进行一定的基础设施投资改造以外，还需建立一套有效的、适合农用水需求特点配置机制，利用制度激励农户提高水资源利用率（贾大林，2000），以缓解我国目前的水资源危机。利用水权制度提高用水效率的主要内容是指：将水权按照一定的模式分配到各用水户，用水户对水权可有两种选择，一是自用，二是将自己手中水权通过水权交易市场出售。这样，可以将农用水权按耕地面积或人口分配到各农户（或按人口和耕地进行加权混合分配），农户取水以自己拥有的水权量为依据。水权价格由市场形成，政府可以利用市场手段对价格进行调控。利用水权制度配置可以避免农户因水价过高而"用不起水"的现象，同时可以激励农户自发节水，以便减少购买水权量或将节省的水权出售获利（胡继连等，2005）。

（3）建立科学合理的农业水价制度。①构建大中型灌区农水企业农业水价定价管理制度，完善定价程序制度。首先，确定定价管理层次，其次，大中型灌区农水企业根据其所处的农业水价管理层次及基准农业水价，确定其农业供水价格。最后，小型灌区的农业水价可由 WUA 以大中型灌区农水企业的农业生产供水价格为基础通过农民用水户之间的民主协商确定。

②构建基准农业水价基础上的大中型灌区农水企业农业水价的调价制度。第一种是确定一个适当的价格调整期。所谓适当，应以能够有效调动大中型灌区农水企业的投资积极性、刺激大中型灌区农水企业提高生产效率为准则。第二种是确定公开透明的调价方式。这种调价方式既要有助于现政府对农业水价的规制，又要能够使大中型灌区农水企业在与 WUA 协商定价和调价时做到相关信息的公开和透明。

（4）构建规范化的农业水费计量管理制度。目前由于水费过低，不少灌区经费短缺，靠多种经营维持，灌区管理却成了副业。还有一些管理机构由于多种经营难度大，水费又很低，为了创收，反而鼓励农民多用水。因此现有的灌区管理制度急待改革，管理技术落后带来的损失远高于某单项技术落后所造成的损失。但在制订科研攻关计划中，都认为管理在区域治理和节水农业研究中很重要,而在研究内容中却未列入。如水费问题是推行节水农业的关键,关系到提高全民节水意识,灌区改造,维修更新和发展。提高水价又牵连到增加农民负担,因此提价要和节水结合起来,水价高,用水少,农民也易接受。国家和地方在农田基本建设上,给予投入,改善生产条件,推广节水措施,增加产量和收入,逐步做到按方按成本收费,各地如何做好,国家和地方应立项进行系统的研究(杜威漩,2006)。

农业水费计量根据自然条件禀赋特别是水资源禀赋不同,经济发展水平的不同,以及农民的水商品意识强弱程度不同,还有农业水价改革实践的状况不同,而因地制宜选择不同模式,进行农业水费计量管理制度的创新。第一,农业水费计量管理制度创新的目标模式选择是按农业水资源使用量为标准的计量管理模式。第二,农业水费计量管理制度创新的过渡性模式选择是按灌溉面积计算模式。首先,WUA 根据从大中型灌区农业企业所获得的农业水资源总量及其所核定的农业水价确定其年总成本费用。其次,根据 WUA所控制的灌溉总面积确定单位面积所分摊的成本额,从而确定单位灌溉面积的收费额。第三,根据每个用水小组的灌溉面积确定每个用水小组应交的灌溉水费,每个用水小组再根据每个用水农户的灌溉面积确定每一用水农户应缴纳的水费额。

3. 建立适合中国特色社会主义市场经济运作的农业水管理体制

目前我国水资源管理体制仍然是计划经济体制下的产物,"部门分割、地区分割、多头管水、多头治水"的分散管理十分不利于水资源与不同地区、行业经济的协调发展,致使水资源浪费严重、水污染加剧、水环境更趋恶化(董克宝,2007)。为了应对日益严重的水危机,我国急需建立一个高效合理的水资源管理体制。就农业用水与可持续发展而言,主要是培育和建立两个市场,一是灌溉水市场,国家和各级政府要制定所辖区域内灌溉水资源可持续配置量与水价的有关政策法规,使农户逐步接受灌溉水的商品意识,同时也可以有效解决"农转非"过程中出现的水问题,建立适应市场经济运作的水企业,规范量水设备,实行农业有偿使用水资源和按量计费;二是节水技术市场,通过灌溉水有偿使用和价格杠杆,刺激农户对节水农业技术的需求,让农户愿意用,同时促进企业法人投资节水技术和设备的开发及规模化生产，让农户买得起，用得上；两个市场相互促进、相互制约，可以加速节水农业技术的发展，使灌溉水资源的保护与利用逐步走上良性循环的轨道，为农业可持续发展提供基础性资源支撑。

9.3.3 建立现代防洪减灾战略对策

1. 以"人水合一"的新防洪思想指导现代防洪减灾工作

人与洪水和洪灾间的关系及其规律对具体行为的规范要求一方面应该适当控制洪水，改造自然；另一方面又要主动适应洪水，协调人—水—环境三者的关系。从原来无序、无节制地与洪水争地转变为有序、可持续地与洪水正常相处的"人水合一"的良性状态（刘长军等，2007）。

在与洪水相处的历史进程中，各国人民不断摸索和探索，取得了很多宝贵的经验，处理洪水的方式随着历史的发展和社会的进步逐渐发生变化，并逐渐向新型防洪减灾战略发展。作为工程性防洪措施的水库和堤防，建设的余地已很狭小。近期黄河小浪底枢纽、珠江飞来峡水库、长江三峡枢纽、嫩江尼尔基枢纽建成后，我国各大江河流域可有效控制干流洪水、保护重要地区的防洪枢纽的坝址已基本用完，大型防洪枢纽的建设将告一段落。我国现有堤防约 26 万千米，是防洪工程体系中最主要的成分。我国江河堤防，尤其是主要堤防，已经较高，多是经数十、数百年不断加培而成的，堤基、堤身皆存在许多缺陷和隐患。若进一步加高，则在更高的水头下，隐患大量暴露，有可能出现抢不胜抢的情况，安全难以保障，即所谓增加高度而未提高标准。我国近几年的防洪减灾对策措施与数年前相比，事实上已经发生了很多变化，正在从控制洪水朝着人与洪水和谐相处的方向前进。自 1998 年长江大洪水后，在长江、黄河等江河实施了大规模的退田还湖、退耕还林、整治河道和实施蓄洪区运用补偿措施；加固大江大河干堤和病险防洪工程；加强流域管理，实施流域全年水量统一调度等多项措施。

在新型防洪减灾战略思想指导下，我国制定防洪减灾工作体系的总体目标是：在江河发生常遇和较大洪水时，防洪工程能够有效地运用，国际经济活动和社会生活不受影响，保持正常工作；在江河遭遇特大洪水时，有预定方案和切实措施，保证国家经济社会活动不致发生动荡，不致影响国家长远计划的完成或造成严重灾难。

2. 以流域统一规划为基础，实施流域综合管理

水的流域特性决定洪水是按流域进行的洪水管理和洪水调度。流域洪水管理须考虑可持续发展的问题，而人类活动必然影响洪水的状况，流域内一个区域的行为不能危害另一个区域，因此洪水管理需要以流域为单元进行规划，对流域的防洪减灾给予和谐的统一安排。不仅要对工程措施进行规划，而且对非工程措施给予安排，还要对人类的行为给予约束和引导。洪水管理规划要面向未来洪水，而非过去的某个典型年洪水；不是仅仅针对过去洪水中暴露出的问题，而是要面向解决未来洪水中可能面对的问题。由于未来洪水总是具有很大的不确定性，而且未来的更大洪水总有不可避免地出现的可能，因此应适当多地给洪水留出调蓄空间。江河洪水具有与其他资源不同的属性，它以流域为区域，形成相对独立的集合。流域内的水体紧密联系、不可分割，流域间的水体相对独立。这一特点决定了洪水必须以流域为单元实施统一管理，否则将导致各种各样的水事矛盾，甚至会产生社会不稳定因素。江河洪水是重要的淡水资源，洪水管理一定要统筹考虑流域的经济因素、社会因素，全面安排洪涝灾害、干旱缺水和生态环境的改善（周魁一，1991）。洪水管理是对一个流域范围内各种各样与洪水灾害相关的因素的综合管理，是全年的整体活动，决不仅仅是汛期的短期行为。

3. 洪水管理要重点突出

（1）突出"给洪水以出路"。根据具体情况，适当清退河流两岸大堤之间的洲滩民垸，扩大中小洪水的行洪通道；进一步加强对河流两岸大堤之间洲滩民垸和行洪区的管理，使之向着有利于分滞洪水的方向发展；因地制宜地开展退田还湖，增大湖泊调节洪水的能力；逐步迁移洪水频淹区群众，减少不动产灾害损失和人员的生命威胁；增大洪患灾害宣传力度，提高公众躲灾避灾和自我保护的意识；引导群众改变生产生活方式，使之更好地适应在洪水条件下生存的环境。

（2）突出流域内"面上防洪措施"。防洪减灾的传统运作方式对河流本

身给予了足够的重视，而对面上的洪水管理措施注重不足。要在上中游地区加强水土保持措施，拦滞洪水，涵养水源；采取措施在整个流域的面上层层拦截雨水，阻滞雨水向河流汇集的数量和速度，加大雨水向地下的入渗量；在有条件的地点修建平原区纵横交错的分散洪水水道，修建平原水库或恢复天然洼淀调蓄洪水的能力；因地制宜地建设回灌地下水的网络工程，变地表水为地下水，增大水资源利用率等。

（3）突出"洪水资源化"。过去的洪水调度大多只考虑防洪保安的单一目标，或考虑一些兴利的因素，很少考虑增加洪水资源的利用率问题，更少顾及生态环境的改善。这样的安排已远远不能适应新时期防洪减灾的需求。我国水资源量短缺，洪水是宝贵的资源，特别是北方地区更是如此。应因地制宜地采取有效措施、尽可能多地变地表水为地下水。适当利用一些蓄滞洪区和洼地拦滞雨水；在有条件的地点实施跨水系分洪措施，分散主要河道的洪水，调剂水系之间的水资源等。同时，洪水调度要尽量考虑生态环境的改善（汪恕诚，2003）。

4. 洪水管理要抓紧各项工作

（1）抓紧全国洪水风险区划分析和划分流域洪水风险区域。通过洪水风险分析，确定不同区域的洪水风险程度；根据洪水风险程度的大小制定不同的管理政策、布设防洪减灾措施、研究社会保障和救援对策等。洪水风险区划应公之于众，以便增加公众的水患意识、自身避险意识和参与洪水管理的意识。

（2）抓紧建立强制性洪水保险制度。洪水保险虽然不能减免灾害损失，但可以帮助受灾户尽快摆脱灾害带来的困境。国外经验证明，洪水保险是一项重要的、有效的洪水管理措施。我国应抓紧开展调查和政策研究，并选择一条河流或一个区域开展洪水保险试点工作。在试点工作的基础上抓紧推进洪水保险立法工作。在具体项目的选取上可以有计划地分步进行，先对经常受淹的区域的固定资产实施强制性保险，再对重要防洪工程实施保险，继而全面普及防洪保险。

（3）抓紧完善现有的江河防洪工程体系。抓紧病险防洪工程的除险加固，使工程尽快恢复原有设计防洪能力；因地制宜地疏浚泄洪能力严重不足的河段；按照规划确定的方案和标准增建一些防洪减灾作用明显的工程；修建尚未设防的中小城市的自保防洪工程，避免年年上水受淹的局面；全面完成使用频率较高的蓄滞洪区的群众保安工程；根据具体条件修建疏通水系或流域的水调剂工程等。

（4）抓紧完善洪水调度的支持手段。建立和完善洪水调度方案，实时制定相应的比选措施，完善实时获取与展示各类防汛信息的手段，为各级防汛指挥机构开展科学洪水调度提供有力支撑。

（5）加强灾前规划和灾后重建机制。山地灾害造成的死亡人数占洪水灾害死亡总人数的2/3以上，要抓紧开展山地灾害危险点的普查工作；抓紧完成并实施防御山地灾害规划；广泛开展"群策群防"活动，落实受影响区内群众的现场监视和报警手段；建立畅通的信息通报与警报网络，制定预案并落实具体措施等。另外，灾后重建工作一直是我国政府非常重视的问题，灾后重建工作也是防洪减灾体系的重要组成部分，今后应当逐步建立社会防洪保险与政府、社会其他行为相结合的综合救灾重建机制，制定分蓄行洪区开发利用的管理办法。

（6）防洪减灾特别注重"公众参与"的措施。防洪减灾要强调统一管理，但统一管理决不排斥公众的参与，相反，在整个管理过程中应该积极鼓励公众广泛参与。各级政府、有关部门、单位、抢险部队、科研院所、非政府机构、感兴趣的人员等都属于"公众"范畴，都应参与到洪水管理过程中来。我国的长期实践经验证明，"公众参与"做得好，规划措施的贯彻落实就顺利，反之则困难（谭徐明等，2002）。如我国在1998年长江抗洪救灾中取得最后的胜利，与沿江两岸的人民群众积极参与和通力配合是分不开的。

5. 注重"非工程防洪减灾措施"

处理好人与人之间的关系和规范人的行为在防洪减灾工作中具有非常重要的作用，它可以减少洪水灾害的总体损失，而且对于实现人与自然的和谐相处具有非常重要的意义。在人类防洪减灾的历史进程中，挤占洪水出路以求得一时的经济发展的情况是屡见不鲜的，这种无节制的行为已经导致了严重的后果（王鹏等，2006）。减少总体灾害损失要在科学地完善防洪工程体系的基础上，依靠社会的自我约束机制来实现。洪水管理不仅是采取措施约束洪水，更重要的是约束人类的奢望，限制人类的有害行为。要从可持续发展的角度出发建立和完善洪泛区的管理制度；健全洪水预报警报系统和紧急撤退措施；健全就地避洪措施；健全水利法律法规体系；建立健全防洪保险体系等措施。通过以上措施，在恰当的范围内回避洪水、适应洪水，给洪水以出路。

9.3.4　农村水利设施建设及资金技术投入战略对策

1. 加强农村水利基础设施建设

有水才能保证农作物的生长，水源工程建设是改善农业生产条件，增强抗旱能力的基础建设。各个部门应因地制宜，搞好地方水利建设，合理开发利用水资源。同时我们应注意开源与节流并重。发展节水型农业是缓解水资源稀缺的有效措施。对于旱地农业，农业节水主要指的是对降水的高效利用；对于灌溉农业而言，农业节水主要指对降水与灌水的高效利用。旱地农业的节水主要包括抗旱高产品种选育和各项抗旱栽培管理措施（如缩行种植、改变传统灌溉方式、覆盖等）。灌溉农业的节水主要通过渠道防渗，灌溉措施，管理措施来实现。渠道防渗主要取决渠道衬砌材料，目前很多新型防渗材料已经被采用，如固化粉煤灰、矿渣砖。

加强农村水利工程的修复及建设。目前要把投资重点放在现有水工建筑物的维修、改造及提高上，搞好工程配套，大力挖掘现有工程的潜力，充分发挥现有工程效益，实行国家、地方、集体、个人多层次、多渠道筹备资金，加大工程投入，增加调控能力。加大拦蓄工程建设，提高调蓄能力修复，充分利用当地的水资源和客水，因地制宜扩建增建水库、塘坝、蓄水池、谷坊等地表拦蓄工程，最大限度地增加需水量，以便用于灌溉和发电等功用；平原地区宜加快机电井开发配套，提高地下水的可供水量，并积极做好地表水和地下水的联合调度。

2. 加强农村水利设施建设的资金保障

农村水利建设朝着新农村建设方向发展，涉及的范围扩大了，囊括的内容增多了，必须要有足够的资金支持。资金的来源可以从以下几个方面加以保障。①国家财政保障。保持现有农村水利建设项目资金渠道，扩大项目资金投资范围，把农村小中型水利工程项目也纳入项目预算。农村水利建设项目还要实行严格的项目审查、立项、规划预算和规范的项目实施管理制度。②当地政府适当投入保障。要充分调动当地政府的积极性，确保新农村建设项目顺利实施。③政策扶持保障。建设社会主义新农村，大力开展新形势下的农村水利建设，功在当代，利在千秋，国家对此应给予充分的政策支持。④当地经济能人适当投资（社会资金）保障。随着全国经济的飞速发展，我国各地农村已涌现出无数个致富带头人。富裕的先驱者都愿意把自己的力量投入到家乡的建设中，带动家乡经济整体向前迈进。

3. 加强科技投入，提高技术创新能力

根据我国国情，应采取常规节水技术与高新节水技术相结合的技术路线，近期以常规技术为主，但要努力开展节水新技术、新工艺、新材料的研究，逐步提高高新技术在节水中的应用。技术进步是我国过去粮食增产的原动力，也是现在粮食增产的动力。还将是我国未来粮食增长的第一推动力。粮食问题的解决，关键在科技，而科技发展又取决于国家科技投资政策。要使农业科研能持续增长，要提高中国粮食的自给水平，必须增加对农业科研的投入。要保证国家粮食安全和持续发展，只能靠提高单产，这对粮食的科技发展提出更高的要求。我国农业科技水平和先进国家差距很大，如小麦单产我国平均236公斤，不足先进国家500公斤的一半，水的利用率和利用效率也不足先进国家的一半。因此，在未来30年内，一方面应加强地面灌水技术，如激光平地、渠系配套、渠道防渗等技术而研究与推广。随着我国经济实力的增强，喷、微灌技术作为农业现代化的一部分，应稳步发展。另一方面要加强信息技术与生物技术在节水农业中应用的研究。

为了我国农业可持续发展，在水危机中保护粮食安全，必须在科技上取得新的突破。加强信息技术与生物技术在节水农业中应用的研究。在大型国营农场、城市郊区和东部地区，开展精准灌溉技术试验示范；选择井灌、渠灌等不同类型的灌区，实施灌溉自动化管理技术的实验示范；建立节水灌溉信息与土壤墒情检测信息网络和农田灌溉地理信息系统；在华北、西北地区

及大中城市，进行污水资源化合微咸水、半咸水处理利用低成本新技术、新工艺的研究；开展抗旱耐盐基因移植的分子生物技术的探索与研究。这就需要国家对包括农业高效用水技术在内的农业科学研究有一个稳定增加投入的机制，不断出新成果、大成果，并促使迅速转化为生产力；大力进行泵站更新改造研究和实践，更新改造泵站主要目的是提高泵站的装置效率，力争达到使现有泵站达到部颁标准。全国各地小型泵站数量众多，更新改造任务十分繁重。积极开展泵站更新改造研究和实践为提高农村水利设施利用效率奠定基础。

9.3.5 保障农村饮用水安全性战略对策

水污染防治的最终目的是保护人体健康，切实保护饮用水水源地及提高饮用水安全性应受到各级政府的高度重视。应特别加强对集中饮用水水源地的保护；尽快恢复已受污染的水源地的水质；强化饮用水常规处理，针对水源地受到的污染的性质增设强化去除污染物的工艺和设施；对现行饮用水卫生标准进行修改，以提高饮用水的安全性；加强对饮用水的供给监督，包括对新近兴起的各种瓶装饮用水的监督，防止不符合卫生标准的名堂繁多的所谓高纯水、太空水危害人民身体健康。农村饮用水安全关系到千家万户、人们的身体健康、甚至子孙后代，因此农村水的问题必须得到全面解决。在解决人畜饮水困难的基础上，加快农村饮水安全工程建设，实施"安全饮水工程"，优先解决高氟、高砷、苦咸、污染水及血吸虫病区的饮水安全问题。有条件的地方，可发展集中式供水，提倡饮用水和其他生活用水分质供水。考虑到农村居民饮用水和农村工业用水主要是利用地下水，有地质灾害的隐患，因此要提高农村自来水供水能力，紧密结合各地经济发展水平及水源条件，加快管网铺设，由政府投资建立起大型供水工程和一批集中供水工程，使农村人口基本实现饮水安全。

第 10 章

中国水足迹时空格局及驱动因素分析

10.1 中国水足迹及其结构分析

10.1.1 中国水足迹计算

根据 3.2 节中水足迹的计算方法与步骤，得到中国 2000～2015 年各省的平均水足迹，结果表明：自 2000 年以来，中国水足迹的总量从 12910.59 亿立方米/年上升到 2015 年的 16269.73 亿立方米/年，总体呈略升趋势，在研究期间略有波动。其中，消费的农畜产品占有量最大，占 78.83%，最小的是生态水足迹为 0.57%，工业水足迹、水污染足迹和生活用水足迹分别占 8.15%、7.77% 和 4.68%。研究期间，中国人均水足迹为 739.39 立方米/（人·年），排名前 5 位的分别是上海、北京、天津、广西和广东，最低的是河南，总体上表现为发达地区高于欠发达地区，这就说明人均水足迹可能与经济发达程度以及居民的消费模式有密切联系；中国平均水足迹 14358.43 亿立方米，其中平均水足迹最高的省份是山东，为 994.94 亿立方米，最小的是西藏，仅为 31.32 亿立方米，而根据中国统计年鉴，16 年间总用水量平均为 5942.13 亿立方米，两者相差 8416.30 亿立方米，占平均水足迹的 58.61%，这一部分水就是凝结在商品和服务中的虚拟水的含量。所以虚拟水在人类生活中发挥着重要的作用，不可忽视，研究虚拟水和水足迹非常必要。由于篇幅有限，本章将中国各地区 2000～2015 年的水足迹平均计算数值列于表

10 - 1 中。

表 10 - 1　　　　中国各地区 2000～2015 年平均水足迹　　单位：10⁸ 立方米/年

区域	农畜产品水足迹	工业水足迹	水污染足迹	生活用水足迹	生态用水足迹	总水足迹
北京	79.24	6.45	10.96	14.13	2.42	113.20
天津	59.83	3.37	11.73	4.89	0.63	80.45
河北	633.54	18.02	50.18	23.26	1.92	726.92
山西	225.12	11.51	28.75	9.58	1.14	276.10
内蒙古	402.00	13.42	22.67	11.28	5.75	455.12
辽宁	355.10	19.63	48.30	23.14	2.11	448.28
吉林	292.58	18.19	30.68	12.02	2.26	355.73
黑龙江	661.01	60.21	41.06	17.79	2.23	782.30
上海	88.30	75.01	23.96	20.33	1.11	208.71
江苏	585.56	172.60	67.12	46.25	6.81	878.34
浙江	305.61	50.17	47.81	33.89	9.17	446.65
安徽	569.59	64.47	38.48	24.05	1.63	698.22
福建	257.54	58.16	30.59	21.93	1.38	369.60
江西	411.69	53.23	36.64	22.26	1.62	525.44
山东	871.80	20.60	69.04	30.50	3.00	994.94
河南	850.22	39.50	59.22	32.53	4.44	985.91
湖北	489.45	73.81	52.26	30.61	0.16	646.29
湖南	593.16	72.19	62.95	41.22	2.51	772.03
广东	612.47	123.15	84.35	82.71	5.04	907.72
广西	417.17	44.34	70.84	38.58	3.28	574.21
海南	81.28	3.54	7.39	5.82	0.19	98.22
重庆	241.52	31.79	21.50	15.73	0.41	310.95
四川	790.68	49.74	66.32	33.27	1.98	941.99
贵州	250.72	26.97	19.64	15.77	0.45	313.55
云南	313.14	18.22	28.99	19.33	1.18	380.86

续表

区域	农畜产品水足迹	工业水足迹	水污染足迹	生活用水足迹	生态用水足迹	总水足迹
西藏	26.82	0.93	1.63	1.83	0.11	31.32
陕西	338.08	11.02	28.07	12.73	0.83	390.73
甘肃	177.94	14.36	16.43	8.71	1.60	219.04
青海	37.48	3.80	4.94	2.88	0.29	49.39
宁夏	66.43	3.19	10.39	1.68	0.85	82.54
新疆	234.74	8.44	22.15	12.73	15.62	293.68
全国	11319.81	1170.03	1115.04	671.43	82.12	14358.43

从中国各部分水足迹趋势图和消费结构图（如图 10 - 1 和图 10 - 2 所示）可以看出，消费的农畜产品水足迹基本保持稳定上升，且所占水足迹的百分比由 2000 年的 74.92% 上升到 2015 年的 81.55%。研究期内，工业水足迹和生活水足迹都持续增加，其中工业水足迹由 2000 年的 897.36 亿立方米上升到 1151.66 亿立方米，增加了 254.30 亿立方米，增长幅度达到了 28.33%，究其原因是随着我国工业化的发展，工业生产水平得到了大幅度的提升，工业用品的产量也随之上升，因此工业生产用水增长快也就在情理之中；而生活水足迹由 525.17 亿立方米增加到 767.50 亿立方米，增加了 242.33 亿立方米，增长幅度达到了 46.14%，这主要是因为人口的增长、生活水平的提高使居民对虚拟水密集型消费品的需求增加以及人们消费结构多样化的提高。水污染足迹在研究年份呈现了显著地下降，由 1158.76 亿立方米到 975.09 亿立方米，下降了 183.67 亿立方米，下降幅度达到了 15.85%，这可能与实际情况有差别，这是因为本节对水污染足迹的计算只考虑了废水中化学需氧量和氨氮的排放量，并没有把农业生产中使用的化肥、农药等以及生活污水所造成的水污染的水足迹计算在内，没有考虑全面。因此，本节对水污染足迹的计算比较保守。

（10⁸立方米）

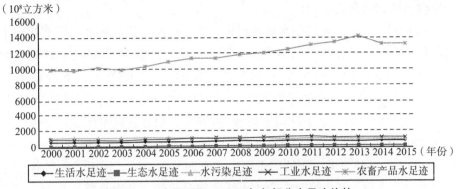

图 10 - 1　中国 2000 ~ 2015 年各部分水足迹趋势

（10⁸立方米）

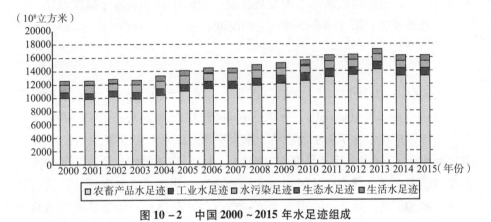

图 10 - 2　中国 2000 ~ 2015 年水足迹组成

10.1.2　中国水足迹结构分析

1. 水足迹产业结构分析

（1）基于产业结构分析，将农畜产品水足迹定为第一产业，工业水足迹和水污染足迹定为第二产业，生活用水足迹和生态用水足迹归为第三产业（服务业）。第一产业水足迹基本保持稳定，但是它仍然是三大产业中耗水最多的。第二产业用水由 2068.59 亿立方米上升到 2126.74 亿立方米，有所提高，这与实际情况也相吻合。第三产业用水有 553.64 亿立方米上升到 874.75 亿立方米，这也符合实际情况，因为随着经济的发展和社会的进步，服务业用水也会持续上升。

（2）对于三大产业的用水强度分析，此处的产业用水强度采用产业用水量除以产业产值来计算。如图 10 - 3 所示：第一产业用水强度由 2000 年的 987.65 立方米/万元下降到 2015 年的 193.55 立方米/万元，下降幅度为 80.40%；第二产业用水强度从 2000 年的 206.28 立方米/万元下降到 2015 年的 31.02 立方米/万元，下降幅度高达 84.96%；服务业用水强度也呈下降趋势由 2000 年的 61.65 立方米/万元到 12.76 立方米/万元，下降幅度也很大，为 79.30%。显然三大产业的用水强度都有明显的下降，说明三大产业的用水效率提升很快。其中第二产业用水效率提升最快，其次是第一产业，最后是服务业。这也说明我国经济的发展情况：我国正处于工业化高速发展、第一产业稳步发展、第三产业蓬勃向上的时期。

2. 水足迹产品结构分析

在 2000 ~ 2015 年期间，在第一产业中，粮食和肉类产品 16 年平均虚拟水消费量最多，排名前两位，分别达到 2665.47 亿立方米和 1943.82 亿立方米，而单位虚拟水含量较小的蔬菜、水果平均虚拟水消费分别为 141.57 亿立方米和 419.20 亿立方米，消费相对较少。因此，应该鼓励居民改变消费观念和调整消费模式，加大食品的消费多样性指数，使消费逐渐多元化，从而减少虚拟水的消费。对于第二产业和第三产业的产品结构，由于是采用估算的方法对其进行计算的，所以没有对具体产品进行计算，在此不进行分析。

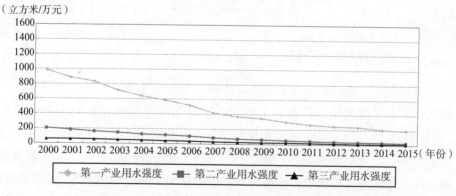

图 10 - 3　中国 2000 ~ 2015 年三大产业水足迹强度

10.2　中国省际水足迹强度分析

10.2.1　中国水资源压力指数分析

水资源压力指数表示水资源压力强度的大小，定义为某一国家或地区总的水足迹与水资源总量的比值，其公式如下：

$$WPI = WF/WT \tag{10.1}$$

式（10.1）中，WPI 表示的是水资源压力指数；WF 表示的是国家或区域的总水足迹；WT 表示的是水资源总量。指标越大，说明该地区水资源压力强度越大，面临的缺水现象越严重。当 WPI 小于 1 时，说明该地区水资源丰富，能够满足生产生活所需水量，水资源处于安全的状态；若 WPI 等于 1，则说明该地区的水资源供需处于平衡状态；当 WPI 大于 1 时，说明该地区水资源的缺乏度大于 100%，水资源的开发利用受到严重影响，且值越大，水资源安全问题越严重。

中国 2000～2015 年水资源压力指数如图 10 - 4 所示，总体来看中国的水资源压力指数是持续增加的，这是因为随着人口的增加、经济持续的增长，生活用水和工业用水也持续增加，从而引起用水量的增加。在研究期内中国水资源压力指数在 0.44～0.70 之间，说明中国水资源压力相对较小，尚处在

图 10 - 4　中国 2000～2015 年水资源压力指数

水资源安全开发利用的阶段。虽说我国处在安全阶段，但是需要说明的是我国水资源的配置十分不合理，水资源的分布与缺水地区、经济发达地区不相匹配，再加上降水的季节变化与年际变化较大以及水质性缺水和水源性缺水并存，这就使我国局部地区水资源压力很大，如华北地区，尤其是北京、天津等地，水资源压力指数很大。

10.2.2 中国虚拟水消费结构多样性分析

蒂尔曼等（Tilman et al., 1996）在对牧草地系统进行研究时发现多样性与生产能力和有限资源的利用效率呈明显的正相关。同理，我们可以利用多样性来研究虚拟水消费结构与消费虚拟水量的关系。本研究借鉴 Shannon - Weaver（2002）公式，试图对 2000~2015 年农畜产品水足迹进行分析，得出城镇居民与农村居民的多样性消费指数，其计算公式如下：

$$H = - \sum_i [P_i \ln P_i] \qquad (10.2)$$

式（10.2）中，H 表示的是农畜产品消费性指数，p_i 表示的是消费的各产品虚拟水比例，消费产品包括：粮食、鲜菜、食用植物油、猪肉、奶类、水产品、禽类。此公式用来说明各类农畜产品的虚拟水消费均衡关系。H 的值越高，表明各种农畜产品的虚拟水消费越趋近平衡，农畜产品虚拟水消费多样性的高低是城乡居民消费水平的反映。

中国居民各种食品虚拟水人均消费情况如图 10 - 5 所示，2000~2015 年城镇居民人均虚拟水消费总量呈现持续上升状态，由 388.12 立方米上升到 496.62 立方米，增长了 108.50 立方米，增长率为 27.95%，年均增长率为 1.74%；而农村居民虚拟水消费总量总体呈现下降趋势，由 391.50 亿立方米下降到 456.07 亿立方米，下降了 16.49%。城镇居民食品虚拟水消费量的大小排名前三位的是猪肉、粮食和水产品，其平均虚拟水消费量分别为 130.62 立方米、82.78 立方米和 64.79 立方米，占农畜消费品虚拟水总量的 30.19%、19.13% 和 14.98%；而农村居民虚拟水消费量排名前三位的分别是粮食、猪肉和食用植物油，其平均消费量为 202.23 立方米、97.33 立方米和 28.40 立方米，所占比例为 50.34%、24.22% 和 7.07%。城镇和农村居民食物虚拟水消费量排名前三位的分别占到总量的 64.31% 和 81.64%。这就说明我国食物消费多样性还比较单调，尤其是农村。

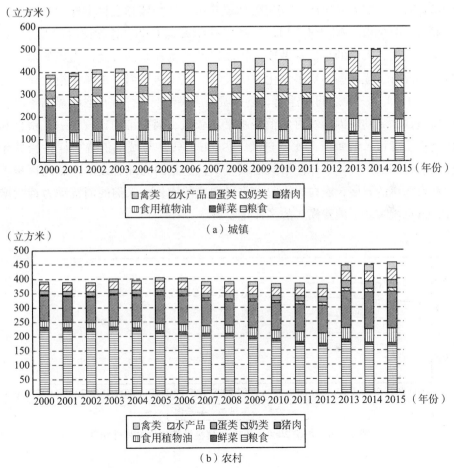

图 10 - 5 2000 ~ 2015 年中国居民各种食品虚拟水人均消费量

在 2000 ~ 2015 年期间，我国城镇居民与农村居民的消费结构也发生了一些变化。其中，城镇居民的各种食物消费虚拟水量均有不同程度的上升，其中肉类上升最快。农村居民虽然总的农畜产品消费量下降，但是除了粮食和蔬菜消费的虚拟水量在下降外，其余的消费品都在上升，其中肉类上升最多，为 44.07 立方米。这就说明，随着经济的快速发展和人民生活水平的改善，居民食品的消费结构在发生着不小的变化。

　　根据 2000 ~ 2015 年农畜产品虚拟水消费的数据，通过式（10.2）对居民的虚拟水消费结构多样性进行计算，得出居民的消费多样性指数。从图 10 - 6 中可以看出，2000 ~ 2015 年居民整体消费多样性指数和农村多样性指数呈上升趋势，分别由 1.60 上升到 1.77 和 1.27 上升到 1.68。这就说明随着经济和社会的发展，人民的生活水平逐渐提高以及消费观念的改变，人民的消费结构得到改善，逐渐朝消费多样化方向发展。城镇居民消费多样性指数比较稳定，在 1.84 ~ 1.95 之间和浮动。但是城镇居民消费多样性指数明显高于农村居民指数，究其原因为农村的消费水平比较低，消费结构比较单一，粮食和肉类产品虚拟水消费所占比例过大，占 74.57%。与城镇消费多样性指数相比，农村和居民整体多样性指数增长较快，这是因为随着改革开放的逐步扩大和市场化的开展，农村居民收入水平快速的增长，人们的消费动力持续增强，这也就带动了消费模式的多样化发展。

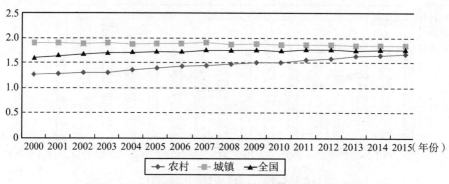

图 10 - 6　中国 2000 ~ 2015 年居民消费结构多样性指数

10.2.3　中国省际水足迹强度的空间关联格局分析

1. 探索性数据分析（ESDA）

　　探索性数据分析模型（exploratory spatial data analysis, ESDA）是一系列空间数据分析技术和方法的集合，是空间经济计量学和空间统计学的基础研究领域，用来描述数据的空间分布规律并用可视化的方法表达，识别空间数据的异常值，检测某些现象的空间集聚效应，探讨数据的空间结构，以及揭示现象之间的空间相互作用机制（Anselin，1995）。本章的研究方法是 ESDA 模型，其中空间自相关分析是 ESDA 技术的核心内容之一（Messner，1999）。全局 Moran's Ⅰ指数是常用的空间自相关指数，用来判断要素的属性分布是否有统计上显著的聚集或分散现象；局部 Moran's Ⅰ指数可以描述同类型或不同类型要素的空间集聚程度；结合 Moran 散点图和局部 Moran's Ⅰ指数做出的 LISA 集聚地图可以直观地显示不同要素的集聚类型和显著性水平。

（1）建立空间权重矩阵。一般定义空间权重矩阵是基于一个二元对称的邻接矩阵进行行标准化处理得到的，这种空间权重矩阵的局限性是把所有邻居的影响作用都假设相同，而不相邻的空间相关性被忽略不计。因此本节的空间权重矩阵是基于距离函数关系，该矩阵中的元素定义如下：

$$W_{ij} = \begin{cases} 0(i=j) \\ 1/d_{ij}(i \neq j) \end{cases} \quad (10.3)$$

式（10.3）中，d_{ij}是省（自治区）i 和省（自治区）j 重心点之间的距离。这样能比较客观地表达各个省（自治区）间的水足迹强度关联。本章以下使用的空间权重矩阵 W 是把上面基于距离定义的空间权重矩阵行标准化处理，即每一行的元素和为 1。

（2）全局 Moran's Ⅰ指数。

$$\text{Moran's Ⅰ} = \frac{\sum_{i=1}^{n} \sum_{j \neq i}^{n} W_{ij} z_i z_j}{\sigma^2 \sum_{i=1}^{n} \sum_{j \neq i}^{n} W_{ij}} \quad (10.4)$$

式（10.4）中，n 是观察值的数目；x_i 是在位置 i 的观察值；z_i 是 x_i 的标准化变换，$z_i = \dfrac{x_i - \bar{x}}{\sigma}$，$\bar{x} = \dfrac{1}{n} \sum_{i=1}^{n} x_i$，$\sigma^2 = \dfrac{1}{n} \sum_{i=1}^{n} (x_i - \bar{x})^2$。Moran's Ⅰ值介于 -1 到 1 之间，[-1，0)，0 和（0，1] 分别为负相关，不相关和正相关。按照假定的空间数据分布可以计算 Moran's Ⅰ的期望值和期望方差。对于随机分布假设采用以下公式：

$$E(I) = -\frac{1}{n-1} \quad (10.5)$$

$$\text{Var}(I) = \frac{n[(n^2 - 3n + 3)s_1 - ns_2 + 3s_0^2] - k[(n^2 - n)s_1 - 2ns_2 + 6s_0^2]}{s_0^2(n-1)(n-2)(n-3)} \quad (10.6)$$

其中，$s_0 = \sum_{i=1}^{n} \sum_{j=1}^{n} W_{ij}$，$s_1 = \dfrac{1}{2} \sum_{i=1}^{n} \sum_{j=1}^{n} (W_{ij} + W_{ji})^2$，$s_2 = \sum_{i=1}^{n} \left(\sum_{j=1}^{n} W_{ij} + \sum_{j=1}^{n} W_{ji} \right)^2$，

$k = \left[\sum_{i=1}^{n} (x_i - \bar{x})^4 \right] / \left[\sum_{i=1}^{n} (x_i - \bar{x})^2 \right]^2$。原假设是没有空间自相关，根据下面标准化统计量正态分布表可以进行假设检验：

$$Z = \frac{I - E(I)}{\sqrt{Var(I)}} \tag{10.7}$$

通过行标准化的权重矩阵计算的全局 Moran's I 指数值介于 −1 到 1 之间 [−1，0)，0 和 (0，1] 分别为空间负相关，空间不相关和空间正相关。

（3）局部 Moran's I 指数。

$$I_i(d) = z_i \sum_{j \neq i}^{n} W'_{ij} z_j \tag{10.8}$$

该指数是正值表示同样类型属性值的要素相邻近，负值表示不同类型属性值相邻近，该指数值的绝对值越大邻近程度越大。用 Z 统计量可以检验局部 Moran's I 指数的显著性。

2. 中国水足迹强度统计结果分析

水足迹强度是一个全新的反映水资源利用效率的指标，可以更为客观地评价水资源的利用效率。它是根据水足迹总量除以国内生产总值（GDP）得到的。水足迹的强度越大，就表明单位 GDP 所消耗的水足迹的数量越多，说明水资源的利用效率就越低。为了使计算的水足迹强度更具有可比性，消除价格变动的影响，本章的 GDP 是以 1990 年为基期计算转化的。

在计算水足迹的基础上，本研究对中国各省市的水足迹进行了计算，结果如图 10 −7 所示。中国各省市的水资源足迹强度在 2000 ~ 2015 年整体呈现出下降的趋势，且下降趋势很明显，下降幅度都超过 50%，说明中国水资源的利用效率在明显提高。但是区域用水效率的提高速度并不相同，总体来说呈现东部地区提高的速度较西部地区慢的特征。如西部地区，如贵州、西藏、广西等省区万元 GDP 消耗的水足迹数量下降得比较快，均下降了 2000 立方米以上。而东部经济越发达的地区，如上海、北京、天津、广东、江苏、浙江等省份下降的相对比较慢，一般下降了 1000 立方米左右，这是因为初期的水足迹强度的基数就比较低，所以下降相对较慢。

（立方米/元）

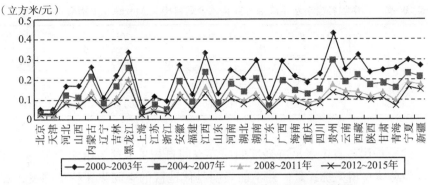

图 10－7　中国各省区市 2000～2015 年水足迹强度变化

中国水足迹强度在地区上表现出东部地区低西部高且逐级向西南递增的地理分布特征。西南地区的贵州、广西、西藏历年水足迹强度都是最高的，而北京、天津、山东、江苏、上海、浙江、广东的水足迹强度是最低的。同时，各地区水足迹强度的空间分布表现出一定的空间集聚的特征，东部水足迹强度低的省份呈现出一定的集聚，西南地区水足迹强度高的省区也是连片分布。因此有必要利用空间相关性的分析方法对中国水足迹强度的时空分布进行探讨。

3. 中国各省市水足迹强度的空间分布特征

（1）中国各省市水足迹强度的全局空间自相关分析。表 10－2 给出 2000～2015 年不同时期中国各省市水足迹强度的全局自相关 Moran's Ⅰ 指数的值。通过 Z 统计量检验，Moran's Ⅰ 指数在 0.1% 的显著水平上中国各省市水足迹强度在各个时期都出现正的相关性，这说明相邻地区的水足迹强度高的地区和低的地区出现相对集聚的现象，水足迹强度较高的省份邻近，水足迹强度较低的省份也互相邻近；同时，从横向来看，Moran's Ⅰ 的值随着年份的变化有上升的趋势，从 0.1251 上升到 0.1709，这就说明随着中国经济的不断发展壮大，各个地区联系越来越紧密，水足迹强度的空间相关性也越来越大，空间分布的集聚现象在逐步增强。

表 10-2　　中国各省市水足迹强度变化的全局自相关 Moran's I 指数

指数	2000~2003 年	2004~2007 年	2008~2011 年	2012~2015 年
Moran's I	0.1251	0.1406	0.1659	0.1709
Z(I)	4.3711	5.0080	5.4476	5.7354
P 值	0.0000	0.0000	0.0000	0.0000

（2）中国各省市水足迹强度的局部空间自相关分析。由于全局 Moran's I 指数为总体自相关统计量，并不能表明具体地区的空间集聚特征强度，要研究中国各省市水足迹强度是否存在局部集聚现象，则需用 Moran 散点图和局部 Moran 指数（余华义，2011）。在 Moran 散点图中，中国各省市水足迹强度为横坐标，水足迹强度的空间滞后值为纵坐标，以散点的横纵坐标的平均值为中心坐标，将平面图分为四个象限，四个象限分别对应着不同的局部空间关联：第一象限是 HH 聚集，该象限内的省市有较高的水足迹强度，并且周围的省市水足迹强度也较高；第二象限是 HL 聚集，该象限内的省市有较高的水足迹强度，但是周围的省市水足迹强度较低；第三象限是 LL 聚集，该象限内的省市有较低的水足迹强度，并且周围的省市水足迹强度也较低；第四象限是 LH 聚集，该象限内的省市有较低的水足迹强度，但是周围的省市水足迹强度较高。结合 Moran 散点图和局部 Moran 指数，做出 2000~2015 年中国各省市水足迹强度的 LISA 集聚地图（如图 10-8 所示）。

四个时间段的空间正相关模式（LL 和 HH）的省份个数分别占到了 22 个、24 个、25 个、25 个，省份的个数逐年增加，省份个数的增加也反映出水足迹强度的 LL 集聚和 HH 集聚变得越来越显著。同时，LH 集聚的个数基本保持不变，HL 集聚略有下降。可以把中国的 31 个省区市划分为四种类型，分别是低低集聚区（LL）、低高集聚区（LH）、高低集聚区（HL）和高高集聚区（HH），以此可以更直观地反映出中国水足迹强度的空间关联特征，这些集聚区的空间位置大致保持不变，但是随着时间的推移，空间范围有所变化。

①低低集聚区（LL）：主要集中在东部地区，其中黑龙江、吉林、辽宁、北京、天津、山东、河北、山西、上海、江苏、浙江这 11 个省市在各个时期集聚现象均显著，形成了一个水足迹强度低值的区域。这一范围在空间上有

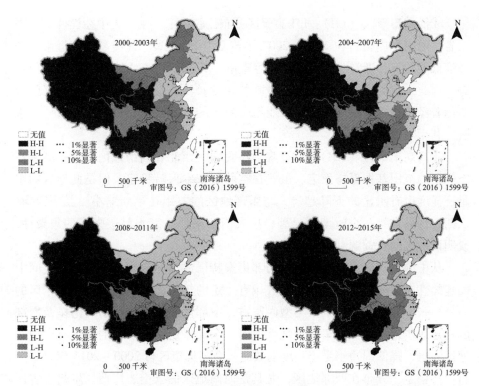

图 10 – 8   2000 ~ 2015 年中国各省市水足迹强度的 LISA 集聚地分布

明显的扩展，2000 ~ 2003 年主要分布在长江以北的沿海各省以及山西、吉林和浙江地区，到 2008 ~ 2011 年逐渐分布到北部的内蒙古、中部的河南以及南部的福建。这就说明中国的东部地区形成了一个明显的水足迹强度低的空间集聚区域且有明显的向周边地区扩散的趋势，也体现出这些地区的水资源利用效率高，这正好与东部地区尤其是华北严重缺水相吻合。

②高低集聚区（HL）：HL 集聚主要包括四川、重庆、湖北、广东，四川在 2012 ~ 2015 年由高低集聚区变为高高集聚区，福建在 2008 ~ 2011 年随着用水技术的改善变为低低集聚区外，此类型在研究年限内在空间上保持稳定，并没有太大的变化。由于自然禀赋的原因，此类型区的水资源较丰富，这在一定程度上制约了本地区水足迹强度的降低。但是由于此地区经济比较发达，如广东、重庆，有了降低水足迹强度的先决条件，再加之合理的政策与观念的引导，该类型区的水足迹强度的下降空间很大。

③低高集聚区（LH）：LH 集聚区分布比较稳定，主要集中在江西、安徽二省，河南和内蒙古在 2004～2007 年转变为 LL 集聚。此类型区邻近水足迹强度低的江苏、浙江、河北、山东等省市，具有有利的"被扩散"的区位优势，因此，此类型的水足迹强度下降的速度较快，且提升空间较大。这就说明随着经济技术的发展以及工农业用水效率的提高，从而带动了周边地区水资源利用效率的提高。

④高高集聚区（HH）：主要集中在我国的西北和西南地区，这一区域在空间上的范围基本保持稳定。虽然在空间上基本保持稳定，但是此地区的水足迹强度也有明显的下降趋势，与东部地区的差距在不断缩小。其中云南、广西、青海在每一个时期均显著，这表明西南地区高水足迹强度的集聚性，说明该地区的水资源利用效率差。

从中国各省市水足迹强度的局部集聚特征的时间变化来看，地理空间上的连续性在逐渐增强，低低集聚区域有一定的扩张趋势。随着低低集聚区的向外扩张，北部的低高集聚类型内蒙古、中部低高集聚类型的河南以及南部的福建逐步转变为低低集聚，这就说明，东部水足迹强度低的地区有向周边地区溢出，降低周边水足迹强度的效应。高高集聚区自 2000～2015 年以来一直保持稳定，分布在西部地区，尤其是西南地区的云南、广西、贵州三省区一直以来显著性均较强。由此看来，中国东部沿海和西南部的水足迹强度局部空间自相关主导着全国水足迹强度的全局自相关。

通过对中国 2000～2015 年各部分产品消耗的虚拟水量以及总水足迹的计算，分析中国水资源压力指数、消费模式多样性、水足迹强度以及水资源的利用效率；同时还分析了基于水足迹的中国三大产业用水强度、产业结构和产品结构，以期对我国水资源可持续利用与管理对策提供理论基础。

10.3 基于偏最小二乘法的水足迹强度驱动因素分析

10.3.1 偏最小二乘回归模型

偏最小二乘回归是将主成分分析法、多元回归法和典型相关分析有机结合起来，被称为第二代回归分析方法。具体步骤如下：第一步，分别对因变量和自变量两组数据进行标准化，并分别记为 E_0 和 F_0；第二步，从 F_0 和 E_0 中提取出一对成分 t_1 和 u_1，抽取时增加约束，使 t_1、u_1 与 F_0、E_0 间的相关程度最强；第三步，实施 E_0 对 t_1 的回归以及 F_0 对 t_1 的回归，并求出残差矩阵 E_1 和 F_1；第四步，分别用 E_1 和 F_1 取代 E_0 和 F_0，重复第二步和第三步；最后用交叉有效性确定偏最小二乘回归中成分 t 的个数为 m，停止迭代；第五步：最后实施 F_0 对 t_m 的回归。

偏最小二乘回归法详细计算步骤见本书 6.1 节。本章采用偏最小二乘回归方法对水足迹强度的驱动因子进行分析，找出影响水足迹强度的主要驱动因子，以期对减小水足迹强度，提高中国的水资源利用效率提供合理化的建议。

10.3.2 水足迹强度的驱动因素分析

1. 驱动因子选择

影响水足迹强度的影响因素很多，既有社会经济方面的，也有人类活动方面的原因，而且各影响因子之间具有多重相关性。基于此，将 2000～2015 年水足迹强度作为因变量数据序列，根据经济发展情况以及各产值因子选取可能对水足迹强度有重要影响的 17 个指标作为自变量数据序列，从而建立经济社会指标体系。17 个指标体系分别为 X_1 为人口（万人）；X_2 为 GDP（万元），采用的是以 1995 年为基期的不变价 GDP；X_3 为人均 GDP（元/人）；X_4 为第一产业产值（万元）；X_5 为第二产业产值（万元）；X_6 为第三产业产值（万元）；X_7 位单位面积粮食需水量（万吨/千公顷）；X_8 为单位水粮食产量（万吨/亿立方米）；X_9 为耕地面积（千公顷）；X_{10} 为农作物产量（万吨）；X_{11} 为单位粮食土地需求（千公顷/万吨）；X_{12} 为降水量（毫米）；X_{13} 为人均食品消费（元）；X_{14} 为城市化水平；X_{15} 为水资源禀赋（亿立方米）；X_{16} 为教育经费（万元）；X_{17} 为普通高等学校在校人数（万人）。

2. 偏最小二乘回归影响因子分析

本章运用 SIMCA－P11.5 专业软件构建 PLS 模型。系统根据交叉有效性指标选择了 2 个 PLS 成分，得到最佳的 PLS 回归模型。M1. R2Y（cum）表示的是模型对因变量的解释能力，而 M1. Q2（cum）表示的是交叉有效系数。由软件计算结果可知，提取的 2 个成分对水足迹强度的交叉有效系数为 0.952251，且构建的 PLS 模型对水族极强的解释能力为 0.969008，这就说明偏最小二乘回归模型达到了较高的精度，可靠性较强，适合对水足迹强度的影响因子进行分析。

图 10 – 9 为 t^2 椭圆散点图，反映的是前两个主成分的散点图，主要作用是可以有效地识别特异点。由图 10 – 9 可见，15 个样本点都处在椭圆内，并没有特异点，说明拟合效果很好，不需要改动。且从图 10 – 7 实际值与拟合曲线图看，模拟效果也是很好的。PSL 中的变量投影重要性（如表 10 – 3 所示）来衡量自变量对因变量的解释能力，一般其值大于 1 的被认为是显著影响因子，小于 0.8 的被认为是不显著因子。由图可知：水足迹强度影响因子的重要程度有大的到小依次为：人口、城市化水平、普通高等学校在校人数、第三产业产值、人均 GDP、GDP、第一产业产值、教育经费、人均食品消费，其他指标则为不显著因子。

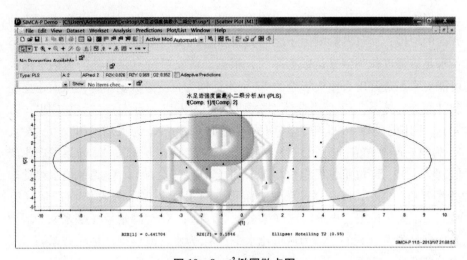

图 10 – 9　t^2 椭圆散点图

表 10-3　　　　　　　　　　　水足迹强度影响因子重要性排序

指标	人口	城市化水平	普通高等学校在校人数	第三产业产值	人均GDP	GDP	第一产业产值	教育经费	人均食品消费
VIP 值	1.301	1.293	1.278	1.232	1.227	1.224	1.188	1.134	1.130

　　图 10-10 给出了水足迹强度与 17 个自变量的标准化偏最小二乘回归模型：人口、GDP、人均 GDP、第一产业产值、第二产业产值、单位粮食土地需求、人均食品消费、城市化水平、教育经费和普通高等学校在校人数与水足迹强度起负向作用，增大这些因子对降低水足迹强度有良好的作用。第三产业产值、单位面积粮食需水量、单位水粮食产量、耕地面积、农作物产量和降水量则起正向作用，即这些影响因子越大，则越容易使水足迹强度增大，从而影响水资源的利用效率。在这些影响因子中，人口对水足迹强度的影响是最高的，而耕地面积的影响是最低的。

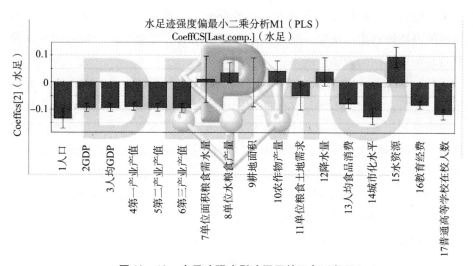

图 10-10　水足迹强度影响因子的回归系数图

10.4 中国水资源可持续开发利用对策

10.4.1 水资源可持续开发利用原则

根据可持续发展的定义，得出水资源可持续发展的内涵：既要考虑当代人类对水资源的需求，实现现阶段的发展，又不能牺牲后代人利用水资源的权利。为了实现这一要求，在对水资源可持续开发利用时要遵循以经济发展为前提、调水蓄水相结合、水资源高效利用、水资源优化配置以及科学有效的管理机制等原则。

（1）遵循以经济发展为前提。在开发水资源时要保持可持续利用的原则，但是不能只为了"可持续"而不去发展经济，毕竟发展是人类永恒的话题。而且水资源的可持续利用与发展经济的关系是相互依存的关系。发展是根本，没有经济的发展就会缺乏足够的资金、技术、设备，也就谈不上对水资源的可持续利用。所以，既要坚持经济要发展，又要坚持水资源的可持续开发与利用，把两者结合起来。

（2）调水蓄水相结合的原则。我国水资源分配不均，既有时间上的分配不均，又有空间上的不均。在时间上，年际年内降水变化悬殊，在丰水年和丰水季节利用水库等进行蓄水，在枯水季节放水；在空间上表现为地区差异显著，总体为南多北少、东多西少，可以通过跨流域调水满足缺水地区的需求，如南水北调将水资源丰富的长江流域调到严重缺水的京津地区。

（3）水资源的高效利用原则。通过工程、技术等措施进行节水、废水回收利用、非常规水资源开发利用（海水、再生水）等，提高水资源的利用效率，实现水资源的高效利用。

（4）水资源优化配置原则。水资源的优化配置主要包括水资源产业间的分配、地表水和地下水的水量开发配置以及地区间的水资源配置。产业间的主要是指调节三大产业的用水量；而地表水、地下水的配置指的是要合理合量地开发，不能过量开发利用。此外还需要加强地区间的水资源配置，实现水资源的协调发展。

（5）科学有效的管理机制原则。科学有效的管理是水资源可持续利用的重要保证，充分发挥计划、组织、协调、控制的作用，对水资源进行高效的管理。

10.4.2 中国水资源可持续开发利用对策

1. 优化产业结构，提高用水效率

（1）提高各产业部门用水效率。前文已用三大产业的水足迹强度对产业部门进行了分析，进一步可利用 Turton 提出的产业部门用水效率评价方法来分析各产业的用水效率。其计算方法为：

产业部门用水效率 = 某部门水资源消耗占总水资源消耗的比重/该部门 GDP 与总 GDP 的比重。

农业（工业）用水效率 = 农业（工业）用水与总用水的比重/农业（工业）GDP 与总 GDP 的比重。

表 10 - 4 和表 10 - 5 为农业用水效率和工业用水效率的评价标准。根据 2000 ~ 2015 年农业和工业产业部门用水效率的计算结果（见表 10 - 6）可以得出，农业产业用水效率属于低效率，工业产业用水效率属于中等效率。农业用水效率值对于低效率的临界值 1.5 来说大很多，说明我国的农业用水效率很差。

表 10 - 4　　　　　　　　农业用水效率评价标准

农业用水效率评价标准	农业用水效率评价
< 1	高效率
1 ~ 1.5	中等效率
> 1.5	低效率

表 10 - 5　　　　　　　　工业用水效率评价标准

工业用水效率评价标准	工业用水效率评价
> 50%	高效率
26% ~ 50%	中等效率
0 ~ 25%	低效率

表 10 – 6 　　　　　　　2000 ~ 2015 年中国农业、工业产业用水效率评价

年份	农业用水效率	农业用水效率评价	工业用水效率	工业业用水效率评价
2000	5.0343	低效率	0.3854	中等效率
2001	5.2671	低效率	0.3828	中等效率
2002	5.5755	低效率	0.3646	中等效率
2003	5.9271	低效率	0.3648	中等效率
2004	5.5759	低效率	0.3820	中等效率
2005	6.0747	低效率	0.3926	中等效率
2006	6.5816	低效率	0.3959	中等效率
2007	6.7222	低效率	0.4080	中等效率
2008	6.7654	低效率	0.3958	中等效率
2009	7.0262	低效率	0.4052	中等效率
2010	7.0481	低效率	0.4181	中等效率
2011	7.2506	低效率	0.4175	中等效率
2012	7.3574	低效率	0.4268	中等效率
2013	7.5259	低效率	0.4305	中等效率
2014	7.6070	低效率	0.4553	中等效率
2015	7.6208	低效率	0.4655	中等效率

注：由于目前产业部门用水效率多用于工农业部门，所以本节也暂不对服务业进行计算。

（2）优化产业、产品结构。中国农业产业用水数量大、效率低，而农业产业用水又是我国用水量最多的产业，所以减少农业用水量、提高农业产业的用水效率就成为重中之重。通过对农业中各种作物虚拟水含量的计算，不同作物的需水量差异很大，在生产力的布局上，要积极调整种植机构，尽量限制水稻、小麦的种植面积，增大耗水量较少的蔬菜、花生等耗水量低的作物种植面积，从而减少对水资源的消耗，使有限的水资源充分利用到产值较大的经济作物上。同时大力发展马铃薯、食用菌等耐旱高产的作物，还要实施规模化、专业化种植，在区域层次上进行农业产业调整，提高农业产业的用水效率。在工业产业上，要改变不合理的工业布局，着力集中发展工业，形成工业园区，以便更好地处理废水，提高水的重复利用率，发展循环用水。还要引进、消化先进技术和观念，摒弃落后的工艺，降低万

元产值用水量。

2. 加强水资源工程措施建设

我国水资源分布不均，供需矛盾显著，经济、农业发达的地区水资源比较少，严重影响社会发展。通过水利工程建设可以在一定程度上缓解与经济社会发展不同步的问题。如修建大型的跨流域的水利工程（南水北调、西水东调等）建设改善水资源地区分布不均状况；修建水库工程调节年际年内的水资源丰枯时期水量；对农灌区进行节水改造工程（渠道修建改造、滴灌、喷灌工程等），减小灌溉用水和渠道的输水损失。

3. 发展水循环经济

水资源短缺在我国比较普遍，而解决这一问题的根本就是发展循环经济，提高水资源的利用效率。而发展水循环经济是发展水循环经济的内涵和目的是实现水资源的可持续开发利用。发展水循环经济要遵循"5R"原则：Reduce——减量化，即通过各种先进技术和设备减少水资源的消耗和废水的排放；Reuse——再使用，即通过对污水的处理后再进行利用；Reclamation——水再生利用，即通过二级处理后再回用到生产中；Recycle——水再循环，即使再生的水参与到水循环；Regulation——水资源管理，即水价、政策法规的管理。在这五个原则中，首先要考虑的是水资源管理中的水价问题，因为通过水价的价格杠杆作用，可以调动污水资源化的积极性，使污水利用的增长速度大大加快。其次应考虑减量化原则，最后才是污水的循环再利用。水循环经济是一种把经济、社会和环境结合起来的水资源可持续利用经济，因此，只有发展水循环经济才能真正实现水资源的可持续利用。

4. 实施虚拟水贸易战略

虚拟水贸易战略是指一个国家或地区（一般是贫水国家或地区）通过贸易的方式从其他国家或地区（一般是富水国家或地区）进口水密集型产品，目的是确保本国的水安全。虚拟水战略可以缓解进口国的水资源压力，对于增长节水意识、优化消费机构、改善生态环境、促进水资源的合理分配和提高用水效率具有积极意义。我国是世界上人口最多的国家，粮食的消费量巨大，而粮食又恰恰是虚拟水贸易的主要部分，我们可以通过虚拟水贸易以节省水资源的消耗，尤其是农业用水的消耗，使有限的资源利用得到更好地利用，从而为保护我国水安全、实现水资源的可持续利用做出贡献。

5. 转变消费结构，改善消费观念

从消费的农畜产品水足迹计算结果来看，粮食和肉类的虚拟水消费占有很大比例，并且粮食的消费数量很大。因此，我们可以通过转变居民的消费结构，提倡减少虚拟水含量较大的粮食、肉类的消费比例，增多虚拟水含量较小的蔬菜类等消费，提高居民消费多样性，减少虚拟水的消费。因此，通过转变消费结构和消费观念可以缓解我国水资源压力。

6. 建立健全的水资源管理体制和政策法规

（1）在以往水资源管理体系、法律法规的基础上，建立和完善水资源可持续发展利用体系、水资源权属管理、水质监测评价、水资源有偿使用制度、水资源长期供求与保护计划，确立取水、用水、排水的规章制度，使水资源的开发和利用朝着可持续发展的方向迈进。

（2）强化水资源的商业意识。在社会主义市场经济体系中，价格影响着资源的配置与供求关系。长期以来，在我国水作为一种无偿使用或者是低偿使用的资源，并不符合市场经济的原则，致使人们的保护与节约的意识很差，造成水资源的浪费与污染。因此，我们应当制定合理的水价制度，发挥价格杠杆的作用促使水资源得到合理运用，从而也可以提高保护水资源，节约水资源的意识。

研究前景与展望

目前关于虚拟水和水足迹的研究尚处于探索阶段，不能期望已经建立完善的研究方法和共享的数据，大多数研究集中在农作物产品的虚拟水贸易，只有少数研究包含了动物产品的虚拟水贸易。至于工业产品的虚拟水含量在国内开展的更少，项学敏、周笑白等以辽河油田为例，计算出石油制品中虚拟水含量。为此对虚拟水展开系统而深入的研究迫在眉睫，当前虚拟水研究还需拓展和深化的有以下几个方面。

1. 进一步明确虚拟水的相关概念

本书提到了将天然材料在形成过程所消耗的水资源也归结为虚拟水，但该提法的合理性，包括相关虚拟资源的提法是否正确还需要进一步论证和研究。

2. 清楚分离实体水和虚拟水

产品的生产特别是服务的提供中，实体水和虚拟水的耦合使得目前虚拟水含量的计算结果可能被高估，如何定量计算虚拟水，特别是服务中的虚拟水和虚拟水中的可再生水，以及如何将再生水从整个虚拟水中分离出来并计算其真实价值，尚待研究。

3. 准确计量产品虚拟水含量

由于产品虚拟水量化研究工作起步较晚，计算方法还不完善。从农业方面来看，资料和数据不全是计算全球农产品虚拟水时存在的主要问题。一方面，许多国家尤其是发展中国家的作物需水量的实验设备和实验技术比较落后，实验方法还不统一，因而各国所得资料可比性、重复性较差，导致计算结果差异较大；另一方面，虚拟水计算公式涉及了非常详尽的气象资料和当地各行业用水资料，但在很多地区，尤其是发展中国家，气象资料非常有限，阻碍了产品虚拟水含量的准确计算。

从畜产品虚拟水的计算方法来看，也存在一定不足，如发展中国家的养殖业主要分散在广大农村，农村传统的畜牧饲料资源一直依靠无竞争性用途的农业副产品以及农家饲料作为物质基础，在这种情况下，畜禽产品在生长过程中所需要消耗食物的虚拟水应该怎样计算才更合理，值得进一步开展研究工作。此外，工业产品的虚拟水含量研究更是一项涉及多学科、数据量大、计算复杂的工作，需要从多方面、多角度地开展统计和计算。

4. 绿水的深入研究

从水循环的角度分析，绿水是通过森林、草地、湿地、裸露陆面和农田土壤的蒸散发返回到大气中的水量，绿水概念的提出拓宽了传统水资源的范畴，影响了人类对传统水资源评价的思维方式。农业发展与自然生态系统之间存在着对水资源，特别是绿水资源的竞争性问题。随着人口的增多，生活水平的提高，人类对粮食的需求量会进一步增加，而生态环境的恶化对人类造成的危害，也让人清醒地认识到保护和重建生态系统的重要性。这势必会加剧农业发展与生态系统间绿水资源的竞争性，因此在粮食生产与维系生态系统服务之间分享绿水流将成为 21 世纪的生态水文挑战。

绿水虽然是一种不易被看见的水，但却是支撑地球陆地生态系统和雨养农业生产的主要水源。而绿水资源在我国的研究尚处于起步阶段，面临着许多观念和理论方面的挑战，如在畜牧业为主的地区，广大草原对绿水资源的占用应归为陆地生态系统还是农业生态系统，没有明确界限；蓝水、绿水资源间的转换以及如何提高绿水利用效率等方面，也没有统一的共识，今后应该加强绿水资源及其相关理论的深入研究。

5. 深入分析虚拟水战略的实施带来的影响

将虚拟水贸易作为政策的一部分，需要彻底了解虚拟水贸易对于当地社会、经济、环境以及文化状况的影响以及它们之间的相互作用。虚拟水进口可以缓解进口国自身的水资源压力。出口虚拟水的国家，即便是那些水资源丰沛的国家，都会因为这一贸易对其环境产生影响（过度开发当地的水资源）。

虚拟水战略的实施会带来一定的自然、社会、经济、环境和政治方面影响，如虚拟水对于地缘重要性的影响、有关的机会和威胁，以及应用这一概念进行决策时相关的政治过程等。因此，虚拟水战略的实际应用非常复杂，受诸多其他因素的影响。例如，采用虚拟水战略可以从宏观角度平衡水的赤字，但也有可能会引起粮食安全等涉及国家或地区稳定的一些问题。另外，由于接近全球或区域市场的机会和竞争环境对不同的国家或地区很难保持公平，同时还因为供给不确定性和市场价格不稳定性的存在，一个国家或地区如果对贸易过分依赖就会增加经济发展受制于人的风险，威胁粮食安全，若不采取合适的应对措施就可能导致新的环境压力。因此，通过适当而公平的贸易协议进行虚拟水贸易，对于促进干旱国家或地区节水，提高全球或区域的粮食安全，改善生态环境都具有积极意义。

迄今为止的研究表明在起草国家水政策方案时虚拟水贸易分析的重要性，国家之间的虚拟水贸易可以减轻水资源短缺的压力，有助于缓解地区和全球的水短缺。应当鼓励干旱地区或国家进行虚拟水贸易，并在全球尺度内通过适当的协议提高粮食安全和增加农产品贸易的互惠。国家和地区的水政策及农业政策分析中涵盖虚拟水账户是明智的。因此应加强研究建立虚拟水账户的一般步骤和标准，这对于了解国家虚拟水贸易平衡、发展国家的虚拟水政策是必要的。对于一些大国也应该了解国内的虚拟水贸易，如中国北方相对干旱南方相对湿润，国内虚拟水贸易是应该深入研究的。

在日常饮食中减少虚拟水的消耗对于节水也具有非常重要的意义。通过"水足迹"向人们说明虚拟水的内涵有助于提高人们对水的忧患意识，也有助于倡导节水的消费模式。水足迹的研究必将在世界各国迅速开展。

总之，将虚拟水战略作为一项政策，需要研究虚拟水贸易对于当地自然、社会、经济、环境、文化以及政治方面的影响以及它们之间的相互作用，并应进一步分析虚拟水对于地缘政治重要性的影响。

参考文献

外文部分

[1] Allan, T. (School of Oriental. Fortunately there are substitutes for water; otherwise our hydropolitical futures would be impossible [J]. 1993: 13 – 26.

[2] Allan, J. A. Overall perspectives on countries and regions. In: Rogers. P, Lydon. P. Water in the Arab World: perspectives and prognoses [C]. Cambridge, Massa chusetts: Harvard University Press, 1994: 65 – 100.

[3] Allan J A. Virtual water. A strategic resource [J]. Ground Water, 1998, 36 (4): 545.

[4] Allan, J. A. Virtual Water Eliminates water wars? A case study of Jordan River Basin [J]. SAIS Journal, 2002 (2): 255 – 272.

[5] Allan, J. A. Virtual water, food and trade nexus useful concept or misleading metaphor [J]. IWRA, Water International, 2003, 28 (1): 4 – 11.

[6] Allan, J A; JENNIFER C OLMSTED. Politics, Economics and (virtual) Water A Discursive Analysis of Water Policies in the Middle East and North Africa [J]. Research Middle East Economics, 2003 (5): 53 – 78.

[7] Allan, J. A. Virtual Water – the water, food, and trade nexus useful concept or misleading metapgor? [J]. IWRA, Water international, 2003, 28 (1): 106 – 113.

[8] Allan, J A. 'Virtual water': a long term solution for water short Middle Eastern economies? [J]. 1997.

[9] Andrienko N and Andrienko G Exploratory Analysis of Spatial and Temporal Data . Springer, Berlin. 2006.

[10] Anselin L. Space and Applied Econometrics: Introduction [J]. Re-

gional and Urban Economics, 1992, 22 (3): 307 – 316.

[11] Anselin L. Florax R J G M. . New Direction in Spatial Econometrics [M]. Berlin, Gearmany: Springer – Verlag. 1995.

[12] Anselin L, Smirnov O. Efficient Algorithms for Constructing Proper Higher Order Spatial Lag Operators [J]. Journal of Regional Science, 1996, 36 (1): 67 – 89.

[13] Anselin L. Spatial Econometrics: Methods and Models [M]. Dordrecht, The Netherlands: Kluwer. 1988.

[14] Anselin L. . Local indicators of spatial association – LISA [J]. Geographical Analysis, 1995, 27 (2): 93 – 116.

[15] At har Hussain, Peter Lanjouw, Nicholas Stern1 Income inequalities in China: evidence from household survey data1 World Development, 1994, 22 (12): 1947 – 1957.

[16] Bettina Hedden – Dunkhorst, Veronika Fuest. Water discourse analysis and virtual water. International Expert Workshop, Water, Development and Cooperation: Comparative Perspective: Euphrates – Tigris and Southern Africa. 2004, 8.

[17] Brown L R, Halweil B. China's water shortage could shake world food security. [J]. World Watch, 1998, 11 (4): 10.

[18] Chapagain A K, Hoekstra A Y. Virtual Water Trade: A Quantification of Virtual Water Flows Between Nations in Relation to International Crop Trade [J]. J. org. chem, 2002, 11 (7): 835 – 855.

[19] Chapagain A K, Hoekstra A Y. Water Footprints of Nations [J]. Journal of Banking & Finance, 2004, 27 (8): 1427 – 1453.

[20] Chapagain A K, Hoekstra A Y, Savenije H. H. G, Gautam R. The water footprint of cotton consumption: An assessment of the impact of worldwide consumption of cotton products on the water resources in the cotton producing countries [J]. Ecological Economics, 2006: 186 – 203.

[21] Charnes A, Cooper W W, Rhodes E. Measuring the efficiency of decision making units [J]. European Journal of Operational Research, 1978, 2 (6): 429 – 444.

［22］ Cliff A D, Ord. J K. The Problem of Spatial auntocorrelation ［J］. In London Papers in Regional Science 1, Studies in Regional Science, 1969: 25 – 55.

［23］ Cliff A D, Ord J K. Spatial Autocorrelation ［M］. London: Pion Press, 1973.

［24］ Cressie N. Statistics for Spatial Date. John Wiley & Sons, Inc. New York. 1993.

［25］ Dennis Wichelns. The policy relevance of virtual water can be enhanced by considering comparative advantages ［J］. Agricultural Water Management, 2004 (66): 49 – 63.

［26］ Paul R. Ehrlich, John P. Holdren. Impact of Population Growth ［J］. Science (New York, N. Y.), 1971, 171 (3977): 1212.

［27］ Elfadel M, Maroun R. The concept of 'virtual water' and its applicability in Lebanon ［J］. 2003.

［28］ Falkenmark, M, Rockström, J, et al. Balancing water for humans and nature: the new approach in ecohydrology. ［J］. Natural Resources Forum, 2004 (2): 185.

［29］ Falkenmark M, Rockström J. The New Blue and Green Water Paradigm: Breaking New Ground for Water Resources Planning and Management ［J］. Journal of Water Resources Planning & Management, 2006, 132 (3): 129 – 132.

［30］ FAO, Water resources of the Near East region: a review ［J］. 1997.

［31］ Frosch RA. Industrial ecology: a philosophical introduction. ［J］. Proceedings of the National Academy of Sciences of the United States of America, 1992, 89 (3): 800.

［32］ Geary R C. The Contiguity Ratio and Statistical Mapping ［J］. The Incorporated Statistician, 1954, 5 (3): 115 – 145.

［33］ Griffith D. Spatial Auto correlation: A Primer. Association of American Geographers, Washington D. C. 1987.

［34］ Guan D B, Hubacek K. Assessment of regional trade and virtual water flows in China [J]. Ecological Economics, 2007, 61: 159 – 170.

[35] Hoekstra A Y. Perspectives on water: an integrated model-based exploration of the future. [M] Perspectives on Water: An Integrated Model – Based Exploration of the Future. International Books, 1998.

[36] Hoekstra, A Y, Chapagain A K. The water needed to have the Dutch drink coffee. Value of Water Research Report series No. 14, 2003, 8.

[37] Hoekstra A Y, Chapagain A K. Water footprints of nations: Water use by people as a function of their consumption pattern [J]. Water Resour Manage, 2007, 21: 35 – 48.

[38] Johnson R A, Wichern DW. Applied Multivariate Statistical Analysis [M]. New Jersey: Prentice Hall, 2002.

[39] Jonat han Morduch, Terry Sicular1 Ret hinking inequality decomposition, with evidence from rural China The Economic Journal, 2002, 112: 93 – 1061.

[40] Lant C L. Commentary: ' virtual water Occam's razor ' by Stephen merrett and ' Virtual water-the water, food and trade Nexus: useful concept or misleading metaphor?' by Tony Allan [J]. Water International, 2003, 28 (1): 113 – 115.

[41] Mark D. I = PAT or I = PBAT [J]. Ecological Economics, 2003 (42): 3.

[42] Max L, Wang Enru. Forging ahead and falling behind: changing regional inequalities in post – reform China [J]. Growth and Change, 2002, 33 (1): 42 – 71.

[43] Messner S. F. , Anselin L. , Baller R. D. , Hawkins D. F. , Deane G. , Tolnay E.. The spatial patterning of county homicide rates: an application of exploratory spatial data analysis [J]. Journal of Quantitative Criminology, 1999, 15 (4): 423 – 450.

[44] Moran P a P. Notes on continuous stochastic phenomena [J]. Biometrika, 1950, 37: 17 – 23.

[45] OdumHT . Environmental Accounting—EMERGY and Environmental

Decision Making [J]. Child Development, 1996, 42 (4): 1187 – 201.

[46] OECD. Decoupling: A Conceptual Overview [R]. Paris: OECD, 2001.

[47] Oki T, Sato M, A. Kawamura. Virtual water trade to Japan and in the world [A]. Virtual Water Trade: Proceeding s of the International Expert Meeting on Virtual Water Trade [C]. IHE Delft. 2003: 221 – 238.

[48] O P Singh, Amrita Sharma, Rahul Singh, Tushaar Shah. Virtual Water Trade in Dairy Economy Irrigation Water Productivity in Gujarat. Economic and Political Weekly, 2004, 7: 3492 – 3497.

[49] Ord K, Estimation Method for Models of Spatial Interaction. Journal of American Statistical Association, 1975, 70: 102 – 126.

[50] Renault D. Value of virtual water in food: Principles and virtues. In: Hoekstra A Y edited. Virtual Water Trade: Proceedings of the International Expert Meeting on Virtual Water Trade. Value of Water Research Report Series No12. IHE Delft, the Netherlands. 2003: 77 – 91.

[51] Robert I. I. L erman and shlomo ritzhaki. Income inequality effects by income source: A new app roach and applications to the united states [J]. the Review of Economics and Statistics, 1985, 67 (1): 151 – 156.

[52] Saila Parveen, IMFaisal. Trading virtual water between India and Bangladesh A Politico – economic Dilemma. http: //www. siwi. org/waterweek2003/workshop – 7. html – sk.

[53] Savenije, H. H. G Water Resource Management: Concept and Tools [M]. Delft, The Nether – lands: IHE, 2002: 45 – 50.

[54] Schabenberger O, Gotway C A. Statistical Methods for Spatial Data Analysis. [M]. Statistical methods for spatial data analysis. Chapman & Hall/CRC, 2004: 389 – 340.

[55] Schulze P. C. I = PBAT [J]. Ecological Economics, 2002 (40): 149 – 150.

[56] Tapio P. Towards a theory of decoupling: Degrees of decoupling in the EU and the case of road traffic in Finland between 1970 and 2001 [J]. Transport

Policy, 2005, 12 (2): 137 – 151.

[57] T E Gra, edel, B Allen. Industrial Ecology [M]. New York: Prentice Hall Press, 1995: 108 – 109.

[58] Terrasi M. Convergence and divergence across Italian regions. The Annals of Regional Science, 1999, (33): 491 – 5101.

[59] Tilman D, Wedln D, Knops J. Productivity and sustainability influenced by biodiversity in grassland ecosystems [J]. Nature, 1996, 379: 718 – 720.

[60] Tobler W R. A Computer Movie Simulating Urban Growth in the Detroit Region [C]. Clark University, 1970: 234 – 240.

[61] Turton A R, Moodley S, Goldblatt M, Messner R. An analysis of the role of virtual water in southern Africa in meeting water scarcity: all applied research and capacity building project [J]. Group for Environmental Monitoring and INCN (NETCAB). Johaensburg: 1 – 8.

[62] Van Oel P R, Mekonnen M. M. Hoekstra A Y. The external water footprint of Netherlands: Geographically – explicit quantification and impact assessment [J]. Ecological Economics, 2009, 69: 82 – 92.

[63] Velázquez E. An input-output model of water consumption: Analyzing intersectoral water relationships in Andalusia [J]. Ecological Economics, 2006, 56: 226 – 240.

[64] Wakemagel, M. and W. Rees. Our Ecological Footprint: Reducing Human Impact on the Earth [M]. Gabriola Island, BC, Canada: New Society Publishers, 1996.

[65] Wackernagel M, Onisto L, Linares A C, et al. Ecological footprints of nations: How much nature do they use – How much nature do they have R. Centre for Sustainability Studies, Universidad Anahuac de Xalapa, Mexico, 1997.

[66] Waggoner P. E. , Ausubel J. H. A framework for sustainability science: a renovated IPAT identity [J]. Proceedings of the National Academy of Science, 2002 (99): 7860 – 7885.

[67] Whote R, Englen G. Cellular automata and fractal urban form: a cellu-

lar modelling approach to the evolution of urban land-use patterns ［J］. Environment and Planning A, 1993, 25 (8): 1175 – 1199.

［68］Wichelns, D. (2001) 'The role of 'virtual water' in efforts to achieve food securities and other national goals, with an example from Egypt', Agriculture Water Management, 49 pp. 131 – 151. www. elsevier. com/locate/agwat.

［69］Walsh J A, O' KellyM E. An information theoretic approach to measurement of spatial inequality ［J］. Econ Soc Rev. 1979, (10): 267 – 286.

［70］Yegnes, A, 2001. Virtual water export from Israel: Quantities, driving forces and consequences. M. Sc. thesis DEW166, IHE Delft, the Netherlands. 28. Earle, A. The role of virtual water in food security in Southern Africa, Occasional Paper No. 33, SOAS, University of London. 2001.

［71］York R, Rosa E A, Dietz T. STIRPAT, IPAT and ImPACT: analytic tools for unpacking the driving forces of environmental impacts. Ecological Economics, 2003, 46 (3): 351 – 365.

［72］Xu Zhongmin, Cheng Guodong, Chen Dongjin, et al. Economic diversity, development capacity and sustainable development of China ［J］. Ecological Economics, 2002, 40 (3): 369 – 378.

［73］Zimmer D, Renault D, 2003. Virtual water in food production and global trade: review of methodological issues and preliminary results. In: Hoekstra, A. Y. (Ed.), Virtual Water Trade: Proceedings of the International Expert Meeting on Virtual Water Trade, Research Report Series No. 12. IHE Delft, The Netherlands.

中文部分

［74］艾晓林. 发展现代农业, 促进城乡统筹［J］. 南方农业, 2009 (1): 86 – 87.

［75］曹建廷, 李原园. 虚拟水及其对解决我国水资源短缺问题的启示 ［J］. 科技导报, 2004 (3): 15 – 16 + 14.

［76］曹志宏, 陈志超, 郝晋珉. 中国城乡居民食品消费变化趋势分析 ［J］. 长江流域资源与环境, 2012 (10): 1173 – 1178.

［77］陈操操, 刘春兰, 汪浩等. 北京市能源消费碳足迹影响因素分

析——基于 STIRPAT 模型和偏小二乘模型 [J]. 中国环境科学, 2014 (6):
1622 – 1632.

[78] 陈传宏. 科技创新是发展现代农业、促进城乡统筹的根本出路
[J]. 新农业, 2012 (5): 12.

[79] 陈克强, 张建丰, 白丹等. 北方灌区非工程节水措施综议 [J]. 干
旱地区农业研究, 2005, 23 (3): 146 – 149.

[80] 陈亮, 闫彦. 虚拟水消费与浙江农业水资源配置优先序研究 [J].
节水灌溉, 2010 (7): 34 – 36.

[81] 陈彦光, 刘继生. 城市系统的异速生长关系与位序——规模法
则——对 Steindl 模型的修正与发展 [J]. 地理科学, 2001, 21 (5): 412 –
4161.

[82] 陈永福. 中国食物供求与预测 [M]. 北京: 中国农业出版社,
2004, 94 – 100, 144 – 147, 178, 211 – 215, 259 – 261.

[83] 程国栋. 虚拟水——中国水资源安全战略的新思路 [J]. 中国科学
院院刊, 2003 (4): 260 – 265.

[84] 程国栋, 赵文智. 绿水及其研究进展 [J]. 地球科学进展, 2006,
21 (3): 221 – 2271.

[85] 崔远来, 熊佳. 灌溉水利用效率指标研究进展 [J]. 水科学进展,
2009, 20 (4): 590 – 598.

[86] 董克宝. 农村水资源可持续开发利用对策与措施探讨 [J]. 现代农
业科技, 2007 (2): 121 – 122 + 124.

[87] 杜威漩. 中国农业水资源管理制度创新研究——理论框架、制度
透视与创新构想 [M]. 郑州: 黄河水利出版社, 2006.

[88] 高进云, 张安录, 杨钢桥. 湖北省城镇化地域差异的实证研究
[J]. 中国人口·资源与资源, 2006, 16 (4): 107 – 111.

[89] 高远东. 中国区域经济增长的空间计量研究 [D]. 重庆大学,
2010.

[90] 郭庭双, 郭军. 中国粮食安全问题: 警钟已经敲响 [J]. 中国畜牧
杂志, 2008 (12): 24 – 27.

[91] 郭玮. 城乡差距扩大的表现、原因与政策调整 [J]. 农业经济问

题, 2003 (5): 10 – 13 + 79.

[92] 韩玉, 杨晓琳, 陈源泉等. 基于水足迹的河北省水资源安全评价 [J]. 中国生态农业学报, 2013, 21 (8): 1031 – 1038.

[93] 韩宇平, 雷宏军, 潘红卫等. 基于虚拟水和广义水资源的区域水资源可持续利用评价 [J]. 水利学报, 2011 (6): 729 – 736.

[94] 郝研. 分形维数特性分析及故障诊断分形方法研究 [D]. 天津大学, 2012.

[95] 洪文婷. 洪水灾害风险管理制度研究 [D]. 武汉大学, 2012.

[96] 胡继连等. 水权市场与农用水资源配置研究——兼论水利设施产权及农田灌溉的组织制度 [M]. 北京: 中国农业出版社, 2005.

[97] 黄季焜, Scott Rozelle. 迈向 21 世纪的中国粮食回顾与展望 [J]. 经济研究参考, 1996 (Z4): 10 – 11.

[98] 蒋惠凤. 江苏省废污水排放驱动因素及脱钩效应——基于 STIRPAT 模型和 OECD 脱钩指数的研究 [J]. 中国农业资源与区划, 2016 (12): 43 – 49 + 77.

[99] 蒋勋功. 积极发展现代农业, 努力实现新农村建设的新突破政策措施 [J]. 衡阳通讯, 2007 (5): 18 – 21.

[100] 姜军阳. 全球视角下我国粮食安全面临的问题初探 [J]. 改革与开放, 2011 (4): 97 + 99.

[101] 姜文来. 21 世纪中国水资源安全战略研究 [J]. 中国水利, 2000 (8): 41 – 44.

[102] 金千瑜, 欧阳由男, 禹盛苗等. 中国农业可持续发展中的水危机及其对策 [J]. 农业现代研究, 2003, 24 (1): 21 – 23.

[103] 柯兵, 柳文华, 段光明等. 虚拟水在解决农业生产和粮食安全问题中的作用研究 [J]. 环境科学, 2004 (2): 32 – 36.

[104] 孔庆峰, 陈蔚. 基于要素禀赋的比较优势理论在我国贸易实践中适用性的经验检验 [J]. 国际贸易问题, 2008 (10): 9 – 15.

[105] 梁祝, 倪晋仁. 农村生活污水处理技术与政策选择 [J]. 中国地质大学学报, 2007, 7 (3): 18 – 22.

[106] 李保国, 黄峰. 蓝水和绿水视角下划定 "中国农业用水红线" 探

索［J/OL］．中国农业科学，2015，48（17）：3493－3503．

［107］李方旺．新形势下我国粮食安全面临的问题及对策建议［J］．经济研究参考，2012（1）：12－19．

［108］李锋，王春月．虚拟水贸易视角下的水资源安全研究综述［J］．河海大学学报（哲学社会科学版），2014，16（2）：49－54＋91．

［109］李坚明，孙一菱，庄敏芳．台湾二氧化碳排放脱钩指标建立与评估［A］．两岸环境保护与永续发展研讨会论文集［C］．台北：中华发展基金管理委员会，2005．

［110］李婧．我国改革开放以来人均工资水平变化分析及对我国出口贸易的影响——基于要素价格均等化理论分析［J］．中国证券期货，2012（7）：218－219．

［111］李立勋，温锋华，许学强．改革开放以来珠江三角城市规模结构及其分形特征［J］．热带地理，2007，27（3）：239－244．

［112］李玉敏，王金霞．农村水资源短缺：现状、趋势及其对作物种植结构的影响——基于全国10个省调查数据的实证分析［J］．自然资源学报，2009，24（2）：200－208．

［113］李远华，倪文进，张玉欣．21世纪初期我国农业节水的目标与任务［J］．中国农村水利水电，2001（11）：1－4．

［114］刘宝勤，封志明，姚治君．虚拟水研究的理论、方法及其主要进展［J］．资源科学，2006（1）：120－127．

［115］刘长军，任顺顺．防洪减灾之危机管理与对策［J］．黑龙江水利科技，2007，35（4）：150－152．

［116］刘大均，谢双玉，逯付荣，胡静．四川省优秀旅游城市空间结构分形研究［J］．长江流域资源与环境，2013，22（3）：285－290．

［117］刘慧．区域差异测度方法与评价［J］．地理研究，2006，25（4）：710－718．

［118］刘江．中国资源利用战略研究［M］．北京：中国农业出版社，2002：18－25，148－185．

［119］刘晓丽，方创琳，王发曾．中原城市群的空间组合特征与整合模式［J］．地理研究，2008，27（2）：409－420．

[120] 刘彦随，陆大道．中国农业结构调整基本态势与区域效应 [J]．地理学报，2003，58 (3)：381 –389．

[121] 刘英平，林志贵，沈祖诒．有效区分决策单元的数据包络分析方法 [J]．系统工程理论与实践，2006，26 (3)：112 –116．

[122] 刘增明．基于价格因素的中国居民能源消费相关问题研究 [D]．天津大学，2015．

[123] 柳长顺，陈献，刘昌明等．虚拟水交易：解决中国水资源短缺与粮食安全的一种选择 [J]．资源科学，2005 (2)：10 –15．

[124] 柳文华，赵景柱，邓红兵等．水—粮食贸易：虚拟水研究进展 [J]．中国人口·资源与环境，2005 (3)：129 –134．

[125] 龙爱华，徐中民，张志强．西北四省（区）2000 年的水资源足迹 [J]．冰川冻土，2003，25 (6)，692 –700．

[126] 龙爱华，徐中民，张志强．虚拟水理论方法与西北四省（区）虚拟水实证研究 [J]．地球科学进展，2004，19 (4)：577 –584．

[127] 龙爱华，张志强，徐中民等．甘肃省水足迹与消费模式 [J]．水科学进展，2005，16 (3)：418 –425．

[128] 龙爱华，徐中民，王新华等．人口、富裕及技术对 2000 年中国水足迹的影响 [J]．生态学报，2006 (10)：3358 –3365．

[129] 龙方．新世纪中国粮食安全问题研究 [J]．湖南农业大学学报（社会科学版），2007 (3)：7 –14．

[130] 罗贞礼，黄璜，傅志强等．郴州市农产品虚拟水的量化分析 [J]．湖南农业大学学报（自然科学版），2004 (3)：282 –284．

[131] 陆钟武，王鹤鸣，岳强．脱钩指数：资源消耗，废物排放与经济增长的定量表达 [J]．资源科学，2011，33 (1)：2 –9．

[132] 马超，许长新，田贵良．中国农产品国际贸易中的虚拟水流动分析 [J]．资源科学，2011，33 (4)：729 –735．

[133] 马静，汪党献，Hoekstra A. Y. 虚拟水贸易与跨流域调水 [J]．中国水利，2004 (13)：37 –39．

[134] 马静，汪党献，来海亮等．中国区域水足迹的估算 [J]．资源科学，2005，27 (5)：96 –100．

[135] 马静, 汪党献, Hoekstra A Y. 虚拟水贸易在我国粮食安全问题中的应用 [J]. 水科学进展, 2006, 17 (1): 102 – 107.

[136] 马晶, 彭建. 水足迹研究进展 [J]. 生态学报, 2013, 33 (18): 5458 – 5466.

[137] 马玉波. 中国对俄初级农产品贸易中的虚拟水概算 [J]. 干旱区资源与环境, 2016, 30 (4): 36 – 39.

[138] 毛战坡. 城镇化进程中农村水资源保护相关问题思考 [J]. 环境保护, 2014, 42 (15): 25 – 29.

[139] 孟繁盈, 许月卿, 张立金. 中国城乡居民食物消费演变及政策启示 [J]. 资源科学, 2010 (7): 1333 – 1341.

[140] 牛飞亮. 80 年代中期以来中国城镇居民收入差距的来源结构分析 [J]. 西北农林科技大学学报, 2006, 1 (4): 36 – 44.

[141] 欧向军, 沈正平, 王荣成. 中国区域经济增长与差异格局演变探析 [J]. 地理科学, 2006, 26 (6): 641 – 648.

[142] 潘安娥, 陈丽. 湖北省水资源利用与经济协调发展脱钩分析——基于水足迹视角 [J]. 资源科学, 2014 (2): 328 – 333.

[143] 戚瑞, 耿涌, 朱庆华. 基于水足迹理论的区域水资源利用评价 [J]. 自然资源学报, 2011 (3): 486 – 495.

[144] 尚海洋, 徐中民, 王思远. 不同消费模式下虚拟水消费比较 [J]. 中国人口·资源与环境, 2009 (4): 50 – 54.

[145] 苏进举, 田爱民, 刘博古, 田爱杰. 虚拟水研究综述 [J]. 山东化工, 2016, 45 (22): 54 – 56 + 59.

[146] 苏筠, 成升魁. 我国森林资源及其产品流动特征分析 [J]. 自然资源报, 2003, 18 (6): 734 – 741.

[147] 孙才志, 张蕾, 闫冬. 我国水资源安全影响因素与发展态势研究 [J]. 水利经济, 2008 (1): 1 – 4 + 25 + 75.

[148] 孙才志, 张蕾. 中国农产品虚拟水——耕地资源区域时空差异演变 [J]. 资源科学, 2009, 31 (1): 84 – 93.

[149] 孙才志, 刘玉玉, 陈丽新等. 中国粮食贸易中的虚拟水流动格局与成因分析——兼论"虚拟水战略"在我国的适用性 [J]. 中国软科学,

2010 (7): 36 – 44.

[150] 孙才志, 刘玉玉, 陈丽新等. 基于基尼系数和锡尔指数的中国水足迹强度时空差异变化格局 [J]. 生态学报, 2010, 30 (5): 1312 – 1321.

[151] 谈明洪, 吕昌河. 以建成区面积表征的中国城市规模分布 [J]. 地理学报, 2003, 58 (2): 285 – 292.

[152] 谈明洪, 范存会. Zipf 维数和城市规模分布的分维值的关系探讨 [J]. 地理研究, 2004, 23 (2): 243 – 248.

[153] 谭融, 于志勇, 刘萍. 中国农村水资源利用状况分析 [J]. 学习论坛, 2006 (12): 51 – 53.

[154] 谭徐明, 周魁一, 张伟兵等. 我国防洪减灾战略的再研究 [R]. 北京: 中国水利水电科学研究院防洪减灾研究所, 2002.

[155] 唐登银, 罗毅, 于强. 农业节水的科学基础 [J]. 灌溉排水, 2005, 19 (2): 1 – 9.

[156] 陶洁, 左其亭. 社会主义新农村建设面临的水资源问题及保障措施探讨 [J]. 南水北调与水利科技, 2009 (1): 36 – 38 + 42.

[157] 田贵良, 吴茜. 居民畜产品消费增长对农业用水量的影响 [J]. 中国人口·资源与环境, 2014 (5): 109 – 115.

[158] 佟金萍, 马剑锋, 王慧敏, 秦腾, 刘高峰. 农业用水效率与技术进步: 基于中国农业面板数据的实证研究 [J]. 资源科学, 2014, 36 (9): 1765 – 1772.

[159] 同海梅, 梁凡, 陆迁. 基于 AIDS 模型的陕西省城镇居民食品消费结构分析 [J]. 农业现代化研究, 2015 (6): 996 – 1000.

[160] 万宝瑞. 中国农业发展的思考与展望 [M]. 北京: 中国农业出版社, 2006: 8 – 9.

[161] 万新宇, 王光谦. 近 60 年中国典型洪水灾害与防洪减灾对策 [J]. 人民黄河, 2011, 33 (8): 1 – 4.

[162] 王浩, 王建华. 中国水资源与可持续发展 [J]. 中国科学院院刊, 2012, 27 (3): 352 – 358 + 331.

[163] 王红瑞, 王岩, 王军红等. 北京农业虚拟水结构变化及贸易研究 [J]. 环境科学, 2007, 28 (12): 2877 – 2884.

[164] 王金南，逯元堂，周劲松等．基于 GDP 的中国资源环境基尼系数分析 [J]．中国环境科学，2006，26（1）：111 – 115.

[165] 王梦奎．中国现代化进程中的两大难题：城乡差距和区域差距 [N]．中国经济时报，2004 – 03 – 16（008）.

[166] 王鹏，林华东，王玲霄．雨水处理与利用技术在国外的应用 [J]．黑龙江水专学报，2006，33（4）：90 – 92.

[167] 王崇梅．中国经济增长与能源消耗脱钩分析 [J]．中国人口·资源与环境，2010，20（3）：35 – 37.

[168] 王浩，王建华．中国水资源与可持续发展 [J]．中国科学院院刊，2012，27（3）：352 – 358 + 331.

[169] 王克强，邓光耀，刘红梅．基于多区域 CGE 模型的中国农业用水效率和水资源税政策模拟研究 [J]．财经研究，2015，41（3）：40 – 52 + 144.

[170] 王晓宇．生态农业建设与水资源可持续利用 [M]．北京：中国水利水电出版社，2008.

[171] 王新华．中部四省虚拟水贸易的初步研究 [J]．华南农业大学学报（社会科学版），2004，3（3）：33 – 38.

[172] 王新华，张志强，龙爱华等．虚拟水研究综述 [J]．中国农村水利水电，2005（1）：27 – 30.

[173] 王新华，徐中民，龙爱华．中国 2000 年水足迹的初步计算分析 [J]．冰川冻土，2005，27（5）：774 – 780.

[174] 王新华．消费模式变化对虚拟水消费的影响 [J]．中国农村水利水电，2006（2）：32 – 34.

[175] 王雅鹏．我国粮食安全的潜在性危机分析 [J]．农业现代化研究，2008（5）：537 – 541.

[176] 王勇．全行业口径下中国区域间贸易隐含虚拟水的转移测算 [J/OL]．中国人口·资源与环境，2016，26（4）：107 – 115.

[177] 王玉宝，吴普特，孙世坤等．我国粮食虚拟水流动对水资源和区域经济的影响 [J/OL]．农业机械学报，2015，46（10）：208 – 215.

[178] 王志标．全球化视角下的中国粮食安全问题 [J]．现代经济探讨，

2008 (7): 29-33.

[179] 汪恕诚. 中国防洪减灾新策略 [N]. 中国水利报, 2003-06-05 (1).

[180] 吴娟. 关于我国粮食安全保护问题的几点思考 [J]. 农业经济问题, 2012 (3): 15-21+110.

[181] 吴普特, 赵西宁, 操信春等. 中国"农业北水南调虚拟工程"现状及思考 [J]. 农业工程学报, 2010 (6): 1-6.

[182] 吴天锡. 粮食安全的新概念和新要求 [J]. 世界农业, 2001 (6): 8-10.

[183] 吴志华, 施国庆, 郭晓东. 以合理成本保障粮食安全 [J]. 中国农村经济, 2003 (3): 10-17.

[184] 仵宗卿, 戴学珍, 杨吾扬. 帕雷托公式重构及其与城市体系演化 [J]. 人文地理, 2000, 15 (1): 15-19.

[185] 项学敏, 周小白, 周集体. 工业产品虚拟水含量计算方法研究 [J]. 大连理工大学学报, 2006, 46 (2): 179-184.

[186] 熊航. 农产品贸易中虚拟水要素的比较优势分析 [J]. 对外经贸实务, 2007 (2): 25-28.

[187] 熊俊. 基尼系数四种估算方法的比较与选择 [J]. 商业研究, 2003 (23): 123-125.

[188] 徐建华. 现代地理学中的数学方法 [M]. 北京. 高等教育出版社, 2002.

[189] 徐建华, 鲁凤, 苏方林等. 中国区域经济差异的时空尺度分析 [J]. 地理研究, 2005, 24 (1): 57-68.

[190] 许长新, 马超, 田贵良等. 虚拟水贸易对区域经济的作用机理及贡献份额研究 [J]. 中国软科学, 2011 (12): 110-119.

[191] 许进杰. 我国居民食品消费模式变化对资源环境影响的效应分析 [J]. 农业现代化研究, 2009 (5): 534-538.

[192] 徐涛, 姚柳杨, 乔丹等. 节水灌溉技术社会生态效益评估——以石羊河下游民勤县为例 [J]. 资源科学, 2016, 38 (10): 1925-1934.

[193] 徐中民, 龙爱华, 张志强. 虚拟水的理论方法及在甘肃省的应用

[J]. 地理学报, 2003 (6): 861 - 869.

[194] 闫丽珍, 石敏俊, 闵庆文. 中国玉米区际贸易与区域水土资源平衡 [J]. 资源科学, 2008, 30 (7): 1032 - 1038.

[195] 杨灿, 朱玉林, 李明杰. 洞庭湖平原区农业生态系统的能值分析与可持续发展 [J]. 经济地理, 2014, 34 (12): 161 - 166.

[196] 杨剩富, 胡守庚, 叶菁等. 中部地区新型城镇化发展协调度时空变化及形成机制 [J]. 经济地理, 2014, 34 (11): 23 - 29.

[197] 殷培红, 方修琦, 田青等. 21 世纪初中国主要余粮区的空间格局特征 [J]. 地理学报, 2006, 61 (2): 190 - 198.

[198] 余华义. 中国省际能耗强度的影响因素及其空间关联性研究 [J]. 资源科学, 2011, 33 (7): 1353 - 1365.

[199] 俞双恩, 张展羽, 陶长生等. 江苏省水稻节水灌溉技术推广模式 [J]. 灌溉排水, 2001, 20 (3): 33 - 46.

[200] 于晓华, Bruemmer Bernhard, 钟甫宁. 如何保障中国粮食安全 [J]. 农业技术经济, 2012 (2): 4 - 8.

[201] 张济忠. 分形 [M]. 北京: 清华大学出版社, 1995.

[202] 张乐勤, 李荣富, 陈素平等. 安徽省 1995 ~ 2009 年能源消费碳排放驱动因子分析及趋势预测——基于 STIRPAT 模型 [J]. 资源科学, 2012 (2): 316 - 327.

[202] 张晓山. 中国的粮食安全问题及其对策 [J]. 经济与管理研究, 2008 (8): 28 - 33.

[204] 张艳杰, 叶剑. 干旱半干旱地区公路雨水集蓄利用 [J]. 中国水土保持, 2005 (7): 12 - 13.

[205] 张允锋, 史正涛, 李滨勇. 刍议我国水资源与社会主义新农村建设 [J]. 当代生态农业, 2006 (Z1): 24 - 27.

[206] 张志强, 程国栋. 虚拟水、虚拟水贸易与水资源安全新战略 [J]. 科技导报, 2004 (3): 7 - 10.

[207] 钟华平, 耿雷华. 虚拟水与水安全 [J]. 中国水利, 2004, 5.

[208] 朱勤, 彭希哲, 陆志等. 人口与消费对碳排放影响的分析模型与实证 [J]. 中国人口·资源与环境, 2010 (2): 98 - 102.